電験三種
法規
集中ゼミ

石原　昭 監修　南野尚紀 著

DENKEN

東京電機大学出版局

● まえがき ●

　本書は，電気主任技術者第三種（電験三種）国家試験の『法規』を受験する方にとって必要な知識をまとめたものです．

　かつては，国家試験の多くがマークシート式ではなく記述式で実施されていました．当時，法規の受験においては，その条文をいかに正確に多く暗記しているかが合否を左右しました．何度も書いては暗記するといった繰り返しで頭に叩き込むといった感じです．こうした勉強法は現在の試験にも有効であると考えます．

　電験の法規では，条文から何かを応用するのではなく，条文そのものを問う問題が多くみられます．条文のすべてが記憶されていれば，正解や不正解を選択肢の中から見つけ出す問題にしても空白問題にしても難なく解答できるはずです．各項目ごとにある国家試験問題と本文とを行ったり来たりすることで学習の完成を目指して下さい．

　『法規』で計算問題が出題されるのが，電験三種の試験の特徴です．その内容は，電力の試験と類似（ほぼ同じ）しています．すでに電力に合格をされている方はその知識を動員し，これから受験される方はこの法規と並行して学習されることをお勧めします．

　法律は，“生もの”です．技術の進歩や時代背景に沿って少しずつ変化します．できれば本書の内容を各省庁の公式サイトや最新の電気関係法令集と照らし合わせて知識を確実なものとすることもやって頂きたいと思います．ある程度時間のかかる作業になるかもしれませんが，その頑張りが合格を引き寄せるものと信じます．

　電験三種は難しくありません．

　しかし，国家試験の合格率は非常に低く難関の資格といわれています．その理由の一つに既出問題がそのまま出題されないことが挙げられます．

　そこで，単なる既出問題の解答を暗記しただけではだめで，問題の内容を十分に理解して解答しなければなりません．また，試験時間が短いので，短時間に問題を解答するテクニックも重要です．

　問題を解くテクニックや選択肢を絞るテクニックは，本書のマスコットキャラクターが解説します．

　本書のマスコットキャラクターと楽しく学習して，国家試験の『法規』科目に合格しましょう．

2022年3月

著者しるす

読書するように
法文を親しんでね．

i

● 目　次 ●

第2章 電気設備に関する技術基準を定める省令

第3章 電気設備の技術基準の解釈

第4章　電気施設管理

合格のための本書の使い方

　電験三種の国家試験の出題の形式は，多肢選択式の試験問題です．学習の方法も問題形式に合わせて対応していかなければなりません．

　国家試験問題を解くのに，特に注意が必要なことを挙げますと，

1　どのような範囲から出題されるかを知る．
2　問題のうちどこがポイントかを知る．
3　計算問題は，必要な公式を覚える．
4　問題文をよく読んで問題の構成を知る．
5　分かりにくい問題は繰り返し学習する．
6　試験問題は選択式なので，選択肢の選び方に注意する．

　本書は，これらのポイントに基づいて，効率よく学習できるように構成されています．

　練習問題は，過去10年間以上の国家試験の既出問題をセレクトし各項目別にまとめて，各問題を解説してあります．

　国家試験に合格するためには，これまでの試験問題を解けるようにすることと，新しい問題に対応できる力を付けることが重要です．

　短期間で国家試験に合格するためには，コツコツ実力を付けるなんて無意味です．試験問題を解答するためのテクニックをマスターしてください．

　試験問題を解答する時間は1問当たり数分です．短時間で解答を見つけることができるように，解説についても計算方法などを工夫して，短時間で解答できるような内容としました．

　問題の選択肢から解答を見つけ出すには，解答を絞り出す技術も必要です．選択肢は五つありますが，二つに絞ることができれば，1/2の確率で正答に近づけます．各問題の選択肢の絞り方は「テクニック」で解説します．

　また，解説の内容も必要ないことは省いて簡潔にまとめました．

> 数分で答えを見つけなければいけないのに，解説を読むのに10分以上もかかっては意味ないよね．

● 傾向と対策 ●

✔ 試験問題の形式と合格点

形　式	選択肢	問題数	配　点	満　点
A形式	5肢択一式	10	1問5点	60点
B形式	4肢択一式	3	1問10点 13点2問 14点1問	40点

　B形式問題は，(1)と(2)の二つの問題で構成されています．各5点なので1問は10点の配点です．4問のうち2問から1問を選択する問題があるのでB形式問題は3問解答します．

　試験時間は65分です．答案はマークシートに記入します．

　本書の問題は，国家試験の既出問題で構成されていますので，問題を学習するうちに問題の形式に慣れることができます．

　試験問題は，A形式の問題を10問と，A形式の2問分の内容があるB形式の問題を3問解答しなければなりません．B形式の問題を2問分とすれば，全問で16問となりますから，試験時間の65分間で解答するには，1問当たり約4分となります．

> 直ぐに分かる問題もあるので，少し時間がかかる問題があってもいいけど，10分以内には答えを見つけないとだめだよ．

　そこで，短時間で解答できるようなテクニックが重要です．本書では各問題に解き方を解説してあります．国家試験問題は，同じ問題が出るわけではありませんが，解答するテクニックは同じ方法で，試験問題の答えを見つけることができます．

　試験問題は多肢選択式です．つまり，その中に必ず答えがあります．そこで，テクニックでは答えの探し方を説明していますが，いくつかの穴あきがある問題を解くときには，選択肢の字句が正しいか誤っているのかによって，選択肢を絞って答えを追いながら解くことが重要です．問題によっては，全部の穴あきが分からなくても選択肢の組合せで答えが見つかることがあります．また，解答する時間の短縮にもなります．

　国家試験では，√キーのある電卓を使用するころができますので，本書の問題を解くときも電卓を使用して，短時間で計算できるように練習してください．ただし，関数電卓は使用できません．指数や$\log_{10}$の計算は筆算でできるようにしてください．

✓ 各項目ごとの問題数

効率よく合格するには，どの項目から何問出題されるかを把握しておき，確実に合格ライン（60％）に到達できるように学習しなければなりません．

各試験科目で出題される項目と各項目の平均的な問題数を次表に示します．各項目の問題数は試験期によって，それぞれ多少増減することがありますが，合計の問題数は変わりません．項目ごとの問題数の合計が最下欄の合計と一致しないのは，1つの問題が複数の項目にまたがって出題される場合があるためです．

理　論	
項　目	問題数
電気関係法規	4
電気設備に関する技術基準を定める省令	2
電気設備の技術基準の解釈	6
電気施設管理	3
合　計	13

● チェックボックスの使い方 ●

1 重 要 知 識

① 国家試験問題を解答するために必要な知識をまとめてあります.

② 各節の ●出題項目● CHECK! には,各節から出題される項目があげてありますので,学習のはじめに国家試験に出題されるポイントを確認することができます. また,試験直前に,出題項目をチェックして,学習した項目を確認するときに利用してください.

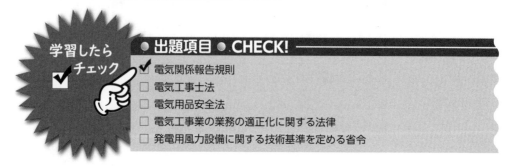

③ 太字や下線の部分は,国家試験問題を解答するときのポイントになる部分です. 特に注意して学習してください.

④ 「Point」は,国家試験問題を解くために必要な用語や公式などについてまとめてあります.

⑤ 「数学の計算」は,本文を理解するために必要な数学の計算方法を説明してあります.

2 国家試験問題

① おおむね過去10年間に出題された問題を項目ごとにまとめてあります.

② 国家試験では,全く同じ問題が出題されることはほぼありません. 計算の数値や求める量が変わったり,正解以外の選択肢の内容が変わって出題されますので,まどわされないように注意してください.

③ 各問題の解説のうち,計算問題については,計算の解き方を解説してあります. 公式を覚えることは重要ですが,それだけでは答えが出せませんので,計算の解き方をよく確かめて計算方法に慣れてください. また,いくつかの用語のうちから一つを答える問題では,そのほかの用語も示してありますので,それらも合わせて学習してください.

④ 各節の ●試験の直前●CHECK! には，国家試験問題を解くために必要な用語や公式など
をあげてあります．学習したらチェックしたり，試験の直前に覚えにくい内容のチェック
に利用してください．

第1章　電気関係法規

1・1 電気事業法 重要知識

● 出題項目 ● CHECK!

☐ 電気事業法
☐ 電気事業法施行規則

1・1・1 目 的（電気事業法第1条，電気事業法施行規則第1条）

電気事業法は，次のように定義されています．

> この法律は，電気事業の運営を適正かつ合理的ならしめることによって，電気の使用者の利益を保護し，及び電気事業の健全な発達を図るとともに，電気工作物の工事，維持及び運用を規制することによって，公共の安全を確保し，及び環境の保全を図ることを目的とする．

この法律がすべての基本となります．法律は，日常使わない言い回しや用語がありますが，内容をよく理解して正確に覚えることが要求されます．ここに，電気事業法施行規則第1条で定義された用語の一部を示します（表1.1）．

表1.1 用語の定義

用語	定義
変電所	構内以外の場所から伝送される電気を変成し，これを構内以外の場所に伝送するため，または構内以外の場所から伝送される電圧10万V以上の電気を変成するために設置する変圧器その他の電気工作物の総合体をいう．
送電線路	発電所相互間，変電所相互間または発電所と変電所との間の電線路（もっぱら通信の用に供するものを除く．以下に同じ．）およびこれに附属する開閉所その他の電気工作物をいう．
配電線路	発電所，変電所もしくは送電線路と需要設備との間または需要設備相互間の電線路およびこれに附属する開閉所その他の電気工作物をいう．

!Point

電気関係法規に関する問題は，いかに正確に内容を記憶しているかにつきます．法令文を繰り返し紙に書いたり声に出して読むなど，うろ覚えの状態を解消することが必要です．

法律用語は正確に覚えようね

1・1・2 定 義（電気事業法第2条）

電気事業法第2条にも用語の定義があります（表1.2）．

表1.2　用語の定義

用語	定義
小売供給	一般の需要に応じ電気を供給することをいう.
小売電気事業	小売供給を行う事業(一般送配電事業, 特定送配電事業および発電事業に該当する部分を除く.)をいう.
小売電気事業者	小売電気事業を営むことについて, 次条の登録を受けた者をいう.
振替供給	他の者から受電した者が, 同時に, その受電した場所以外の場所において, 当該他の者に, その受電した電気の量に相当する量の電気を供給することをいう.
接続供給	次に掲げるものをいう. イ　小売供給を行う事業を営む他の者から受電した者が, 同時に, その受電した場所以外の場所において, 当該他の者に対して, 当該他の者のその小売供給を行う事業の用に供するための電気の量に相当する量の電気を供給すること. ロ　電気事業の用に供する発電用の電気工作物以外の発電用の電気工作物(以下このロにおいて「非電気事業用電気工作物」という.)を維持し, および運用する他の者から当該非電気事業用電気工作物(当該他の者と経済産業省令で定める密接な関係を有する者が維持し, および運用する非電気事業用電気工作物を含む.)の発電に係る電気を受電した者が, 同時に, その受電した場所以外の場所において, 当該他の者に対して, 当該他の者があらかじめ申し出た量の電気を供給すること(当該他の者または当該他の者と経済産業省令で定める密接な関係を有する者の需要に応ずるものに限る.).
託送供給	振替供給および接続供給をいう.
電力量調整供給	次のイはロに掲げる者に該当する他の者から, 当該イまたはロに定める電気を受電した者が, 同時に, その受電した場所において, 当該他の者に対して, 当該他の者があらかじめ申し出た量の電気を供給することをいう. イ　発電用の電気工作物を維持し, および運用する者　当該発電用の電気工作物の発電に係る電気 ロ　特定卸供給(小売供給を行う事業を営む者に対する当該小売供給を行う事業の用に供するための電気の供給であつて, 電気事業の効率的な運営を確保するため特に必要なものとして経済産業省令で定める要件に該当するものをいう. 以下このロにおいて同じ.)を行う事業を営む者　特定卸供給に係る電気(イに掲げる者にあつては, イに定める電気を除く.)
一般送配電事業	自らが維持し, および運用する送電用および配電用の電気工作物によりその供給区域において託送供給および電力量調整供給を行う事業(発電事業に該当する部分を除く.)をいい, 当該送電用および配電用の電気工作物により次に掲げる小売供給を行う事業(発電事業に該当する部分を除く.)を含むものとする. イ　その供給区域(離島(その区域内において自らが維持し, および運用する電線路が自らが維持し, および運用する主要な電線路と電気的に接続されていない離島として経済産業省令で定めるものに限る. ロおよび第二十一条第三項第一号において単に「離島」という.)を除く.)における一般の需要(小売電気事業者または登録特定送配電事業者(第二十七条の十九第一項に規定する登録特定送配電事業者をいう.)から小売供給を受けているものを除く. ロにおいて同じ.)に応ずる電気の供給を保障するための電気の供給(次項第二号, 第十七条および第二十条において「最終保障供給」という.) ロ　その供給区域内に離島がある場合において, 当該離島における一般の需要に応ずる電気の供給を保障するための電気の供給(以下「離島供給」という.)
一般送配電事業者	一般送配電事業を営むことについて第三条の許可を受けた者をいう.

送電事業	自らが維持し，および運用する送電用の電気工作物により一般送配電事業者に振替供給を行う事業（一般送配電事業に該当する部分を除く．）であつて，その事業の用に供する送電用の電気工作物が経済産業省令で定める要件に該当するものをいう．
送電事業者	送電事業を営むことについて第二十七条の四の許可を受けた者をいう．
特定送配電事業	自らが維持し，および運用する送電用および配電用の電気工作物により特定の供給地点において小売供給または小売電気事業もしくは一般送配電事業を営む他の者にその小売電気事業若しくは一般送配電事業の用に供するための電気に係る託送供給を行う事業（発電事業に該当する部分を除く．）をいう．
特定送配電事業者	特定送配電事業を営むことについて，第二十七条の十三第一項の規定による届出をした者をいう．
発電事業	自らが維持し，および運用する発電用の電気工作物を用いて小売電気事業，一般送配電事業または特定送配電事業の用に供するための電気を発電する事業であつて，その事業の用に供する発電用の電気工作物が経済産業省令で定める要件に該当するものをいう．
発電事業者	発電事業を営むことについて，第二十七条の二十七第一項の規定による届出をした者をいう．
電気事業	小売電気事業，一般送配電事業，送電事業，特定送配電事業および発電事業をいう．
電気事業者	小売電気事業者，一般送配電事業者，送電事業者，特定送配電事業者および発電事業者をいう．
電気工作物	発電，変電，送電もしくは配電または電気の使用のために設置する機械，器具，ダム，水路，貯水池，電線路その他の工作物（船舶，車両または航空機に設置されるものその他の政令で定めるものを除く．）をいう．

ここで，各事業者は経済産業大臣への手続きが必要となります（表1.3）．

登録と許可と届出
しっかり覚
えてね

表1.3　経済産業大臣への手続き

事業者	経済産業大臣への手続き
小売電気事業者	登録（電気事業法第2条の2）
一般送配電事業者	許可（電気事業法第3条）
送電事業者	許可（電気事業法第27条の4）
特定送配電事業者	届出（電気事業法第27条の13）

1・1・3　電圧および周波数 （電気事業法第26条，電気事業法施行規則第38条）

電圧および周波数の維持に関して，電気事業法では次のように定められています．

一般送配電事業者は，その供給する電気の電圧及び周波数の値を経済産業省令で定める値に維持するよう努めなければならない．
2　経済産業大臣は，一般送配電事業者の供給する電気の電圧又は周波数の値が前項の経済産業省令で定める値に維持されていないため，電気の使用者の利益を阻害していると認めるときは，一般送配電事業者に対し，その値を維持するため電気工作物の修理又は改造，電気工作物の運用の方法の改善その他の必要な措置をとる

べきことを命ずることができる.

3　一般送配電事業者は,経済産業省令で定めるところにより,その供給する電気の電圧及び周波数を測定し,その結果を記録し,これを保存しなければならない.

ここで,経済産業省令で定める値については,電気事業法施行規則第38条に規定されています.電圧については表1.4のとおりです.

コンセントの電圧はピッタリ100Vじゃないんだね

表1.4　維持すべき電圧の値

標準電圧	維持すべき値
100 V	101 V の上下 6 V を超えない値
200 V	202 V の上下 20 V を超えない値

周波数については,「そのものが供給する電気の標準周波数に等しい値」となっています.つまり,50 Hz または 60 Hz のどちらかということになります.

1・1・4　電気の使用制限等(電気事業法第34条,電気事業法施行令第4条)

経済産業大臣は,電気の需給の調整を行わなければ電気の供給の不足が国民経済及び国民生活に悪影響を及ぼし,公共の利益を阻害するおそれがあると認められるときは,その事態を克服するため必要な限度において,政令で定めるところにより,使用電力量の限度,使用最大電力の限度,用途若しくは使用を停止すべき日時を定めて,小売電気事業者,一般送配電事業者若しくは登録特定送配電事業者(以下この条において「小売電気事業者等」という.)から電気の供給を受けるものに対し,小売電気事業者等の供給する電気の使用を制限すべきこと又は受電電力の容量の限度を定めて,小売電気事業者等から電気の供給を受ける者に対し,小売電気事業者等からの受電を制限すべきことを命じ,又は勧告することができる.

この法律は,電気の供給を受ける側の制限です.電気事業法施行令第4条で,「1週につき2日を限度として行うものでなければならない.」と規定されています.

地震などで大きな災害があった時だけに適用されると考えてね.

1・1・5　電気工作物(電気事業法第2条,第38条,電気事業法施行規則第48条)

前述の通り,電気工作物は,電気事業法第2条で次のように定義されています.

発電,変電,送電若しくは配電又は電気の使用のために設置する機械器具,ダム,水路,貯水池,電線路その他の工作物(船舶,車両又は航空機に設置されるものその他の政令で定めるものを除く.)をいう.

この電気工作物は一般用と事業用があります.事業用電気工作物のうち,電気事業の用に供するもの(電力会社が使用するもの)以外を自家用電気工作物と

いいます.

$$
電気工作物
\begin{cases}
一般用電気工作物 \\
事業用電気工作物
\begin{cases}
電気事業の用に供するもの \\
自家用電気工作物
\end{cases}
\end{cases}
$$

自家用って
事業用なんだね

詳しくは電気事業法第38条で次のように定義されています.

この法律において「一般用電気工作物」とは，次に掲げる電気工作物をいう．ただし，小出力発電設備以外の発電用の電気工作物と同一の構内(これに準ずる区域内を含む．以下同じ．)に設置するもの又は爆発性若しくは引火性のものが存在するため電気工作物による事故が発生するおそれが多い場所であって，経済産業省令で定めるものに設置するものを除く．

一　他のものから経済産業省令で定める電圧以下の電圧で受電，その受電の場所と同一の構内においてその受電に係る電気を使用するための電気工作物(これと同一の構内に，かつ，電気的に接続して設置する小出力発電設備を含む．)であって，その受電のための電線路以外の電線路によりその構内以外の場所にある電気工作物と電気的に接続されていないもの

二　構内に設置する小出力発電設備(これと同一の構内に，かつ，電気的に接続して設置する電気を使用するための電気工作物を含む．)であって，その発電に係る電気を前号の経済産業省令で定める電圧以下の電圧で他の者がその構内において受電するための電線路以外の電線路によりその構内以外の場所にある電気工作物と電気的に接続されていないもの．

三　前2号に掲げるものに準ずるものとして経済産業省令で定めるもの．

2　前項において「小出力発電設備」とは，経済産業省令で定める電圧以下の電気の発電用の電気工作物であって，経済産業省令で定めるものとする．

3　この法律において「事業用電気工作物」とは，一般用電気工作物以外の電気工作物をいう．

4　この法律において「自家用電気工作物」とは，次に掲げる事業の用に供する電気工作物及び一般用電気工作物以外の電気工作物をいう．

一　一般送配電事業

二　送電事業

三　特定送配電事業

四　発電事業であって，その事業の用に供する発電用の電気工作物が主務省令で定める要件に該当するもの

この法律はさらに電気事業法施行規則第48条で補足されています(表1.5).

表1.5　電気事業法施行規則第48条での補足

経済産業省令で定める場所	①　火薬類取締法に規定する火薬類を製造する事業場 ②　鉱山保安法施行規則が適用される石炭坑
経済産業省令で定める電圧	600 V
小出力発電設備 (出力の合計が50 kW 以上となるものを除く)	①　太陽電池発電設備　　　　出力50 kW 未満 ②　風力発電設備　　　　　　出力20 kW 未満 ③　水力発電設備　　　　　　出力20 kW 未満 ④　内燃力発電設備　　　　　出力10 kW 未満 ⑤　燃料電池発電設備　　　　出力10 kW 未満 ⑥　スターリングエンジン発電設備　出力10 kW 未満
主務省令で定める要件	最大電力の合計が200万kW を超えるもの (沖縄電力株式会社の供給区域は10万kW を超えるもの)

小出力発電設備
の出力を覚えてね

❗Point

　この電気工作物のように複数の法律にまたがってその内容が規程されているものが少なくありません．まとめて学習することが必要となります．

条文の番号まで覚える必要はないからね

1・1・6　技術基準への適合 (電気事業法第39条, 40条)

　事業用電気工作物の技術基準への適合に関する法律が，電気事業法第39条，40条に定められています．

第39条　事業用電気工作物の維持
事業用電気工作物を設置する者は，事業用電気工作物を主務省令で定める技術基準に適合するように維持しなければならない．
2　前項の主務省令は，次に掲げるところによらなければならない．
一　事業用電気工作物は，人体に危害を及ぼし，又は物件に損傷を与えないようにすること．
二　事業用電気工作物は，他の電気的設備その他の物件の機能に電気的又は磁気的な障害を与えないようにすること．
三　事業用電気工作物の損壊により一般送配電事業の電気の供給に著しい支障を及ぼさないようにすること．
四　事業用電気工作物が一般送配電事業の用に供される場合にあっては，その事業用電気工作物の損壊によりその一般送配電事業に係る電気の供給に著しい支障を生じないようにすること．
第40条　技術基準適合命令
主務大臣は，事業用電気工作物が前条第1項の主務省令で定める技術基準に適合していないと認めるときは，事業用電気工作物を設置するものに対し，その技術基準に適合するように事業用電気工作物を修理し，改造し，若しくは移転し，若しくはその使用を一時停止すべきことを命じ，又はその使用を制限することができる．

❗Point

　主務省令や主務大臣という表現が出てきています．これは，法令が複数の省庁にまたがって(例えば経済産業省と国土交通省など)適用される場合の表現となります．第三種電気主任技術者試験を受験する場合は，これらを経済産業省令や経済産業大臣と考えて読み替えても差し支えありません．

1・1・7　保安規程 (電気事業法第42条, 電気事業法施行規則第50条)

　電気事業法第42条と電気事業法施行規則第50条に保安規程に関する事項が規定されており，国家試験ではたびたび出題事例があります．
　まずは，電気事業法第42条における保安規定です．

事業用電気工作物を設置する者は，事業用電気工作物の工事，維持及び運用に関する保安を確保するため，主務省令で定めるところにより，保安を一体的に確保することが必要な事業用電気工作物の組織ごとに保安規程

を定め，当該組織における事業用電気工作物の使用(第五十一条第一項の自主検査又は第五十二条第一項の事業者検査を伴うものにあっては，その工事)の開始前に，主務大臣に届け出なければならない.

2　事業用電気工作物を設置する者は，保安規程を変更したときは，遅滞なく，変更した事項を主務大臣に届け出なければならない.

3　主務大臣は，事業用電気工作物の工事，維持及び運用に関する保安を確保するため必要があると認めるときは，事業用電気工作物を設置する者に対し，保安規程を変更すべきことを命ずることができる.

4　事業用電気工作物を設置する者及びその従業者は，保安規程を守らなければならない.

これを補足するのが電気事業法施行規則第 50 条です．その第 3 項を抽出しておきます.

工事，維持または運用キーワードだよ

3　第一項第二号に掲げる事業用電気工作物を設置する者は，法第四十二条第一項の保安規程において，次の各号に掲げる事項を定めるものとする．ただし，鉱山保安法(昭和二十四年法律第七十号)，鉄道営業法(明治三十三年法律第六十五号)，軌道法(大正十年法律第七十六号)又は鉄道事業法(昭和六十一年法律第九十二号)が適用され又は準用される自家用電気工作物については発電所，変電所及び送電線路に係る次の事項について定めることをもって足りる.

一　事業用電気工作物の工事，<u>維持又は運用</u>に関する業務を管理する者の職務及び組織に関すること.

二　事業用電気工作物の工事，維持又は運用に従事する者に対する保安教育に関すること.

三　事業用電気工作物の工事，維持及び運用に関する保安のための巡視，点検及び検査に関すること.

四　事業用電気工作物の運転又は操作に関すること.

五　発電所の運転を相当期間停止する場合における保全の方法に関すること.

六　災害その他非常の場合に採るべき措置に関すること.

七　事業用電気工作物の工事，維持及び運用に関する保安についての記録に関すること.

八　事業用電気工作物(使用前自主検査，溶接事業者検査若しくは定期事業者検査(以下「法定事業者検査」と総称する.)又は法第五十一条の二第一項若しくは第二項の確認(以下「使用前自己確認」という.)を実施するものに限る.)の法定事業者検査又は使用前自己確認に係る実施体制及び記録の保存に関すること.

九　その他事業用電気工作物の工事，維持及び運用に関する保安に関し必要な事項

ここで，第一項第二号に掲げる事業用電気工作物とは，次のとおりです.

一　事業用電気工作物であって，一般送配電事業，送電事業又は発電事業(法第三十八条第四項第四号に掲げる事業に限る.)の用に供するもの

二　事業用電気工作物であって，前号に掲げるもの以外のもの

1・1・8　主任技術者(電気事業法第 43 条，第 44 条，電気事業法施行規則第 52 条，第 56 条)

電気事業法第 44 条で定められた主任技術者免状には，第 1 種・第 2 種・第 3 種電気主任技術者，第 1 種・第 2 種ダム水路主任技術者，第 1 種・第 2 種ボイラー・タービン主任技術者の 7 種類があります．管理する内容はそれぞれ違いますがその義務については同じで，電気事業法第 43 条に定められています.

事業用電気工作物を設置する者は，事業用電気工作物の工事，維持及び運用に関する保安の監督をさせるため，主務省令で定めるところにより，主任技術者免状の交付を受けている者のうちから，主任技術者を選任しなければならない．
2　自家用電気工作物を設置する者は，前項の規定にかかわらず，主務大臣の許可を受けて，主任技術者免状の交付を受けていない者を主任技術者として選任することができる．
3　自家用電気工作物を設置する者は，主任技術者を選任したとき（前項の許可を受けて選任した場合を除く．）は，遅滞なく，その旨を主務大臣に届け出なければならない．これを解任したときも，同様とする．
4　主任技術者は，事業用電気工作物の工事，維持及び運用に関する保安の監督の職務を誠実に行わなければならない．
5　事業用電気工作物の工事，維持及び運用に従事する者は，主任技術者がその保安のためにする指示に従わなければならない．

　電気主任技術者の監督の範囲については電気事業法施行規則第56条に規定されていますので，必要な部分を表1.6に示します．

表1.6　電気主任技術者の監督の範囲

種類	保安の監督の範囲
第一種電気主任技術者免状	事業用電気工作物の工事，維持および運用
第二種電気主任技術者免状	電圧170 000 V 未満の事業用電気工作物の工事，維持および運用
第三種電気主任技術者免状	電圧50 000 V 未満の事業用電気工作物（出力5 000 kW 以上の発電所を除く．）の工事，維持および運用

　ただし，電気事業法施行規則第52条で，一定の条件を満たす自家用電気工作物に係る事業場については，経済産業大臣の承認を受ければ電気主任技術者を選任しないことが認められています．その条件は次のとおりです（表1.7）．

数字を覚えるのが大変．でもそれが重要だよ．

表1.7　電気主任技術者を選任しない条件

種別	出力	電圧
水力発電所 火力発電所 太陽電池発電所	2 000 kW 未満	7 000 V 以下で連系
風力発電所		
上記以外の発電所	1 000 kW 未満	7 000 V 以下で連系
需要設備		7 000 V 以下で受電
配電線路		600 V 以下

1·1·9　事業用電気工作物の設置または変更の工事(電気事業法第48条, 電気事業法施行規則第65条)

　事業用電気工作物を<u>設置または変更の工事</u>をする場合について，電気事業法第48条の第1項で次のように規定されています.

> 事業用電気工作物の設置又は変更の工事(前条第一項の主務省令で定めるものを除く.)であつて，主務省令で定めるものをしようとする者は，その<u>工事の計画を主務大臣に届け出なければならない</u>.　その工事の計画の変更(主務省令で定める軽微なものを除く.)をしようとするときも，同様とする.

　また，電気事業法施行規則第65条にこれを補足する規則が規定されています.

> 法第四十八条第一項の主務省令で定めるものは，次のとおりとする.
> 一　事業用電気工作物の設置又は変更の工事であって，別表第二の上欄に掲げる工事の種類に応じてそれぞれ同表の下欄に掲げるもの(事業用電気工作物が滅失し，若しくは損壊した場合又は災害その他非常の場合において，やむを得ない一時的な工事としてするものを除く.)
> 二　事業用電気工作物の設置又は変更の工事であって，別表第四の上欄に掲げる工事の種類に応じてそれぞれ同表の下欄に掲げるもの(別表第二の中欄若しくは下欄に掲げるもの，及び事業用電気工作物が滅失し，若しくは損壊した場合又は災害その他非常の場合において，やむを得ない一時的な工事としてするものを除く.)

　この法令にある別表第二のうち需要設備について第三種電気主任が扱える50 000 V 未満の内容を表1.8に抽出しておきます.　事前届出を必要とするものの一覧です.

表1.8　事業用電気工作物の設置または変更の工事の事前届出

需要設備の工事の種類	事前届出を要するもの
設置の工事	受電電圧 10 000 V 以上の需要設備の設置
遮断器 (10 000 V 以上の需要設備に属するものに限る.)	1　10 000 V 以上のものの設置 2　10 000 V 以上のものの改造のうち20 %以上の遮断電流の変更を伴うもの 3　10 000 V 以上のものの取替え
電力貯蔵装置 (10 000 V 以上の需要設備に属するものに限る.)	1　80 000 kWh 以上のものの設置 2　80 000 kWh 以上のものの改造のうち, 20 %以上の容量の変更を伴うもの
遮断機，電力貯蔵装置以外の機器 (10 000 V 以上の機器であって，計器用変成器を除く.)	1　容量 10 000 kVA 以上または出力 10 000 kW 以上のものの設置 2　容量 10 000 kVA 以上または出力 10 000 kW 以上のものの改造のうち, 20 %以上の電圧の変更または 20 %以上の容量もしくは出力の変更を伴うもの 3　容量 10 000 kVA 以上または出力 10 000 kW 以上のものの取替え

1・1・10　使用前安全管理検査 (電気事業法第51条, 電気事業法施行規則第73条)

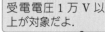

受電電圧1万V以上が対象だよ.

第1章　電気関係法規

　事業用電気工作物の使用前安全管理検査について電気事業法第51条で次のように規定されています.

第四十八条第一項の規定による届出をして設置又は変更の工事をする事業用電気工作物(その工事の計画について同条第四項の規定による命令があつた場合において同条第一項の規定による届出をしていないもの及び第四十九条第一項の主務省令で定めるものを除く.)であつて, 主務省令で定めるものを設置する者は, 主務省令で定めるところにより, その使用の開始前に, 当該事業用電気工作物について自主検査を行い, その結果を記録し, これを保存しなければならない.
2　前項の検査(以下「使用前自主検査」という.)においては, その事業用電気工作物が次の各号のいずれにも適合していることを確認しなければならない.
一　その工事が第四十八条第一項の規定による届出をした工事の計画(同項後段の主務省令で定める軽微な変更をしたものを含む.)に従つて行われたものであること.
二　第三十九条第一項の主務省令で定める技術基準に適合するものであること.
3　使用前自主検査を行う事業用電気工作物を設置する者は, 使用前自主検査の実施に係る体制について, 主務省令で定める時期(第七項の通知を受けている場合にあつては, 当該通知に係る使用前自主検査の過去の評定の結果に応じ, 主務省令で定める時期)に, 原子力を原動力とする発電用の事業用電気工作物以外の事業用電気工作物であつて経済産業省令で定めるものを設置する者にあつては経済産業大臣の登録を受けた者が, その他の者にあつては主務大臣が行う審査を受けなければならない.
4　前項の審査は, 事業用電気工作物の安全管理を旨として, 使用前自主検査の実施に係る組織, 検査の方法, 工程管理その他主務省令で定める事項について行う.
5　第三項の経済産業大臣の登録を受けた者は, 同項の審査を行つたときは, 遅滞なく, 当該審査の結果を経済産業省令で定めるところにより経済産業大臣に通知しなければならない.
6　主務大臣は, 第三項の審査の結果(前項の規定により通知を受けた審査の結果を含む.)に基づき, 当該事業用電気工作物を設置する者の使用前自主検査の実施に係る体制について, 総合的な評定をするものとする.
7　主務大臣は, 第三項の審査及び前項の評定の結果を, 当該審査を受けた者に通知しなければならない.

　また, 電気事業法施行規則第73条の5で, 検査の内容と記録の保管期間が規定されています. 記録の保管期間については, 基本的に5年と記憶しおいて下さい.

使用前自主検査の結果の記録は, 次に掲げる事項を記載するものとする.
一　検査年月日
二　検査の対象
三　検査の方法
四　検査の結果
五　検査を実施した者の氏名
六　検査の結果に基づいて補修等の措置を講じたときは, その内容
七　検査の実施に係る組織
八　検査の実施に係る工程管理
九　検査において協力した事業者がある場合には, 当該事業者の管理に関する事項
十　検査記録の管理に関する事項
十一　検査に係る教育訓練に関する事項

2　使用前自主検査の結果の記録は，次に掲げる期間保存するものとする.

一　前項第一号から第六号までに掲げる事項

　イ　発電用水力設備に係るものは当該設備の存続する期間

　ロ　イ以外のものは第七十三条の三第三号の工事の工程において行う使用前自主検査を行った後五年間

二　前項第七号から第十一号までに掲げる事項については，使用前自主検査を行った後最初の法第五十一条第七項の通知を受けるまでの期間

1・1・11　立入り検査(電気事業法第 107 条)

立入り検査の規程です.

電気工作物，帳簿，書類が主な検査対象だよ

主務大臣は，第三十九条，第四十条，第四十七条，第四十九条及び第五十条の規定の施行に必要な限度において，その職員に，原子力発電工作物を設置する者又はボイラー等(原子力発電工作物に係るものに限る.)の溶接をする者の工場又は営業所，事務所その他の事業場に立ち入り，原子力発電工作物，帳簿，書類その他の物件を検査させることができる.

2　経済産業大臣は，前項の規定による立入検査のほか，この法律の施行に必要な限度において，その職員に，電気事業者の営業所，事務所その他の事業場に立ち入り，業務若しくは経理の状況又は電気工作物，帳簿，書類その他の物件を検査させることができる.

3　経済産業大臣は，第一項の規定による立入検査のほか，この法律の施行に必要な限度において，その職員に，自家用電気工作物を設置する者又はボイラー等の溶接をする者の工場又は営業所，事務所その他の事業場に立ち入り，電気工作物，帳簿，書類その他の物件を検査させることができる.

4　経済産業大臣は，この法律の施行に必要な限度において，その職員に，一般用電気工作物の設置の場所(居住の用に供されているものを除く.)に立ち入り，一般用電気工作物を検査させることができる.

5　経済産業大臣は，この法律の施行に必要な限度において，その職員に，推進機関の事務所に立ち入り，業務の状況又は帳簿，書類その他の物件を検査させることができる.

6　経済産業大臣は，この法律の施行に必要な限度において，その職員に，登録安全管理審査機関又は登録調査機関の事務所又は事業所に立ち入り，業務の状況又は帳簿，書類その他の物件を検査させることができる.

7　経済産業大臣は，この法律の施行に必要な限度において，その職員に，指定試験機関又は卸電力取引所の事務所に立ち入り，業務の状況又は帳簿，書類その他の物件を検査させることができる.

8　前各項の規定により立入検査をする職員は，その身分を示す証明書を携帯し，関係人の請求があつたときは，これを提示しなければならない.

9　経済産業大臣は，必要があると認めるときは，推進機関に，第二項の規定による立入検査(次に掲げる事項を調査するために行うものに限る.)を行わせることができる.

一　第二十八条の四十三の規定による情報の提供が適正に行われていること.

二　第二十八条の四十四第一項の規定による指示を受けた推進機関の会員がその指示に係る措置をとつていること.

10　経済産業大臣は，前項の規定により推進機関に立入検査を行わせる場合には，推進機関に対し，当該立入検査の場所その他必要な事項を示してこれを実施すべきことを指示するものとする.

11　推進機関は，前項の指示に従って第九項に規定する立入検査を行つたときは，その結果を経済産業大臣に報告しなければならない.

12　第九項の規定により立入検査をする推進機関の職員は，その身分を示す証明書を携帯し，関係人の請求があつたときは，これを提示しなければならない.

13　第一項から第七項までの規定による権限は，犯罪捜査のために認められたものと解釈してはならない.

● 試験の直前 ● CHECK!

- ☐ **電気事業法の目的**
- ☐ **用語の定義**≫表1.1，1.2，1.3
- ☐ **電圧および周波数**≫ 101 ± 6 V，202 ± 20 V，50 Hz，60 Hz
- ☐ **電気の使用制限等**≫ 2日／週
- ☐ **電気工作物**≫一般用，自家用
- ☐ **技術基準への適合**≫人体への危害，物体の損傷，電気的障害
- ☐ **保安規程**
- ☐ **主任技術者**≫第1種～第3種電気主任技術者
- ☐ **事業用電気工作物の設置または変更の工事**≫主務大臣への届出
- ☐ **使用前安全管理検査**≫自主検査
- ☐ **立入り検査**≫業務，経理，電気工作物，帳簿，書類

国家試験問題

問題1

　次の文章は，「電気事業法施行規則」における送電線路及び配電線路の定義である．

a．「送電線路」とは，発電所相互間，変電所相互間又は変電所と ［(ア)］ との間の ［(イ)］ (専ら通信の用に供するものを除く．以下同じ.)及びこれに附属する ［(ウ)］ その他の電気工作物をいう．

b．「配電線路」とは，発電所，変電所若しくは送電線路と ［(エ)］ との間又は ［(エ)］ 相互間の ［(イ)］ 及びこれに附属する ［(ウ)］ その他の電気工作物をいう．

　上記の記述中の空白箇所(ア)，(イ)，(ウ)及び(エ)に当てはまる組合せとして，正しいものを次の(1)～(5)のうちから一つ選べ．

	(ア)	(イ)	(ウ)	(エ)
(1)	変電所	電　線	開閉所	電気使用場所
(2)	開閉所	電線路	支持物	電気使用場所
(3)	変電所	電　線	支持物	開閉所
(4)	開閉所	電　線	支持物	需要設備
(5)	変電所	電線路	開閉所	需要設備

《H26-1》

解説

用語(電気事業法施行規則第1条)の問題です．表1.1を参考にして下さい．

問題2

　次の文章は,「電気事業法」及び「電気事業法施行規則」に基づく,電圧の維持に関する記述である.

　電気事業者(卸電気事業者及び特定規模電気事業者を除く.)は,その供給する電気の電圧の値をその電気を供給する場所において,表の左欄の標準電圧に応じて右欄の値に維持するように努めなければならない.

標準電圧	維持すべき値
100 V	101 V の上下 (ア) V を超えない値
200 V	202 V の上下 (イ) V を超えない値

　また,次の文章は,「電気設備技術基準」に基づく,電圧の種別等に関する記述である.

　電圧は,次の区分により低圧,高圧及び特別高圧の三種とする.

a. 低圧　直流にあっては (ウ) V 以下,交流にあっては (エ) V 以下のもの

b. 高圧　直流にあっては (ウ) V を,交流にあっては (エ) V を超え, (オ) V 以下のもの

c. 特別高圧　 (オ) V を超えるもの

　上記の記述中の空白箇所(ア),(イ),(ウ),(エ)及び(オ)に当てはまる組合せとして,正しいものを次の(1)〜(5)のうちから一つ選べ.

	(ア)	(イ)	(ウ)	(エ)	(オ)
(1)	6	20	600	450	6 600
(2)	5	20	750	600	7 000
(3)	5	12	600	400	6 600
(4)	6	20	750	600	7 000
(5)	6	12	750	450	7 000

《H26-5》

解説

　電圧および周波数(電気事業法施行規則第38条)と電圧の種別(電気設備に関する技術基準を定める省令第2条)に関する問題です.電気設備に関する技術基準を定める省令は,**電技**と略します.電技第2条での電圧の種別をまとめておきます.

種別	電圧
低圧	直流≦750 V　交流≦600 V
高圧	750 V<直流≦7000 V　600 V<交流≦7000 V
特別高圧	直流・交流>7000 V

問題3

　次の文章は,「電気事業法」における,電気の使用制限等に関する記述である.

　 (ア) は,電気の需給の調整を行わなければ電気の供給の不足が国民経済及び国民生活に悪影

響を及ぼし，公共の利益を阻害するおそれがあると認められるときは，その事態を克服するため必要な限度において，政令で定めるところにより，__(イ)__の限度，__(ウ)__の限度，用途若しくは使用を停止すべき__(エ)__を定めて，一般電気事業者，特定電気事業者若しくは特定規模電気事業者の供給する電気の使用を制限し，又は__(オ)__電力の容量の限度を定めて，一般電気事業者，特定電気事業者若しくは特定規模電気事業者からの__(オ)__を制限することができる．

　上記の記述中の空白箇所(ア)，(イ)，(ウ)，(エ)及び(オ)に当てはまる組合せとして，正しいものを次の(1)～(5)のうちから一つ選べ．

	(ア)	(イ)	(ウ)	(エ)	(オ)
(1)	経済産業大臣	使用電力量	使用最大電力	区　域	受　電
(2)	内閣総理大臣	供給電力量	供給最大電力	区　域	送　電
(3)	経済産業大臣	供給電力量	供給最大電力	区　域	送　電
(4)	内閣総理大臣	使用電力量	使用最大電力	日　時	受　電
(5)	経済産業大臣	使用電力量	使用最大電力	日　時	受　電

《H24-1》

解 説

電気の使用制限等(電気事業法第34条)に関する問題です．

問題4　

　次の文章は，「電気事業法」に規定される自家用電気工作物に関する説明である．

　自家用電気工作物とは，電気事業の用に供する電気工作物及び一般用電気工作物以外の電気工作物であって，次のものが該当する．

a．__(ア)__以外の発電用の電気工作物と同一の構内(これに準ずる区域内を含む．以下同じ．)に設置するもの

b．他の者から__(イ)__電圧で受電するもの

c．構内以外の場所(以下「構外」という．)にわたる電線路を有するものであって，受電するための電線路以外の電線路により__(ウ)__の電気工作物と電気的に接続されているもの

d．火薬類取締法に規定される火薬類(煙火を除く．)を製造する事業場に設置するもの

e．鉱山保安法施行規則が適用される石炭坑に設置するもの

　上記の記述中の空白箇所(ア)，(イ)及び(ウ)に当てはまる組合せとして，正しいものを次の(1)～(5)のうちから一つ選べ．

	(ア)	(イ)	(ウ)
(1)	小出力発電設備	600 V を超え 7 000 V 未満の	需要場所
(2)	再生可能エネルギー発電設備	600 V を超える	構内
(3)	小出力発電設備	600 V 以上 7 000 V 以下の	構内
(4)	再生可能エネルギー発電設備	600 V 以上の	構外
(5)	小出力発電設備	600 V を超える	構外

《H27-1》

15

解説

　電気工作物の定義(電気事業法第38条)と範囲(電気事業法施行規則第48条)から読み取れる内容は，一般用電気工作物に関するものとなります．この問題は自家用電気工作物に関するものですから，一般用電気工作物で定義されたものを否定する内容を選ぶ必要があります．

問題5

　次の文章は，「電気事業法」における事業用電気工作物の技術基準への適合に関する記述の一部である．

a　事業用電気工作物を設置する者は，事業用電気工作物を主務省令で定める技術基準に適合するように ☐ (ア) ☐ しなければならない．

b　上記 a の主務省令で定める技術基準では，次に掲げるところによらなければならない．

① 事業用電気工作物は，人体に危害を及ぼし，又は物件に損傷を与えないようにすること．

② 事業用電気工作物は，他の電気的設備その他の物件の機能に電気的又は ☐ (イ) ☐ 的な障害を与えないようにすること．

③ 事業用電気工作物の損壊により一般送配電事業者の電気の供給に著しい支障を及ぼさないようにすること．

④ 事業用電気工作物が一般送配電事業の用に供される場合にあっては，その事業用電気工作物の損壊によりその一般送配電事業に係る電気の供給に著しい支障を生じないようにすること．

c　主務大臣は，事業用電気工作物が上記 a の主務省令で定める技術基準に適合していないと認めるときは，事業用電気工作物を設置する者に対し，その技術基準に適合するように事業用電気工作物を修理し，改造し，若しくは移転し，若しくはその使用を ☐ (ウ) ☐ すべきことを命じ，又はその使用を制限することができる．

　上記の記述中の空白箇所(ア)，(イ)及び(ウ)に当てはまる組合せとして，正しいものを次の(1)～(5)のうちから一つ選べ．

	(ア)	(イ)	(ウ)
(1)	設置	磁気	一時停止
(2)	維持	熱	禁止
(3)	設置	熱	禁止
(4)	維持	磁気	一時停止
(5)	設置	熱	一時停止

《H29-1》

解説

技術基準への適合(電気事業法第39条，40条)に関する問題です．

問題 6

次の文章は，「電気事業法施行規則」に基づく自家用電気工作物を設置する者が保安規程に定めるべき事項の一部に関しての記述である．

a 自家用電気工作物の工事，維持又は運用に関する業務を管理する者の [(ア)] に関すること．

b 自家用電気工作物の工事，維持又は運用に従事する者に対する [(イ)] に関すること．

c 自家用電気工作物の工事，維持及び運用に関する保安のための [(ウ)] 及び検査に関すること．

d 自家用電気工作物の運転又は操作に関すること．

e 発電所の運転を相当期間停止する場合における保全の方法に関すること．

f 災害その他非常の場合に採るべき [(エ)] に関すること．

g 自家用電気工作物の工事，維持及び運用に関する保安についての [(オ)] に関すること．

上記の記述中の空白箇所(ア)，(イ)，(ウ)，(エ)及び(オ)に当てはまる組合せとして，正しいものを次の(1)～(5)のうちから一つ選べ．

	(ア)	(イ)	(ウ)	(エ)	(オ)
(1)	権限及び義務	勤務体制	巡視，点検	指揮命令	記 録
(2)	職務及び組織	勤務体制	整備，補修	措 置	届 出
(3)	権限及び義務	保安教育	整備，補修	指揮命令	届 出
(4)	職務及び組織	保安教育	巡視，点検	措 置	記 録
(5)	権限及び義務	勤務体制	整備，補修	指揮命令	記 録

《H28-10》

解 説

保安規程(電気事業法施行規則第50条)に関する問題です．

問題 7

次の文章は，「電気事業法」及び「電気事業法施行規則」に基づく主任技術者の選任等に関する記述である．

自家用電気工作物を設置する者は，自家用電気工作物の工事，維持及び運用に関する保安の監督をさせるため主任技術者を選任しなければならない．

ただし，一定の条件を満たす自家用電気工作物に係る事業場のうち，当該自家用電気工作物の工事，維持及び運用に関する保安の監督に係る業務を委託する契約が，電気事業法施行規則で規定した要件に該当する者と締結されているものであって，保安上支障のないものとして経済産業大臣(事業場が一の産業保安監督部の管轄区域内のみにある場合は，その所在地を管轄する産業保安監督部長)の承認を受けたものについては，電気主任技術者を選任しないことができる．

下記a～dのうち，上記の記述中の下線部の「一定の条件を満たす自家用電気工作物に係る事業場」として，適切なものと不適切なものの組合せとして，正しいものを次の(1)～(5)のうちから一つ選べ．

a 電圧 22 000 V で送電線路と連系をする出力 2 000 kW の内燃力発電所

b 電圧 6 600 V で送電する出力 3 000 kW の水力発電所

c　電圧 6 600 V で配電線路と連系をする出力 500 kW の太陽電池発電所

d　電圧 6 600 V で受電する需要設備

	a	b	c	d
(1)	適　切	不適切	適　切	適　切
(2)	不適切	不適切	適　切	適　切
(3)	適　切	不適切	不適切	適　切
(4)	不適切	適　切	適　切	不適切
(5)	適　切	適　切	不適切	不適切

《H28-1》

解説

　主任技術者の選任（電気事業法施行規則第52条）に関する問題です．表1.4を参考にして下さい．

問題8

　「電気事業法」及び「電気事業法施行規則」に基づき，事業用電気工作物の設置又は変更の工事の計画には経済産業大臣に事前届出を要するものがある．次の工事を計画するとき，事前届出の対象となるものを(1)～(5)のうちから一つ選べ．

(1)　受電電圧 6 600 〔V〕で最大電力 2 000 〔kW〕の需要設備を設置する工事

(2)　受電電圧 6 600 〔V〕の既設需要設備に使用している受電用遮断器を新しい遮断器に取り替える工事

(3)　受電電圧 6 600 〔V〕の既設需要設備に使用している受電用遮断器の遮断電流を 25 〔%〕変更する工事

(4)　受電電圧 22 000 〔V〕の既設需要設備に使用している受電用遮断器を新しい遮断器に取り替える工事

(5)　受電電圧 22 000 〔V〕の既設需要設備に使用している容量 5 000 〔kW・A〕の変圧器を同容量の新しい変圧器に取り替える工事

《H25-2》

解説

　事業用電気工作物の設置又は変更の工事（電気事業法施行規則第65条）に関する問題です．表1.5を参考にして下さい．

問題9

次の文章は，「電気事業法」に基づく，立入検査に関する記述の一部である．

経済産業大臣は，　(ア)　に必要な限度において，経済産業省の職員に，電気事業者の事業所，その他事業場の立ち入り，業務の状況，電気工作物，書類その他の物件を検査させることができる．また，自家用電気工作物を設置する者の工場，事務所その他の事業場に立ち入り，電気工作物，書類その他の物件を検査させることができる．

立入検査をする職員は，その　(イ)　を示す証明書を携帯し，関係人の請求があったときは，これを提示しなければならない．

立入検査の権限は　(ウ)　のために認められたものと解釈してはならない．

上記の記述中の空白箇所(ア)，(イ)及び(ウ)に当てはまる組合せとして，正しいものを次の(1)〜(5)のうちから一つ選べ．

	(ア)	(イ)	(ウ)
(1)	電気事業法の施行	理　由	行政処分
(2)	緊急時	身　分	犯罪捜査
(3)	緊急時	理　由	行政処分
(4)	電気事業法の施行	身　分	犯罪捜査
(5)	緊急時	身　分	行政処分

〈H24-2〉

解説

立入り検査(電気事業法第107条)に関する問題です．

1・2　その他の電気関係法規　重要知識

● 出題項目 ● CHECK!

- ☐ 電気関係報告規則
- ☐ 電気工事士法
- ☐ 電気用品安全法
- ☐ 電気工事業の業務の適正化に関する法律
- ☐ 発電用風力設備に関する技術基準を定める省令

1・2・1　事故報告（電気関係報告規則第3条）

　電気関係報告規則第3条に事故報告に関する規程があります．内容によって報告先が違いますので注意が必要です．第三種電気主任技術者が管理できる範囲は 50 000 V 未満（5 000 kW 以上の発電所を除く）ですので，その範囲に関連がありそうな条文を記載しておきます．

　報告は，「事故の発生を知った時から**24時間以内**可能な限り速やかに事故の発生の日時及び場所，事故が発生した電気工作物並びに事故の概要について，電話等の方法により行うとともに，事故の発生を知った日から起算して**30日以内**に様式第十三の報告書を提出して行わなければならない．ただし，前項の表第四号ハに掲げるもの又は同表第七号から第十二号に掲げるもののうち当該事故の原因が自然現象であるものについては，同様式の報告書の提出を要しない．」とあります．

事故報告は
迅速にね

事故内容	報告先	
	電気事業者	自家用電気工作物を設置するもの
一　感電または電気工作物の破損もしくは電気工作物の誤操作もしくは電気工作物を操作しないことにより人が死傷した事故（死亡または病院もしくは診療所に入院した場合に限る．） 二　電気火災事故（工作物にあつては，その半焼以上の場合に限る．） 三　電気工作物の破損又は電気工作物の誤操作若しくは電気工作物を操作しないことにより，他の物件に損傷を与え，またはその機能の全部または一部を損なわせた事故	電気工作物の設置の場所を管轄する産業保安監督部長	電気工作物の設置の場所を管轄する産業保安監督部長
四～十　省略		
十一　一般送配電事業者の一般送配電事業の用に供する電気工作物または特定送配電事業者の特定送配電事業の用に供する電気工作物と電気的に接続されている電圧 3 000 V 以上の自家用電気工作物の破損または自家用電気工作物の誤操作もしくは自家用電気工作物を操作しないことにより一般送配電事業者または特定送配電事業者に供給支障を発生させた事故		電気工作物の設置の場所を管轄する産業保安監督部長

十二　ダムによつて貯留された流水が当該ダムの洪水吐きから異常に放流された事故	電気工作物の設置の場所を管轄する産業保安監督部長	電気工作物の設置の場所を管轄する産業保安監督部長
十三　第一号から前号までの事故以外の事故であつて，電気工作物に係る社会的に影響を及ぼした事故	電気工作物の設置の場所を管轄する産業保安監督部長	電気工作物の設置の場所を管轄する産業保安監督部長

!Point

感電，死傷，火災，電気の供給支障，社会的な影響の何れかがあれば **24 時間以内**に電話等による速報を，**30 日以内**に文書による詳細報告をしなければなりません．

ただ，機械が壊れただけなら報告はしなくてよいのだよ.

1·2·2　自家用電気工作物を設置する者の発電所の出力の変更等の報告（電気関係報告規則第5条）

出力，電圧の変更と廃止.
これだけ覚えてね.

自家用電気工作物（原子力発電工作物を除く．）を設置する者は，次の場合は，遅滞なく，その旨を当該自家用電気工作物の設置の場所を管轄する産業保安監督部長に報告しなければならない．
一　発電所若しくは変電所の出力又は送電線路若しくは配電線路の電圧を変更した場合（法第四十七条第一項若しくは第二項の認可を受け，又は法第四十八条第一項の規定による届出をした工事に伴い変更した場合を除く．）
二　発電所，変電所その他の自家用電気工作物を設置する事業場又は送電線路若しくは配電線路を廃止した場合

1·2·3　電気工事士法（電気工事士法第1条，第3条，電気工事士法施行規則第1条，第2条）

まずは，電気工事士法の目的（電気工事士法第 1 条）です．

この法律は，電気工事の作業に従事する者の資格及び義務を定め，もつて電気工事の欠陥による災害の発生の防止に寄与することを目的とする．

次に，電気工事士の資格が必要な工事に関する内容（電気工事士法第 3 条）です．

第一種電気工事士免状の交付を受けている者（以下「第一種電気工事士」という．）でなければ，自家用電気工作物に係る電気工事（第三項に規定する電気工事を除く．第四項において同じ．）の作業（自家用電気工作物の保安上支障がないと認められる作業であって，経済産業省令で定めるものを除く．）に従事してはならない．

2　第一種電気工事士又は第二種電気工事士免状の交付を受けている者(以下「第二種電気工事士」という.)でなければ, 一般用電気工作物に係る電気工事の作業(一般用電気工作物の保安上支障がないと認められる作業であって, 経済産業省令で定めるものを除く. 以下同じ.)に従事してはならない.

3　自家用電気工作物に係る電気工事のうち経済産業省令で定める特殊なもの(以下「特殊電気工事」という.)については, 当該特殊電気工事に係る特種電気工事資格者認定証の交付を受けている者(以下「特種電気工事資格者」という.)でなければ, その作業(自家用電気工作物の保安上支障がないと認められる作業であって, 経済産業省令で定めるものを除く.)に従事してはならない.

4　自家用電気工作物に係る電気工事のうち経済産業省令で定める簡易なもの(以下「簡易電気工事」という.)については, 第一項の規定にかかわらず, 認定電気工事従事者認定証の交付を受けている者(以下「認定電気工事従事者」という.)は, その作業に従事することができる.

ここで, 自家用電気工作物は電気事業法第38条に定義がありますが, 電気工事士法施行規則第1条の二では別の定義となっています. その条文は次のとおりです.

電気事業法のページを参照してね.

法第二条第二項の経済産業省令で定める自家用電気工作物は, 発電所, 変電所, 最大電力五百キロワット以上の需要設備, 送電線路(発電所相互間, 変電所相互間又は発電所と変電所との間の電線路(専ら通信の用に供するものを除く. 以下同じ.)及びこれに附属する開閉所その他の電気工作物をいう.)及び保安通信設備とする.

また, 簡易電気工事とは自家用電気工作物のうち, 600 V 以下の部分の工事(電気工事士法施行規則第2条の3)です.

これら電気工事士法施行規則の内容を表1.6にまとめます. ○印の部分の工事がそれぞれの資格に対応した工事の種類となります(表1.9).

表 1.9　電気工事に関する資格と工事の種類

資格／工事の種類		第一種電気工事士	第二種電気工事士	認定電気工事従事者	ネオン工事に係る特殊電気工事資格者	非常用予備発電装置に係る特殊電気工事資格者
自家用電気工作物	500 kW 未満の需要設備	○				
	簡易電気工事	○		○		
	ネオン工事				○	
	非常用予備発電装置工事					○
一般用電気工作物		○	○			

1・2・4　電気用品安全法 (電気用品安全法第1条, 第2条, 第8条, 第10条, 第28条, 電気用品安全法施行規則第17条)

目的(電気用品安全法第1条)および定義(同第2条)は次の通りです.

(目的)
第一条　この法律は,電気用品の製造,販売等を規制するとともに,電気用品の安全性の確保につき民間事業者の自主的な活動を促進することにより,電気用品による<u>危険及び障害の発生を防止する</u>ことを目的とする.
(定義)
第二条　この法律において「電気用品」とは,次に掲げる物をいう.
一　一般用電気工作物(電気事業法(昭和三十九年法律第百七十号)第三十八条第一項に規定する一般用電気工作物をいう.)の部分となり,又はこれに接続して用いられる機械,器具又は材料であって,政令で定めるもの
二　携帯発電機であって,政令で定めるもの
三　蓄電池であって,政令で定めるもの
2　この法律において「特定電気用品」とは,構造又は使用方法その他の使用状況からみて特に危険又は障害の発生するおそれが多い電気用品であって,政令で定めるものをいう.

　一般用電気工作物は,この法律に基づく経済産業省令で定める**技術基準に適合した**ものでなければなりません.**輸入品にも適用**されます(電気用品安全法第8条).一般用電気工作物は,危険または障害の発生するおそれが多い**特定電気用品**とそれ以外の**特定電気用品以外**のものとに分類されています.特定電気用品は,電気用品安全法施行令別表第一(表1.10)に規定されており,具体的には116品目(2021年現在)が指定されており,図1.1のマーク(電気用品安全法施行規則第17条別表第6)を表示すること(電気用品安全法第10条)になっています.同様に,特定電気用品以外のもの(2021年現在341品目)についても図1.2のマークを表示することになっています.これらのマークのないものを販売・利用することはできません(電気用品安全法第28条).

図1.1　特定電気用品

図1.2　特定電気用品以外

マークを取り違えないように注意してね

表1.10　特定電気用品

種別	規格
電線	定格電圧が100 V以上600 V以下
ヒューズ	定格電圧が100 V以上300 V以下 交流の電路に使用するもの
配線器具	定格電圧が100 V以上300 V以下 蛍光灯用ソケットは100 V以上1 000 V以下 交流の電路に使用するもの 防爆型・油入型のものを除く

電流制限器	定格電圧が 100 V 以上 300 V 以下 定格電流が 100 A 以下 交流の電路に使用するもの
小形単相変圧器および放電灯用安定器	定格一次電圧が 100 V 以上 300 V 以下 定格周波数が 50 Hz または 60 Hz 交流の電路に使用するもの
電熱器具	定格電圧が 100 V 以上 300 V 以下 定格消費電力が 10 kW 以下 交流の電路に使用するもの
電動力応用機械器具	定格電圧が 100 V 以上 300 V 以下 定格周波数が 50 Hz または 60 Hz 交流の電路に使用するもの
高周波脱毛器	定格電圧が 100 V 以上 300 V 以下 定格高周波出力が 50 W 以下 交流の電路に使用するもの
第二号から前号までに掲げるもの以外の交流用電気機械器具	定格電圧が 100 V 以上 300 V 以下 定格周波数が 50 Hz または 60 Hz
携帯発電機	定格電圧が 30 V 以上 300 V 以下

1·2·5　電気工事業の業務の適正化に関する法律（電気工事業の業務の適正化に関する法律第1条，第2条，第3条，第17条，電気工事業の業務の適正化に関する法律施行規則第11条，第12条，第13条）

開業には経験が必要だよ

電気工事士資格を取得すれば誰でもすぐに電気工事に関する事業を起こせるわけではありません．この法律によってその適正化に関する規制が行われています．

（目的）
第一条　この法律は，電気工事業を営む者の登録等及びその業務の規制を行うことにより，その業務の適正な実施を確保し，もって一般用電気工作物及び自家用電気工作物の保安の確保に資することを目的とする．
（定義）
第二条　この法律において「電気工事」とは，電気工事士法(昭和三十五年法律第百三十九号)第二条第三項に規定する電気工事をいう．ただし，家庭用電気機械器具の販売に付随して行う工事を除く．
　2　この法律において「電気工事業」とは，電気工事を行なう事業をいう．
　3　この法律において「登録電気工事業者」とは次条第一項又は第三項の登録を受けた者を，「通知電気工事業者」とは第十七条の二第一項の規定による通知をした者を，「電気工事業者」とは登録電気工事業者及び通知電気工事業者をいう．
　4　この法律において「第一種電気工事士」とは電気工事士法第三条第一項に規定する第一種電気工事士を，「第二種電気工事士」とは同条第二項に規定する第二種電気工事士をいう．
　5　この法律において「一般用電気工作物」とは電気工事士法第二条第一項に規定する一般用電気工作物を，「自家用電気工作物」とは同条第二項に規定する自家用電気工作物をいう．
（登録）
第三条　電気工事業を営もうとする者(第十七条の二第一項に規定する者を除く．第三項において同じ．)は，二以上の都道府県の区域内に営業所(電気工事の作業の管理を行わない営業所を除く．以下同じ．)を設置してその事業を営もうとするときは経済産業大臣の，一の都道府県の区域内にのみ営業所を設置してその事業を営

もうとするときは当該営業所の所在地を管轄する都道府県知事の登録を受けなければならない.

2　登録電気工事業者の登録の有効期間は，五年とする.

3　前項の有効期間の満了後引き続き電気工事業を営もうとする者は，更新の登録を受けなければならない.

4　更新の登録の申請があった場合において，第二項の有効期間の満了の日までにその申請に対する登録又は登録の拒否の処分がなされないときは，従前の登録は，同項の有効期間の満了後もその処分がなされるまでの間は，なおその効力を有する.

5　前項の場合において，更新の登録がなされたときは，その登録の有効期間は，従前の登録の有効期間の満了の日の翌日から起算するものとする.

（自家用電気工事のみに係る電気工事業の開始の通知等）

第十七条の二　自家用電気工作物に係る電気工事（以下「自家用電気工事」という.）のみに係る電気工事業を営もうとする者は，経済産業省令で定めるところにより，その事業を開始しようとする日の十日前までに，二以上の都道府県の区域内に営業所を設置してその事業を営もうとするときは経済産業大臣に，一の都道府県の区域内にのみ営業所を設置してその事業を営もうとするときは当該営業所の所在地を管轄する都道府県知事にその旨を通知しなければならない.

2　経済産業大臣に前項の規定による通知をした通知電気工事業者は，その通知をした後一の都道府県の区域内にのみ営業所を有することとなって引き続き電気工事業を営もうとする場合において都道府県知事に同項の規定による通知をしたときは，遅滞なく，その旨を経済産業大臣に通知しなければならない.

3　都道府県知事に第一項の規定による通知をした通知電気工事業者は，その通知をした後次の各号の一に該当して引き続き電気工事業を営もうとする場合において経済産業大臣又は都道府県知事に同項の規定による通知をしたときは，遅滞なく，その旨を従前の同項の規定による通知をした都道府県知事に通知しなければならない.

一　二以上の都道府県の区域内に営業所を有することとなったとき.

二　当該都道府県の区域内における営業所を廃止して，他の一の都道府県の区域内に営業所を設置することとなったとき.

4　第十条第一項の規定は第一項の規定による通知に係る事項に変更があつた場合に，第十一条の規定は通知電気工事業者が電気工事業を廃止した場合に準用する.この場合において，第十条第一項及び第十一条中「その登録をした」とあるのは「第十七条の二第一項の規定による通知をした」と，「届け出なければならない」とあるのは「通知しなければならない」と読み替えるものとする.

（主任電気工事士の設置）

第十九条　登録電気工事業者は，その一般用電気工作物に係る電気工事（以下「一般用電気工事」という.）の業務を行う営業所（以下この条において「特定営業所」という.）ごとに，当該業務に係る一般用電気工事の作業を管理させるため，第一種電気工事士又は電気工事士法による第二種電気工事士免状の交付を受けた後電気工事に関し三年以上の実務の経験を有する第二種電気工事士であつて第六条第一項第一号から第四号までに該当しないものを，主任電気工事士として，置かなければならない.

2　前項の規定は，登録電気工事業者（法人である場合においては，その役員のうちいずれかの役員）が第一種電気工事士又は電気工事士法による第二種電気工事士免状の交付を受けた後電気工事に関し三年以上の実務の経験を有する第二種電気工事士であるときは，その者が自ら主としてその業務に従事する特定営業所については，適用しない.

3　登録電気工事業者は，次の各号に掲げる場合においては，当該特定営業所につき，当該各号の場合に該当することを知った日から二週間以内に，第一項の規定による主任電気工事士の選任をしなければならない.

一　主任電気工事士が第六条第一項第一号から第四号までの一に該当するに至つたとき.

二　主任電気工事士が欠けるに至つたとき（前項の特定営業所について，第一項の規定が適用されるに至った場合を含む.）.

三　営業所が特定営業所となったとき.

四　新たに特定営業所を設置したとき.

！Point

　押さえておく内容は次のとおりです.

① 電気工事業には**登録電気工事業者**と**通知電気工事業者**がある.

② 登録先は, 営業所が**ひとつの都道府県内**の場合は**都道府県知事**, **複数の都道府県**にまたがる場合は**経済産業大臣**となる.

③ **主任電気工事士**として**第一種電気工事士**か**実務経験3年以上の第二種電気工事士**を置かなければならない.

この3点を覚えてね

　さらに, 電気工事業の業務の適正化に関する法律施行規則によって業務の詳細について規定されています. その内容をまとめておきます(表1.11).

受注金額に関する規定はないよ

表1.11　電気工事業の業務の適正化

業務	対象	内容
備付け器具 (電気工事業の業務の適正化に関する法律施行規則第11条)	自家用電気工事の業務を行う営業所	①絶縁抵抗計 ②接地抵抗計 ③抵抗および交流電圧を測定することができる回路計 ④低圧検電器 ⑤高圧検電器 ⑥継電器試験装置 ⑦絶縁耐力試験装置
	一般用電気工事のみの業務を行う営業所	①絶縁抵抗計 ②接地抵抗計 ③抵抗および交流電圧を測定することができる回路計
標識の掲示 (電気工事業の業務の適正化に関する法律施行規則第12条) 営業所および電気工事の施工場所ごとに掲示	登録電気工事業者	①氏名または名称および法人にあっては, その代表者の氏名 ②営業所の名称および当該営業所の業務に係る電気工事の種類 ③登録の年月日および登録番号 ④主任電気工事士等の氏名
	通知電気工事業者	①氏名又は名称および法人にあっては, その代表者の氏名 ②営業所の名称 ③法第十七条の二第一項の規定による通知の年月日および通知先
帳簿 (電気工事業の業務の適正化に関する法律施行規則第13条) 営業所ごとに帳簿を備えなければならない. 記載の日から<u>5年間保存</u>.	電気工事業者	①注文者の氏名または名称および住所 ②電気工事の種類および施工場所 ③施工年月日 ④主任電気工事士等および作業者の氏名 ⑤配線図 ⑥検査結果

1・2・6　発電用風力設備(発電用風力設備に関する技術基準を定める省令第1条, 第3条, 第4条, 第5条, 第7条)

　全部で8条からなる省令です．このうち試験に出題される可能性のある部分を抽出しておきます．特に第4条，第5条，第7条を押さえて下さい（表1.12）．

表1.12　発電用風力設備

適用範囲 （第1条）	①この省令は，風力を原動力として電気を発生するために施設する電気工作物について適用する ②電気工作物とは，一般用電気工作物および事業用電気工作物をいう．
危険防止措置 （第3条）	①取扱者以外の者に見やすい箇所に風車が危険である旨を表示する ②容易に接近するおそれがないように適切な措置を講じる
風車 （第4条）	①負荷を遮断したときの最大速度に対し，構造上安全であること． ②風圧に対して構造上安全であること． ③運転中に風車に損傷を与えるような振動がないように施設すること． ④通常想定される最大風速においても取扱者の意図に反して風車が起動することのないように施設すること． ⑤運転中に他の工作物，植物等に接触しないように施設すること．
安全な状態の確保 （第5条）	安全かつ自動的に停止するような措置を講じなければならない条件 ①回転速度が著しく上昇した場合 ②風車の制御装置の機能が著しく低下した場合
	雷撃からの保護 最高部の地表からの高さが20mを超える発電用風力設備には，雷撃から風車を保護するような措置を講じなければならない．
圧油装置および圧縮空気装置 （第6条）	①圧油タンクおよび空気タンクの材料および構造は，最高使用圧力に対して十分に耐え，かつ，安全なものであること． ②圧油タンクおよび空気タンクは，耐食性を有するものであること． ③圧力が上昇する場合において，当該圧力が最高使用圧力に到達する以前に当該圧力を低下させる機能を有すること． ④圧油タンクの油圧または空気タンクの空気圧が低下した場合に圧力を自動的に回復させる機能を有すること． ⑤異常な圧力を早期に検知できる機能を有すること．
風車を支持する工作物 （第7条）	①風車を支持する工作物は，自重，積載荷重，積雪および風圧ならびに地震その他の振動および衝撃に対して構造上安全でなければならない． ②風車を支持する工作物に取扱者以外の者が容易に登ることができないように適切な措置を講じること．

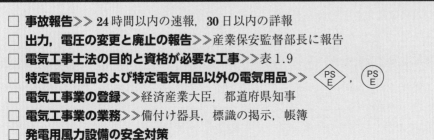

●**試験の直前 ● CHECK!**

□ **事故報告**≫≫ 24時間以内の速報，30日以内の詳報
□ **出力，電圧の変更と廃止の報告**≫≫産業保安監督部長に報告
□ **電気工事士法の目的と資格が必要な工事**≫≫表1.9
□ **特定電気用品および特定電気用品以外の電気用品**≫≫
□ **電気工事業の登録**≫≫経済産業大臣，都道府県知事
□ **電気工事業の業務**≫≫備付け器具，標識の掲示，帳簿
□ **発電用風力設備の安全対策**

国家試験問題

問題 1

「電気関係報告規則」に基づく，事故報告に関して，受電電圧 6600〔V〕の自家用電気工作物を設置する事業場における下記(1)から(5)の事故事例のうち，事故報告に該当しないものはどれか.

(1) 自家用電気工作物の破損事故に伴う構内1号柱の倒壊により道路をふさぎ，長時間の交通障害を起こした.

(2) 保修作業員が，作業中誤って分電盤内の低圧 200〔V〕の端子に触れて感電負傷し，治療のため3日間入院した.

(3) 電圧 100〔V〕の屋内配線の漏電により火災が発生し，建屋が全焼した.

(4) 従業員が，操作を誤って高圧の誘導電動機を損壊させた.

(5) 落雷により高圧負荷開閉器が破損し，電気事業者に供給支障を発生させたが，電気火災は発生せず，また，感電死傷者は出なかった.

《H22-3》

解 説

電気関係報告規則第3条(事故報告)に関する問題です. 感電，死傷，火災，電気の供給支障，社会的な影響のあるもの以外は報告義務がありません. (4)の事例は，この何れにも該当していませんので報告は必要ないと考えられます.

問題 2

次の文章は，「電気工事士法」及び「電気工事士法施行規則」に基づく，同法の目的，特殊電気工事及び簡易電気工事に関する記述である.

a この法律は，電気工事の作業に従事する者の資格及び義務を定め，もつて電気工事の ［(ア)］ による ［(イ)］ の発生の防止に寄与することを目的とする.

b この法律における自家用電気工作物に係る電気工事のうち特殊電気工事(ネオン工事又は ［(ウ)］ をいう.)については，当該特殊電気工事に係る特殊電気工事資格者認定証の交付を受けている者でなければ，その作業(特殊電気工事資格者が従事する特殊電気工事の作業を補助する作業を除く.)に従事することができない.

c この法律における自家用電気工作物(電線路に係るものを除く. 以下同じ.)に係る電気工事のうち電圧 ［(エ)］ V以下で使用する自家用電気工作物に係る電気工事については，認定電気工事従事者認定証の交付を受けている者は，その作業に従事することができる.

上記の記述中の空白箇所(ア)，(イ)，(ウ)及び(エ)に当てはまる組合せとして，正しいものを次の(1)〜(5)のうちから一つ選べ.

	(ア)	(イ)	(ウ)	(エ)
(1)	不良	災害	内燃力発電装置設置工事	600
(2)	不良	事故	内燃力発電装置設置工事	400
(3)	欠陥	事故	非常用予備発電装置工事	400
(4)	欠陥	災害	非常用予備発電装置工事	600
(5)	欠陥	事故	内燃力発電装置設置工事	400

《H29-2》

解 説

　電気工事士法に関する問題です．法律の「目的」とどの資格でどの工事ができるかを覚えるようにしましょう．

問題3

　次の文章は，「電気用品安全法」に基づく電気用品の電線に関する記述である．

a．　 (ア) 電気用品は，構造又は使用方法その他の使用状況からみて特に危険又は障害が発生するおそれが多い電気用品であって，具体的な電線については電気用品安全法施行令で定めるものをいう．

b．　定格電圧が (イ) V以上600 V以下のコードは，導体の公称断面積及び線心の本数に関わらず， (ア) 電気用品である．

c．　電気用品の電線の製造又は (ウ) の事業を行う者は，その電線を製造し又は (ウ) する場合においては，その電線が経済産業省令で定める技術上の基準に適合するようにしなければならない．

d．　電気工事士は，電気工作物の設置又は変更の工事に (ア) 電気用品の電線を使用する場合，経済産業省令で定める方式による記号がその電線に表示されたものでなければ使用してはならない． (エ) はその記号の一つである．

　上記の記述中の空白箇所(ア)，(イ)，(ウ)及び(エ)に当てはまる組合せとして，正しいものを次の(1)～(5)のうちから一つ選べ．

	(ア)	(イ)	(ウ)	(エ)
(1)	特　定	30	販　売	JIS
(2)	特　定	30	販　売	＜PS＞E
(3)	甲　種	60	輸　入	＜PS＞E
(4)	特　定	100	輸　入	＜PS＞E
(5)	甲　種	100	販　売	JIS

《H27-2》

解 説

　一般用電気工作物は，特定電気用品か特定電気用品以外かのどちらかです．また，電気用品安全法はJIS規格のお話ではありません．ここまでで解答は(2)か(4)の2つ絞られます．さらに，電気用品安全法が輸入品にも適用されることを知っていれば解答が選べます．特定電気用品にどのようなものがあるの

か全部覚えようとしてもなかなかできるものではありません．それ以外の部分
から消去法で解答を得ることをお勧めします．

問題 4

　次の文章は，「電気工事業の業務の適正化に関する法律」に規定されている電気工事業者に関する記述である．

　この法律において，「電気工事業」とは，電気工事士法に規定する電気工事を行う事業をいい，「（ア）電気工事業者」とは，経済産業大臣又は（イ）の（ア）を受けて電気工事業を営む者をいう．また，「通知電気工事業者」とは，経済産業大臣又は（イ）に電気工事業の開始の通知を行って，（ウ）に規定する自家用電気工作物のみに係る電気工事業を営む者をいう．

　上記の記述中の空白箇所（ア），（イ）及び（ウ）に当てはまる組合せとして，正しいものを次の(1)～(5)のうちから一つ選べ．

	（ア）	（イ）	（ウ）
(1)	承　認	都道府県知事	電気工事士法
(2)	許　可	産業保安監督部長	電気事業法
(3)	登　録	都道府県知事	電気工事士法
(4)	承　認	産業保安監督部長	電気事業法
(5)	登　録	産業保安監督部長	電気工事士法

《H26-4》

解 説

　電気工事業の業務の適正化に関する法律の項目で記述した point の部分が押さえてあれば容易に解答できる問題です．余力があれば備付け器具，標識の掲示，帳簿についても学習して下さい．

(p.28～30 の解答)　問題 1 →(4)　問題 2 →(4)　問題 3 →(4)　問題 4 →(3)

問題 5

　次の文章は，「発電用風力設備に関する技術基準を定める省令」に基づく風車の安全な状態の確保に関する記述である．

a　風車（発電用風力設備が一般用電気工作物である場合を除く．以下 a において同じ．）は，次の場合に安全かつ自動的に停止するような措置を講じなければならない．

①　 (ア) が著しく上昇した場合

②　風車の (イ) の機能が著しく低下した場合

b　最高部の (ウ) からの高さが 20 m を超える発電用風力設備には， (エ) から風車を保護するような措置を講じなければならない．ただし，周囲の状況によって (エ) が風車を損傷するおそれがない場合においては，この限りでない．

　上記の記述中の空白箇所(ア)，(イ)，(ウ)及び(エ)に当てはまる組合せとして，正しいものを次の(1)～(5)のうちから一つ選べ．

	(ア)	(イ)	(ウ)	(エ)
(1)	回転速度	制御装置	ロータ最低部	雷撃
(2)	発電電圧	圧油装置	地表	雷撃
(3)	発電電圧	制御装置	ロータ最低部	強風
(4)	回転速度	制御装置	地表	雷撃
(5)	回転速度	圧油装置	ロータ最低部	強風

《H29-5》

解 説

発電用風力設備に関する技術基準を定める省令第 5 条からの出題です．

第2章　電気設備に関する技術基準を定める省令

2·1 総則

● 出題項目 ● CHECK!

☐ 定義
☐ 保安原則
☐ 公害等の防止

2·1·1 定　義 (電技第1条, 第2条)

「電気設備に関する技術基準を定める省令」を略して「電技」と呼んでいます. 原子力発電工作物については,「原子力発電工作物に係る電気設備に関する技術基準を定める省令」で規定されており, この電技は適用外となります (電技第3条).

電技の第1条は, 用語の定義です.

電気設備に関する技術基準を定める省令略して「電技」

表2.1　用語の定義

用語	定義
電路	通常の使用状態で電気が通じているところ
電気機械器具	電路を構成する機械器具
発電所	発電機, 原動機, 燃料電池, 太陽電池その他の機械器具を施設して電気を発生させる所
変電所	構外から伝送される電気を構内に施設した変圧器, 回転変流機, 整流器その他の電気機械器具により変成する所であって, 変成した電気をさらに構外に伝送するもの
開閉所	構内に施設した開閉器その他の装置により電路を開閉する所であって, 発電所, 変電所および需要場所以外のもの
電線	強電流電気の伝送に使用する電気導体, 絶縁物で被覆した電気導体または絶縁物で被覆した上を保護被覆で保護した電気導体
電車線	電気機関車および電車にその動力用の電気を供給するために使用する接触電線および鋼索鉄道の車両内の信号装置, 照明装置等に電気を供給するために使用する接触電線
電線路	発電所, 変電所, 開閉所およびこれらに類する場所ならびに電気使用場所相互間の電線 (電車線を除く.) ならびにこれを支持し, または保蔵する工作物
電車線路	電車線およびこれを支持する工作物
調相設備	無効電力を調整する電気機械器具
弱電流電線	弱電流電気の伝送に使用する電気導体, 絶縁物で被覆した電気導体または絶縁物で被覆した上を保護被覆で保護した電気導体
弱電流電線路	弱電流電線およびこれを支持し, または保蔵する工作物
光ファイバケーブル	光信号の伝送に使用する伝送媒体であって, 保護被覆で保護したもの
光ファイバケーブル線路	光ファイバケーブルおよびこれを支持し, または保蔵する工作物
支持物	木柱, 鉄柱, 鉄筋コンクリート柱および鉄塔ならびにこれらに類する工作物であって, 電

	線または弱電流電線もしくは光ファイバケーブルを支持することを主たる目的とするもの
連接引込線	一需要場所の引込線および需要場所の造営物から分岐して，支持物を経ないで他の需要場所の引込口に至る部分の電線
配線	電気使用場所において施設する電線
電力貯蔵装置	電力を貯蔵する電気機械器具

第2条では電圧の種別について定義されています（表2.2）.

表2.2　電圧の種別

区分	種別	
	直流	交流
低圧	750 V 以下	600 V 以下
高圧	750 V を超え 7 000 V 以下	600 V を超え 7 000 V 以下
特別高圧	7 000 V を超える	7 000 V を超える

2·1·2　保安原則（電技第4条〜第18条）

第1款から第4款に分類されています.

まず，第1款（感電，火災等の防止）についてまとめておきます（表2.3）.

「款」の読み方は「かん」だよ

表2.3　感電，火災等の防止

見出し	規定
電気設備における感電，火災等の防止（電技第4条）	電気設備は，感電，火災その他人体に危害を及ぼし，または物件に損傷を与えるおそれがないように施設しなければならない.
電路の絶縁（電技第5条）	1　電路は，大地から絶縁しなければならない. ただし，構造上やむを得ない場合であって通常予見される使用形態を考慮し危険のおそれがない場合，または混触による高電圧の侵入等の異常が発生した際の危険を回避するための接地その他の保安上必要な措置を講ずる場合は，この限りでない. 2　前項の場合にあっては，その絶縁性能は，第22条および第58条の規定を除き，事故時に想定される異常電圧を考慮し，絶縁破壊による危険のおそれがないものでなければならない. 3　変成器内の巻線と当該変成器内の他の巻線との間の絶縁性能は，事故時に想定される異常電圧を考慮し，絶縁破壊による危険のおそれがないものでなければならない.
電線等の断線の防止（電技第6条）	電線，支線，架空地線，弱電流電線等その他の電気設備の保安のために施設する線は，通常の使用状態において断線のおそれがないように施設しなければならない.
電線の接続（電技第7条）	電線を接続する場合は，接続部分において電線の電気抵抗を増加させないように接続するほか，絶縁性能の低下（裸電線を除く.）および通常の使用状態において断線のおそれがないようにしなければならない.

35

電気機械器具の熱的強度（電技第8条）	電路に施設する電気機械器具は，通常の使用状態においてその電気機械器具に発生する熱に耐えるものでなければならない．
高圧または特別高圧の電気機械器具の危険の防止（電技第9条）	1　高圧または特別高圧の電気機械器具は，<u>取扱者以外の者が容易に触れるおそれがないように施設しなければならない</u>．ただし，接触による危険のおそれがない場合は，この限りでない． 2　高圧または特別高圧の開閉器，遮断器，避雷器その他これらに類する器具であって，動作時にアークを生ずるものは，火災のおそれがないよう，<u>木製の壁または天井その他の可燃性の物から離して施設しなければならない</u>．ただし，耐火性の物で両者の間を隔離した場合は，この限りでない．
電気設備の接地（電技第10条）	電気設備の必要な箇所には，異常時の電位上昇，高電圧の侵入等による感電，火災その他人体に危害を及ぼし，または物件への損傷を与えるおそれがないよう，接地その他の適切な措置を講じなければならない．ただし，電路に係る部分にあっては，第5条第1項の規定の定めるところによりこれを行わなければならない．
電気設備の接地の方法（電技第11条）	電気設備に接地を施す場合は，電流が安全かつ確実に大地に通ずることができるようにしなければならない．

　次に，第2款（異常の予防および保護対策）についてまとめておきます（表2.4）．

表2.4　異常の予防及び保護対策

見出し	規定
特別高圧電路等と結合する変圧器等の火災等の防止（電技第12条）	1　高圧または特別高圧の電路と低圧の電路とを結合する変圧器は，<u>高圧または特別高圧の電圧の侵入による低圧側の電気設備の損傷，感電または火災のおそれがないよう，当該変圧器における適切な箇所に接地を施さなければならない</u>．ただし，施設の方法または構造によりやむを得ない場合であって，変圧器から離れた箇所における接地その他の適切な措置を講ずることにより低圧側の電気設備の損傷，感電または火災のおそれがない場合は，この限りでない． 2　変圧器によって特別高圧の電路に結合される高圧の電路には，特別高圧の電圧の侵入による高圧側の電気設備の損傷，感電または火災のおそれがないよう，接地を施した放電装置の施設その他の適切な措置を講じなければならない．
特別高圧を直接低圧に変成する変圧器の施設制限（電技第13条）	特別高圧を直接低圧に変成する変圧器は，次の各号のいずれかに掲げる場合を除き，施設してはならない． 一　発電所等公衆が立ち入らない場所に施設する場合 二　混触防止措置が講じられている等危険のおそれがない場合 三　特別高圧側の巻線と低圧側の巻線とが混触した場合に自動的に電路が遮断される装置の施設その他の保安上の適切な措置が講じられている場合
過電流からの電線および電気機械器具の保護対策（電技第14条）	電路の必要な箇所には，<u>過電流による過熱焼損から電線及び電気機械器具を保護し，かつ，火災の発生を防止できるよう，過電流遮断器を施設しなければならない</u>．
地絡に対する保護対策（電技第15条）	電路には，<u>地絡が生じた場合に，電線もしくは電気機械器具の損傷，感電または火災のおそれがないよう，地絡遮断器の施設その他の適切な措置を講じなければならない</u>．ただし，電気機械器具を乾燥した場所に施設する等地絡による危険のおそれがない場合は，この限りでない．

サイバーセキュリティの確保(電技第15条の2)	電気工作物(一般送配電事業，送電事業，特定送配電事業および発電事業の用に供するものに限る。)の運転を管理する電子計算機は，当該電気工作物が人体に危害を及ぼし，または物件に損傷を与えるおそれおよび一般送配電事業に係る電気の供給に著しい支障を及ぼすおそれがないよう，サイバーセキュリティ(サイバーセキュリティ基本法(平成26年法律第104号)第2条に規定するサイバーセキュリティーをいう。)を確保しなければならない。

　サイバーセキュリティについては，電技とは別に「サイバーセキュリティ基本法」があります．

サイバーセキュリティの確保！

　第3款は，(電気的，磁気的障害の防止)と，第4款(供給支障の防止)については，まとめて整理しておきます(表2.5)．

表 2.5　電気的，磁気的障害の防止，供給支障の防止

見出し	規定
電気設備の電気的，磁気的障害の防止(電技第16条)	電気設備は，他の電気設備その他の物件の機能に電気的または磁気的な障害を与えないように施設しなければならない．
高周波利用設備への障害の防止(電技第17条)	高周波利用設備(電路を高周波電流の伝送路として利用するものに限る。以下この条において同じ。)は，他の高周波利用設備の機能に継続的かつ重大な障害を及ぼすおそれがないように施設しなければならない．
電気設備による供給支障の防止(電技第18条)	1　高圧または特別高圧の電気設備は，その損壊により一般送配電事業者の電気の供給に著しい支障を及ぼさないように施設しなければならない． 2　高圧または特別高圧の電気設備は，その電気設備が一般送配電事業の用に供される場合にあっては，その電気設備の損壊によりその一般送配電事業に係る電気の供給に著しい支障を生じないように施設しなければならない．

2・1・3　公害等の防止(電技第19条)

　この項目は，水質汚濁防止法などの環境対策に関する法律が絡んでいます．内容をまとめておきます(表2.6)．

環境保全

　表の規定文にある「同法の」というのは，その項目に該当する見出し部分にある法令や省令のことをいっています．

表 2.6　公害等の防止

見出し	規定
発電用火力設備に関する技術基準を定める省令	変電所，開閉所もしくはこれらに準ずる場所に設置する電気設備または電力保安通信設備に附属する電気設備について準用する．
水質汚濁防止法	1　特定施設を設置する発電所または変電所，開閉所もしくはこれらに準ずる場所から排出される排出水は，同法の規定による規制基準に適合しなければならない． 2　指定地域内事業場から排出される排出水にあっては，前項の規定によるほか，同

縦書き右側：第2章　電気設備に関する技術基準を定める省令技

	法の規定に基づいて定められた<u>汚濁負荷量が総量規制基準に適合しなければならない</u>. 3　有害物質使用特定施設を設置する発電所または変電所，開閉所もしくはこれらに準ずる場所から地下に浸透される特定地下浸透水は，同法の環境省令で定める要件に該当してはならない. 4　発電所または変電所，開閉所もしくはこれらに準ずる場所に設置する有害物質使用特定施設は，同法の環境省令で定める基準に適合しなければならない. ただし，発電所または変電所，開閉所もしくはこれらに準ずる場所から特定地下浸透水を浸透させる場合は，この限りでない. 5　発電所または変電所，開閉所もしくはこれらに準ずる場所に設置する有害物質貯蔵指定施設は，同法の環境省令で定める基準に適合しなければならない. 6　指定施設を設置する発電所または変電所，開閉所もしくはこれらに準ずる場所には，指定施設の破損その他の事故が発生し，<u>有害物質または指定物質を含む水が当該設置場所から公共用水域に排出され，または地下に浸透したことにより人の健康または生活環境に係る被害を生ずるおそれがないよう，適切な措置を講じなければならない</u>. 7　貯油施設等を設置する発電所または変電所，開閉所もしくはこれらに準ずる場所には，貯油施設等の破損その他の事故が発生し，油を含む水が当該設置場所から公共用水域に排出され，または地下に浸透したことにより生活環境に係る被害を生ずるおそれがないよう，適切な措置を講じなければならない. 8　同法の規定による貯油施設等が一般用電気工作物である場合には，当該貯油施設等を設置する場所において，貯油施設等の破損その他の事故が発生し，油を含む水が当該設置場所から公共用水域に排出され，または地下に浸透したことにより生活環境に係る被害を生ずるおそれがないよう，適切な措置を講じなければならない.
特定水道利水障害の防止のための水道水源水域の水質の保全に関する特別措置法	特定施設等を設置する発電所または変電所，開閉所もしくはこれらに準ずる場所から排出される排出水は，同法の規制基準に適合しなければならない.
騒音規制法	特定施設を設置する発電所または変電所，開閉所もしくはこれらに準ずる場所であって指定された地域内に存するものにおいて発生する騒音は，同法の規制基準に適合しなければならない.
振動規制法	特定施設を設置する発電所または変電所，開閉所もしくはこれらに準ずる場所であって指定された地域内に存するものにおいて発生する振動は，同法の規制基準に適合しなければならない.
急傾斜地の崩壊による災害の防止に関する法律	急傾斜地崩壊危険区域内に施設する発電所または変電所，開閉所もしくはこれらに準ずる場所の電気設備，電線路または電力保安通信設備は，当該区域内の急傾斜地の崩壊を助長しまたは誘発するおそれがないように施設しなければならない.
その他	1　中性点直接接地式電路に接続する変圧器を設置する箇所には，絶縁油の構外への流出および地下への浸透を防止するための措置が施されていなければならない. 2　ポリ塩化ビフェニルを含有する絶縁油を使用する電気機械器具及び電線は，電路に施設してはならない.

!Point

　法令は，電気に関するものだけではなく，水質汚濁防止法，騒音規制法といった一見関係の無さそうなものまで考慮する必要があります. これらは，電技にしっかりと盛り込まれていますので学習するようにして下さい.

● 試験の直前 ● CHECK!

□ **用語の定義**≫表2.1

□ **電圧の種別**≫低圧，高圧，特別高圧

□ **感電，火災等の防止**

□ **異常の予防および保護対策**≫変圧器，過電流，地絡，サイバーセキュリティ

□ **電気的，磁気的障害の防止**

□ **供給支障の防止**

□ **公害の防止**≫発電用火力設備に関する技術基準を定める省令，水質汚濁防止法，騒音規制法，振動規制法，中性点直接接地式電路に接続する変圧器，ポリ塩化ビフェニルを含有する絶縁油

国家試験問題

問題1

次の文章は，「電気設備技術基準」における，電気設備の保安原則に関する記述の一部である．

a．電気設備の必要な箇所には，異常時の　(ア)　，高電圧の侵入等による感電，火災その他人体に危害を及ぼし，又は物件への損傷を与えるおそれがないよう，　(イ)　その他の適切な措置を講じなければならない．ただし，電路に係る部分にあっては，この基準の別の規定に定めるところによりこれを行わなければならない．

b．電気設備に　(イ)　を施す場合は，電流が安全かつ確実に　(ウ)　ことができるようにしなければならない．

上記の記述中の空白箇所(ア)，(イ)及び(ウ)に当てはまる組合せとして，正しいものを次の(1)～(5)のうちから一つ選べ．

	(ア)	(イ)	(ウ)
(1)	電位上昇	絶縁	遮断される
(2)	過熱	接地	大地に通ずる
(3)	過電流	絶縁	遮断される
(4)	電位上昇	接地	大地に通ずる
(5)	過電流	接地	大地に通ずる

《H23-3》

解説

電技10条(電気設備の接地)，11条(電気設備の接地の方法)の規定そのものです．

問題2

次の文章は，「電気設備技術基準」における公害等の防止に関する記述の一部である．

a　発電用 ⬚(ア)⬚ 設備に関する技術基準を定める省令の公害の防止についての規定は，変電所，開閉所若しくはこれらに準ずる場所に設置する電気設備又は電力保安通信設備に附属する電気設備について準用する．

b　中性点 ⬚(イ)⬚ 接地式電路に接続する変圧器を設置する箇所には，絶縁油の構外への流出及び地下への浸透を防止するための措置が施されていなければならない．

c　急傾斜地の崩壊による災害の防止に関する法律の規定により指定された急傾斜地崩壊危険区域内に施設する発電所又は変電所，開閉所若しくはこれらに準ずる場所の電気設備，電線路又は電力保安通信設備は，当該区域内の急傾斜地の崩壊 ⬚(ウ)⬚ するおそれがないように施設しなければならない．

d　ポリ塩化ビフェニルを含有する ⬚(エ)⬚ を使用する電気機械器具及び電線は，電路に施設してはならない．

上記の記述中の空白箇所(ア)，(イ)，(ウ)及び(エ)に当てはまる組合せとして，正しいものを次の(1)～(5)のうちから一つ選べ．

	(ア)	(イ)	(ウ)	(エ)
(1)	電気	直接	による損傷が発生	冷却材
(2)	火力	抵抗	を助長し又は誘発	絶縁油
(3)	電気	直接	を助長し又は誘発	冷却材
(4)	電気	抵抗	による損傷が発生	絶縁油
(5)	火力	直接	を助長し又は誘発	絶縁油

《H29-4》

解説

電技19条（公害等の防止）からの出題です．本文中の表2.3（公害等の防止）の発電用火力設備に関する技術基準を定める省令，急傾斜地の崩壊による災害の防止に関する法律，その他の部分を参考にして下さい．ポリ塩化ビフェニル（PCB）を含有している電気工作物については，「ポリ塩化ビフェニル廃棄物の適正な処理の推進に関する法律」により廃棄・処分委託等が義務づけられています．

2·2 電気の供給のための電気設備の施設　重要知識

● 出題項目 ● CHECK!

- ☐ 感電，火災等の防止
- ☐ 他の電線，他の工作物等への危険の防止
- ☐ 支持物の倒壊による危険の防止
- ☐ 高圧ガス等による危険の防止
- ☐ 危険な施設の禁止
- ☐ 電気的，磁気的障害の防止
- ☐ 供給支障の防止

2·2·1　感電，火災等の防止（電技第20条〜第27条）

感電，火災等の防止について，まとめておきます（表2.7）.

表 2.7　感電，火災等の防止

見出し	規定
電線路等の感電または火災の防止（電技第20条）	電線路または電車線路は，施設場所の状況および電圧に応じ，感電または火災のおそれがないように施設しなければならない.
架空電線および地中電線の感電の防止（電技第21条）	1　低圧または高圧の架空電線には，感電のおそれがないよう，使用電圧に応じた絶縁性能を有する絶縁電線またはケーブルを使用しなければならない. ただし，通常予見される使用形態を考慮し，感電のおそれがない場合は，この限りでない. 2　地中電線（地中電線路の電線をいう. 以下同じ.）には，感電のおそれがないよう，使用電圧に応じた絶縁性能を有するケーブルを使用しなければならない.
低圧電線路の絶縁性能（電技第22条）	低圧電線路中絶縁部分の電線と大地との間および電線の線心相互間の絶縁抵抗は，使用電圧に対する漏えい電流が最大供給電流の1/2000を超えないようにしなければならない.
発電所等への取扱者以外の者の立入の防止（電技第23条）	1　高圧または特別高圧の電気機械器具，母線等を施設する発電所または変電所，開閉所もしくはこれらに準ずる場所には，取扱者以外の者に電気機械器具，母線等が危険である旨を表示するとともに，当該者が容易に構内に立ち入るおそれがないように適切な措置を講じなければならない. 2　地中電線路に施設する地中箱は，取扱者以外の者が容易に立ち入るおそれがないように施設しなければならない.
架空電線路の支持物の昇塔防止（電技第24条）	架空電線路の支持物には，感電のおそれがないよう，取扱者以外の者が容易に昇塔できないように適切な措置を講じなければならない.
架空電線等の高さ（電技第25条）	1　架空電線，架空電力保安通信線および架空電車線は，接触または誘導作用による感電のおそれがなく，かつ，交通に支障を及ぼすおそれがない高さに施設しなければならない. 2　支線は，交通に支障を及ぼすおそれがない高さに施設しなければならない.

架空電線による他人の電線等の作業者への感電の防止（電技第26条）	1　架空電線路の支持物は，他人の設置した架空電線路または架空弱電流電線路もしくは架空光ファイバケーブル線路の電線または弱電流電線もしくは光ファイバケーブルの間を貫通して施設してはならない．ただし，その他人の承諾を得た場合は，この限りでない． 2　架空電線は，他人の設置した架空電線路，電車線路または架空弱電流電線路もしくは架空光ファイバケーブル線路の支持物を挟んで施設してはならない．ただし，同一支持物に施設する場合またはその他人の承諾を得た場合は，この限りでない．
架空電線路からの静電誘導作用または電磁誘導作用による感電の防止（電技第27条）	1　特別高圧の架空電線路は，通常の使用状態において，静電誘導作用により人による感知のおそれがないよう，<u>地表上1mにおける電界強度が3kV/m以下になるように施設しなければならない</u>．ただし，田畑，山林その他の人の往来が少ない場所において，人体に危害を及ぼすおそれがないように施設する場合は，この限りでない． 2　特別高圧の架空電線路は，電磁誘導作用により弱電流電線路（電力保安通信設備を除く）を通じて人体に危害を及ぼすおそれがないように施設しなければならない． 3　電力保安通信設備は，架空電線路からの静電誘導作用または電磁誘導作用により人体に危害を及ぼすおそれがないように施設しなければならない．
電気機械器具等からの電磁誘導作用による人の健康影響の防止（電技第27条の2）	1　変圧器，開閉器その他これらに類するものまたは電線路を発電所，変電所，開閉所および需要場所以外の場所に施設するに当たっては，通常の使用状態において，当該電気機械器具等からの電磁誘導作用により人の健康に影響を及ぼすおそれがないよう，当該電気機械器具等のそれぞれの付近において，人によって占められる空間に相当する空間の磁束密度の平均値が，<u>商用周波数において200μT以下になるように施設しなければならない</u>．ただし，田畑，山林その他の人の往来が少ない場所において，人体に危害を及ぼすおそれがないように施設する場合は，この限りでない． 2　変電所または開閉所は，通常の使用状態において，当該施設からの電磁誘導作用により人の健康に影響を及ぼすおそれがないよう，当該施設の付近において，人によって占められる空間に相当する空間の磁束密度の平均値が，商用周波数において200μT以下になるように施設しなければならない．ただし，田畑，山林その他の人の往来が少ない場所において，人体に危害を及ぼすおそれがないように施設する場合は，この限りでない．

!Point

　技術基準は，まず，人体に危害を及ぼす恐れがないようにすることが基本となっています．国家試験の空白問題では，この原則から常識的に判断できる内容もあります．条文を紙に書いたり，声に出して読む等の方法で感覚を養って下さい．

ただし…で始まる部分も読み飛ばさないでね

2・2・2　危険の防止（電技第28条〜第35条）

　他の電線，他の工作物等への危険の防止（電技第28条〜第31条），支持物の倒壊による危険の防止（第32条），高圧ガス等による危険の防止（第33条〜第35条）についてまとめておきます（表2.8）．

表2.8　危険の防止

見出し	規定
電線の混触の防止（電技第28条）	電線路の電線，電力保安通信線または電車線等は，他の電線または弱電流電線等と接近し，もしくは交さする場合または同一支持物に施設する場合には，他の電線または弱電流電線等を損傷するおそれがなく，かつ，接触，断線等によって生じる混触による感電または火災のおそれがないように施設しなければならない.
電線による他の工作物等への危険の防止（電技第29条）	電線路の電線または電車線等は，他の工作物または植物と接近し，または交さする場合には，他の工作物または植物を損傷するおそれがなく，かつ，接触，断線等によって生じる感電または火災のおそれがないように施設しなければならない.
地中電線等による他の電線および工作物への危険の防止（電技第30条）	地中電線，屋側電線およびトンネル内電線その他の工作物に固定して施設する電線は，他の電線，弱電流電線等または管（他の電線等という. 以下この条において同じ.）と接近し，または交さする場合には，故障時のアーク放電により他の電線等を損傷するおそれがないように施設しなければならない. ただし，感電または火災のおそれがない場合であって，他の電線等の管理者の承諾を得た場合は，この限りでない.
異常電圧による架空電線等への障害の防止（電技第31条）	1　特別高圧の架空電線と低圧または高圧の架空電線または電車線を同一支持物に施設する場合は，異常時の高電圧の侵入により低圧側または高圧側の電気設備に障害を与えないよう，接地その他の適切な措置を講じなければならない. 2　特別高圧架空電線路の電線の上方において，その支持物に低圧の電気機械器具を施設する場合は，異常時の高電圧の侵入により低圧側の電気設備へ障害を与えないよう，接地その他の適切な措置を講じなければならない.
支持物の倒壊による危険の防止（電技第32条）	1　架空電線路または架空電車線路の支持物の材料および構造（支線を施設する場合は，当該支線に係るものを含む.）は，その支持物が支持する電線等による引張荷重，風速40 m/s の風圧荷重および当該設置場所において通常想定される気象の変化，振動，衝撃その他の外部環境の影響を考慮し，倒壊のおそれがないよう，安全なものでなければならない. ただし，人家が多く連なっている場所に施設する架空電線路にあっては，その施設場所を考慮して施設する場合は，風速40 m/s の風圧荷重の1/2の風圧荷重を考慮して施設することができる. 2　特別高圧架空電線路の支持物は，構造上安全なものとすること等により連鎖的に倒壊のおそれがないように施設しなければならない.
ガス絶縁機器等の危険の防止（電技第33条）	発電所または変電所，開閉所もしくはこれらに準ずる場所に施設するガス絶縁機器（充電部分が圧縮絶縁ガスにより絶縁された電気機械器具をいう. 以下同じ.）および開閉器または遮断器に使用する圧縮空気装置は，次の各号により施設しなければならない. 1　圧力を受ける部分の材料および構造は，最高使用圧力に対して十分に耐え，かつ，安全なものであること. 2　圧縮空気装置の空気タンクは，耐食性を有すること. 3　圧力が上昇する場合において，当該圧力が最高使用圧力に到達する以前に当該圧力を低下させる機能を有すること. 4　圧縮空気装置は，主空気タンクの圧力が低下した場合に圧力を自動的に回復させる機能を有すること. 5　異常な圧力を早期に検知できる機能を有すること. 6　ガス絶縁機器に使用する絶縁ガスは，可燃性，腐食性および有毒性のないものであること.
加圧装置の施設（電技第34条）	圧縮ガスを使用してケーブルに圧力を加える装置は，次の各号により施設しなければならない.

	1　圧力を受ける部分は，最高使用圧力に対して十分に耐え，かつ，安全なものであること．
	2　自動的に圧縮ガスを供給する加圧装置であって，故障により圧力が著しく上昇するおそれがあるものは，上昇した圧力に耐える材料および構造であるとともに，圧力が上昇する場合において，当該圧力が最高使用圧力に到達する以前に当該圧力を低下させる機能を有すること．
	3　圧縮ガスは，可燃性，腐食性および有毒性のないものであること．
水素冷却式発電機等の施設（電技第35条）	水素冷却式の発電機もしくは調相設備またはこれに附属する水素冷却装置は，次の各号により施設しなければならない． 1　構造は，水素の漏洩または空気の混入のおそれがないものであること． 2　発電機，調相設備，水素を通ずる管，弁等は，水素が大気圧で爆発する場合に生じる圧力に耐える強度を有するものであること． 3　発電機の軸封部から水素が漏洩したときに，漏洩を停止させ，または漏洩した水素を安全に外部に放出できるものであること． 4　発電機内または調相設備内への水素の導入および発電機内又は調相設備内からの水素の外部への放出が安全にできるものであること． 5　異常を早期に検知し，警報する機能を有すること．

2·2·3　危険な施設の禁止（電技第36条〜第41条）

開閉器等の設備や電線の施設制限についてまとめておきます（表2.9）．

表2.9　危険な施設の禁止

見出し	規定
油入開閉器等の施設制限（電技第36条）	絶縁油を使用する開閉器，断路器および遮断器は，架空電線路の支持物に施設してはならない．
屋内電線路等の施設の禁止（電技第37条）	屋内を貫通して施設する電線路，屋側に施設する電線路，屋上に施設する電線路または地上に施設する電線路は，当該電線路より電気の供給を受ける者以外の者の構内に施設してはならない．ただし，特別の事情があり，かつ，当該電線路を施設する造営物（地上に施設する電線路にあっては，その土地．）の所有者または占有者の承諾を得た場合は，この限りでない．
連接引込線の禁止（電技第38条）	高圧または特別高圧の連接引込線は，施設してはならない．ただし，特別の事情があり，かつ，当該電線路を施設する造営物の所有者または占有者の承諾を得た場合は，この限りでない．
電線路のがけへの施設の禁止（電技第39条）	電線路は，がけに施設してはならない．ただし，その電線が建造物の上に施設する場合，道路，鉄道，軌道，索道，架空弱電流電線等，架空電線または電車線と交さして施設する場合および水平距離でこれらのもの（道路を除く．）と接近して施設する場合以外の場合であって，特別の事情がある場合は，この限りでない．
特別高圧架空電線路の市街地等における施設の禁止（電技第40条）	特別高圧の架空電線路は，その電線がケーブルである場合を除き，市街地その他人家の密集する地域に施設してはならない．ただし，断線または倒壊による当該地域への危険のおそれがないように施設するとともに，その他の絶縁性，電線の強度等に係る保安上十分な措置を講ずる場合は，この限りでない．
市街地に施設する電力保安通信線の特別高圧	街地に施設する電力保安通信線は，特別高圧の電線路の支持物に添架された電力保安通信線と接続してはならない．ただし，誘導電圧による感電のおそれがないよう，保

電線に添架する電力保安通信線との接続の禁止（電技第41条）	安装置の施設その他の適切な措置を講ずる場合は，この限りでない．

2・2・4　電気的，磁気的障害の防止（電技第42条，第43条）

　電車線は直流送電のものが多数ですが，磁気による影響が無視できない場合があります．その障害を防止する技術基準の根拠となる内容です．

表 2.10　電気的，磁気的障害の防止

見出し	規定
通信障害の防止（電技第42条）	1　電線路または電車線路は，<u>無線設備の機能に継続的かつ重大な障害を及ぼす電波</u>を発生するおそれがないように施設しなければならない． 2　電線路または電車線路は，弱電流電線路に対し，誘導作用により通信上の障害を及ぼさないように施設しなければならない．ただし，弱電流電線路の管理者の承諾を得た場合は，この限りでない．
地球磁気観測所等に対する障害の防止（電技第43条）	直流の電線路，電車線路および帰線は，地球磁気観測所または地球電気観測所に対して観測上の障害を及ぼさないように施設しなければならない．

2・2・5　供給支障の防止（電技第44条～第51条）

　電気の供給に支障が発生しないようにするための規程です（表2.11）．（特別高圧架空電線路の供給支障の防止（第48条）については，17万V以上の規程となり，第三種電気主任技術者では扱わない範囲となることから省略しました．）

表 2.11　供給支障の防止

見出し	規定
発変電設備等の損傷による供給支障の防止（電技第44条）	1　発電機，燃料電池または常用電源として用いる蓄電池には，当該電気機械器具を著しく損壊するおそれがあり，または一般送配電事業に係る<u>電気の供給に著しい支障を及ぼすおそれがある異常が当該電気機械器具に生じた場合に自動的にこれを電路から遮断する装置を施設しなければならない</u>． 2　特別高圧の変圧器又は調相設備には，当該電気機械器具を著しく損壊するおそれがあり，または一般送配電事業に係る電気の供給に著しい支障を及ぼすおそれがある異常が当該電気機械器具に生じた場合に自動的にこれを電路から遮断する装置の施設その他の適切な措置を講じなければならない．
発電機等の機械的強度（電技第45条）	1　発電機，変圧器，調相設備ならびに母線およびこれを支持するがいしは，短絡電流により生ずる機械的衝撃に耐えるものでなければならない． 2　水車または風車に接続する発電機の回転する部分は，負荷を遮断した場合に起こる速度に対し，蒸気タービン，ガスタービンまたは内燃機関に接続する発電機の回転する部分は，非常調速装置およびその他の非常停止装置が動作して達する速度に対

	し，耐えるものでなければならない. 3　発電用火力設備に関する技術基準を定める省令の規定は，蒸気タービンに接続する発電機について準用する.
常時監視をしない発電所等の施設(電技第46条)	1　異常が生じた場合に人体に危害を及ぼし，もしくは物件に損傷を与えるおそれがないよう，異常の状態に応じた制御が必要となる発電所，または一般送配電事業に係る電気の供給に著しい支障を及ぼすおそれがないよう，異常を早期に発見する必要のある発電所であって，発電所の運転に必要な知識および技能を有する者が当該発電所またはこれと同一の構内において常時監視をしないものは，施設してはならない. 2　前項に掲げる発電所以外の発電所または変電所(これに準ずる場所であって，100 000 Vを超える特別高圧の電気を変成するためのものを含む. 以下この条において同じ.)であって，発電所または変電所の運転に必要な知識および技能を有する者が当該発電所もしくはこれと同一の構内または変電所において常時監視をしない発電所または変電所は，非常用予備電源を除き，異常が生じた場合に安全かつ確実に停止することができるような措置を講じなければならない.
地中電線路の保護(電技第47条)	1　地中電線路は，車両その他の重量物による圧力に耐え，かつ，当該地中電線路を埋設している旨の表示等により<u>掘削工事からの影響を受けないように施設しなければならない</u>. 2　地中電線路のうちその内部で作業が可能なものには，防火措置を講じなければならない.
特別高圧架空電線路の供給支障の防止(電技第48条)	省略
高圧および特別高圧の電路の避雷器等の施設(電技第49条)	雷電圧による電路に施設する電気設備の損壊を防止できるよう，当該電路中次の各号に掲げる箇所またはこれに近接する箇所には，<u>避雷器の施設その他の適切な措置を講じなければならない</u>. ただし，雷電圧による当該電気設備の損壊のおそれがない場合は，この限りでない. 1　発電所または変電所もしくはこれに準ずる場所の架空電線引込口および引出口 2　架空電線路に接続する配電用変圧器であって，過電流遮断器の設置等の保安上の保護対策が施されているものの高圧側及び特別高圧側 3　高圧または特別高圧の架空電線路から供給を受ける需要場所の引込口
電力保安通信設備の施設(電技第50条)	1　発電所，変電所，開閉所，給電所(電力系統の運用に関する指令を行う所をいう.)，技術員駐在所その他の箇所であって，<u>一般送配電事業に係る電気の供給に対する著しい支障を防ぎ，かつ，保安を確保するために必要なものの相互間には，電力保安通信用電話設備を施設しなければならない</u>. 2　電力保安通信線は，機械的衝撃，火災等により通信の機能を損なうおそれがないように施設しなければならない.
災害時における通信の確保(電技第51条)	電力保安通信設備に使用する無線通信用アンテナまたは反射板(以下この条において「無線用アンテナ等」という.)を施設する支持物の材料および構造は，風速60 m/sの風圧荷重を考慮し，倒壊により通信の機能を損なうおそれがないように施設しなければならない. ただし，電線路の周囲の状態を監視する目的で施設する無線用アンテナ等を架空電線路の支持物に施設するときは，この限りでない.

● 試験の直前 ● CHECK! ─────────

□ **感電，火災等の防止**≫表2.7
□ **他の電線，他の工作物等への危険の防止**≫混触，異常電圧，倒壊，加圧装置，高圧ガス
□ **危険な施設の禁止**≫油入開閉器，直接引込線，がけへの施設，特別高圧架空電線路
□ **電気的，磁気的障害の防止**≫通信障害，地球磁気観測所
□ **供給支障の防止**≫表2.11

国家試験問題

問題1

次の文章は，「電気設備技術基準」における，電気機械器具等からの電磁誘導作用による影響の防止に関する記述の一部である．

変電所又は開閉所は，通常の使用状態において，当該施設からの電磁誘導作用により (ア) の (イ) に影響を及ぼすおそれがないよう，当該施設の付近において， (ア) によって占められる空間に相当する空間の (ウ) の平均値が，商用周波数において (エ) 以下になるように施設しなければならない．

上記の記述中の空白箇所(ア)，(イ)，(ウ)及び(エ)に当てはまる組合せとして，正しいものを次の(1)～(5)のうちから一つ選べ．

	(ア)	(イ)	(ウ)	(エ)
(1)	通信設備	機　能	磁界の強さ	200 A/m
(2)	人	健　康	磁界の強さ	100 A/m
(3)	無線設備	機　能	磁界の強さ	100 A/m
(4)	人	健　康	磁束密度	200 μT
(5)	通信設備	機　能	磁束密度	200 μT

《H27-3》

解説 ┄┄┄┄┄┄┄┄┄┄┄┄┄┄┄┄┄┄┄┄┄┄┄┄┄┄┄┄┄┄┄

電技27条の2(電気機械器具等からの電磁誘導作用による人の健康影響の防止)からの出題です．

問題2

次の文章は，「電気設備技術基準」におけるガス絶縁機器等の危険の防止に関する記述である．

発電所又は変電所，開閉所若しくはこれらに準ずる場所に施設するガス絶縁機器(充電部分が圧縮絶縁ガスにより絶縁された電気機械器具をいう．以下同じ．)及び開閉器又は遮断器に使用する圧縮空気装置は，次により施設しなければならない．

a 圧力を受ける部分の材料及び構造は，最高使用圧力に対して十分に耐え，かつ， (ア) である

こと.

b　圧縮空気装置の空気タンクは，耐食性を有すること.

c　圧力が上昇する場合において，当該圧力が最高使用圧力に到達する以前に当該圧力を　(イ)　させる機能を有すること.

d　圧縮空気装置は，主空気タンクの圧力が低下した場合に圧力を自動的に回復させる機能を有すること.

e　異常な圧力を早期に　(ウ)　できる機能を有すること.

f　ガス絶縁機器に使用する絶縁ガスは，可燃性，腐食性及び　(エ)　性のないものであること.

上記の記述中の空白箇所(ア)，(イ)，(ウ)及び(エ)に当てはまる組合せとして，正しいものを次の(1)～(5)のうちから一つ選べ.

	(ア)	(イ)	(ウ)	(エ)
(1)	安全なもの	低下	検知	有毒
(2)	安全なもの	低下	減圧	爆発
(3)	耐火性のもの	抑制	検知	爆発
(4)	耐火性のもの	抑制	減圧	爆発
(5)	耐火性のもの	低下	検知	有毒

《H29-4》

解説

電技33条(ガス絶縁機器等の危険の防止)の規定がそのまま出題されています.

問題3

次の文章は，「電気設備技術基準」における，常時監視をしない発電所等の施設に関する記述の一部である.

a．異常が生じた場合に人体に危害を及ぼし，若しくは物件に損傷を与えるおそれがないよう，異常の状態に応じた　(ア)　が必要となる発電所，又は一般電気事業に係る電気の供給に著しい支障を及ぼすおそれがないよう，異常を早期に発見する必要のある発電所であって，発電所の運転に必要な　(イ)　を有する者が当該発電所又は　(ウ)　において常時監視をしないものは，施設してはならない.

b．上記aに掲げる発電所以外の発電所又は変電所(これに準ずる場所であって，1000000〔V〕を超える特別高圧の電気を変成するためのものを含む.以下同じ.)であって，発電所又は変電所の運転に必要な　(イ)　を有する者が当該発電所若しくは　(ウ)　又は変電所において常時監視をしない発電所又は変電所は，非常用予備電源を除き，異常が生じた場合に安全かつ確実に　(エ)　することができるような措置を講じなければならない.

上記の記述中の空白箇所(ア)，(イ)，(ウ)及び(エ)に当てはまる組合せとして，正しいものを次の(1)～(5)のうちから一つ選べ.

(p.47～48 の解答)　**問題1** →(4)　**問題2** →(1)

	（ア）	（イ）	（ウ）	（エ）
(1)	制　御	経　験	これと同一の構内	機　能
(2)	制　御	知識及び技能	これと同一の構内	停　止
(3)	保　護	知識及び技能	隣接の施設	停　止
(4)	制　御	知　識	隣接の施設	機　能
(5)	保　護	経験及び技能	これと同一の構内	停　止

《H23-5》

解　説

　電技46条(常時監視をしない発電所等の施設)の規定がそのまま出題されています.

問題 4

　次の文章は,「電気設備技術基準」における高圧及び特別高圧の電路の避雷器等の施設についての記述である.

　雷電圧による電路に施設する電気設備の損壊を防止できるよう,当該電路中次の各号に掲げる箇所又はこれに近接する箇所には,避雷器の施設その他の適切な措置を講じなければならない.ただし,雷電圧による当該電気設備の損壊のおそれがない場合は,この限りでない.

a.発電所又は　(ア)　若しくはこれに準ずる場所の架空電線引込口及び引出口

b.架空電線路に接続する　(イ)　であって,　(ウ)　の設置等の保安上の保護対策が施されているものの高圧側及び特別高圧側

c.高圧又は特別高圧の架空電線路から　(エ)　を受ける　(オ)　の引込口

　上記の記述中の空白箇所(ア),(イ),(ウ),(エ)及び(オ)に当てはまる組合せとして,正しいものを次の(1)～(5)のうちから一つ選べ.

	（ア）	（イ）	（ウ）	（エ）	（オ）
(1)	開閉所	配電用変圧器	開閉器	引込み	需要設備
(2)	変電所	配電用変圧器	過電流遮断器	供　給	需要場所
(3)	変電所	配電用変圧器	開閉器	供　給	需要設備
(4)	受電所	受電用設備	過電流遮断器	引込み	使用場所
(5)	開閉所	受電用設備	過電圧継電器	供　給	需要場所

《H27-4》

解　説

　電技49条(高圧および特別高圧の電路の避雷器等の施設)の規定がそのまま出題されています.

問題 5

　次の文章は,「電気設備技術基準」における(地中電線等による他の電線及び工作物への危険の防止)及び(地中電線路の保護)に関する記述である.

a　地中電線,屋側電線及びトンネル内電線その他の工作物に固定して施設する電線は,他の電

線，弱電流電線等又は管(以下，「他の電線等」という.)と (ア) し，又は交さする場合には，故障時の (イ) により他の電線等を損傷するおそれがないように施設しなければならない. ただし，感電又は火災のおそれがない場合であって，(ウ) 場合は，この限りでない.

b　地中電線路は，車両その他の重量物による圧力に耐え，かつ，当該地中電線路を埋設している旨の表示等により掘削工事からの影響を受けないように施設しなければならない.

c　地中電線路のうちその内部で作業が可能なものには，(エ) を講じなければならない.

上記の記述中の空白箇所(ア)，(イ)，(ウ)及び(エ)に当てはまる組合せとして，正しいものを次の(1)～(5)のうちから一つ選べ.

	(ア)	(イ)	(ウ)	(エ)
(1)	接触	短絡電流	取扱者以外の者が容易に触れることがない	防火措置
(2)	接近	アーク放電	他の電線等の管理者の承諾を得た	防火措置
(3)	接近	アーク放電	他の電線等の管理者の承諾を得た	感電防止措置
(4)	接触	短絡電流	他の電線等の管理者の承諾を得た	防火措置
(5)	接近	短絡電流	取扱者以外の者が容易に触れることがない	感電防止措置

《H30-3》

解説

aは，電技第30条(地中電線等による他の電線および工作物への危険の防止)から，bおよびcは電技第47条(地中電線路の保護)からの出題です. どちらも条文そのままの出題です.

2・3　電気使用場所の施設

重要知識

第2章　電気設備に関する技術基準を定める省令技

2・3・1　感電，火災等の防止（電技第56条～第61条）

前の項では電気設備に関する技術基準を扱いましたが，ここからは電気使用場所に関する項目を扱います．

まずは，感電や火災等の防止についてまとめておきます（表2.12）．低圧の電路の絶縁性能（第58条）の部分は電気工事士試験での出題もある内容です．数値を正確に記憶下さい．

前の「電気設備の施設」と内容が似ているような

表2.12　感電，火災等の防止

見出し	条文
配線の感電または火災の防止（電技第56条）	1　配線は，施設場所の状況および電圧に応じ，<u>感電または火災のおそれがないように施設しなければならない</u>． 2　移動電線を電気機械器具と接続する場合は，接続不良による感電または火災のおそれがないように施設しなければならない． 3　特別高圧の移動電線は，第一項および前項の規定にかかわらず，施設してはならない．ただし，充電部分に人が触れた場合に人体に危害を及ぼすおそれがなく，移動電線と接続することが必要不可欠な電気機械器具に接続するものは，この限りでない．
配線の使用電線（電技第57条）	1　配線の使用電線（裸電線および特別高圧で使用する接触電線を除く．）には，感電または火災のおそれがないよう，施設場所の状況および電圧に応じ，<u>使用上十分な強度および絶縁性能を有するものでなければならない</u>． 2　配線には，裸電線を使用してはならない．ただし，施設場所の状況および電圧に応じ，使用上十分な強度を有し，かつ，絶縁性がないことを考慮して，配線が感電または火災のおそれがないように施設する場合は，この限りでない． 3　特別高圧の配線には，接触電線を使用してはならない．
低圧の電路の絶縁性能（電技第58条）	電気使用場所における使用電圧が低圧の電路の電線相互間および電路と大地との間の絶縁抵抗は，開閉器または過電流遮断器で区切ることのできる電路ごとに，次の表の上欄に掲げる電路の使用電圧の区分に応じ，それぞれ同表の下欄に掲げる値以上でなければならない．

電路の使用電圧の区分		絶縁抵抗値
300 V 以下	対地電圧(接地式電路においては電線と大地との間の電圧，非接地式電路においては電線間の電圧)が 150 V 以下の場合	0.1 MΩ
	その他の場合	0.2 MΩ
300 V 超		0.4 MΩ

電気使用場所に施設する電気機械器具の感電，火災等の防止(電技第 59 条)	1　電気使用場所に施設する電気機械器具は，充電部の露出がなく，かつ，人体に危害を及ぼし，または火災が発生するおそれがある発熱がないように施設しなければならない．ただし，電気機械器具を使用するために充電部の露出または発熱体の施設が必要不可欠である場合であって，感電その他人体に危害を及ぼし，または火災が発生するおそれがないように施設する場合は，この限りでない． 2　燃料電池発電設備が一般用電気工作物である場合には，運転状態を表示する装置を施設しなければならない．
特別高圧の電気集じん応用装置等の施設の禁止(電技第 60 条)	使用電圧が特別高圧の電気集じん装置，静電塗装装置，電気脱水装置，電気選別装置その他の電気集じん応用装置およびこれに特別高圧の電気を供給するための電気設備は，第 56 条および前条の規定にかかわらず，屋側または屋外には，施設してはならない．ただし，当該電気設備の充電部の危険性を考慮して，感電または火災のおそれがないように施設する場合は，この限りでない．
非常用予備電源の施設(電技第 61 条)	常用電源の停電時に使用する非常用予備電源(需要場所に施設するものに限る．)は，需要場所以外の場所に施設する電路であって，常用電源側のものと電気的に接続しないように施設しなければならない．

2・3・2　他の配線，他の工作物等への危険の防止(電技第 62 条)

感電，火災の防止に関する規程です．

1　配線は，他の配線，弱電流電線等と接近し，又は交さする場合は，混触による感電又は火災のおそれがないように施設しなければならない．
2　配線は，水道管，ガス管又はこれらに類するものと接近し，又は交さする場合は，放電によりこれらの工作物を損傷するおそれがなく，かつ，漏電又は放電によりこれらの工作物を介して感電又は火災のおそれがないように施設しなければならない．

2・3・3　異常時の保護対策(電技第 63 条～66 条)

過電流や地絡等からどのように保護をするかの基本となるものです(表 2.13).

対策は過電流遮断器と地絡遮断器だね

表 2.13 異常時の保護対策

見出し	規定
過電流からの低圧幹線等の保護措置(電技第63条)	1 低圧の幹線, 低圧の幹線から分岐して電気機械器具に至る低圧の電路および引込口から低圧の幹線を経ないで電気機械器具に至る低圧の電路(以下この条において「幹線等」という.)には, 適切な箇所に開閉器を施設するとともに, 過電流が生じた場合に当該幹線等を保護できるよう, 過電流遮断器を施設しなければならない. ただし, 当該幹線等における短絡事故により過電流が生じるおそれがない場合は, この限りでない. 2 交通信号灯, 出退表示灯その他のその損傷により公共の安全の確保に支障を及ぼすおそれがあるものに電気を供給する電路には, 過電流による過熱焼損からそれらの電線および電気機械器具を保護できるよう, 過電流遮断器を施設しなければならない.
地絡に対する保護措置(電技第64条)	ロードヒーティング等の電熱装置, プール用水中照明灯その他の一般公衆の立ち入るおそれがある場所または絶縁体に損傷を与えるおそれがある場所に施設するものに電気を供給する電路には, 地絡が生じた場合に, 感電または火災のおそれがないよう, 地絡遮断器の施設その他の適切な措置を講じなければならない.
電動機の過負荷保護(電技第65条)	屋内に施設する電動機(出力が 0.2 kW 以下のものを除く. この条において同じ.)には, 過電流による当該電動機の焼損により火災が発生するおそれがないよう, 過電流遮断器の施設その他の適切な措置を講じなければならない. ただし, 電動機の構造上又は負荷の性質上電動機を焼損するおそれがある過電流が生じるおそれがない場合は, この限りでない.
異常時における高圧の移動電線および接触電線における電路の遮断(電技第66条)	1 高圧の移動電線または接触電線(電車線を除く. 以下同じ.)に電気を供給する電路には, 過電流が生じた場合に, 当該高圧の移動電線または接触電線を保護できるよう, 過電流遮断器を施設しなければならない. 2 前項の電路には, 地絡が生じた場合に, 感電または火災のおそれがないよう, 地絡遮断器の施設その他の適切な措置を講じなければならない.

第2章 電気設備に関する技術基準を定める省令

2·3·4 電気的, 磁気的障害の防止(電技第67条)

「電気機械器具または接触電線による無線設備への障害の防止」についての内容です.

電気使用場所に施設する電気機械器具又は接触電線は, 電波, 高周波電流等が発生することにより, 無線設備の機能に継続的かつ重大な障害を及ぼすおそれがないように施設しなければならない.

2·3·5　特殊場所における施設制限（電技第 68 条〜第 73 条）

　粉じんや可燃性ガス等，特殊な場所，つまり危険な場所での施設の制限事項
です（表 2.14）．

表 2.14　特殊場所における施設制限

見出し	規定
粉じんにより絶縁性能 等が**劣化する**ことによる危険のある場所における施設（電技第 68 条）	粉じんの多い場所に施設する電気設備は，粉じんによる当該電気設備の<u>絶縁性能または導電性能が劣化することに伴う感電または火災のおそれがないように施設しなければならない</u>．
可燃性のガス等により爆発する危険のある場所における施設の禁止（電技第 69 条）	次の各号に掲げる場所に施設する電気設備は，通常の使用状態において，当該電気設備が点火源となる爆発または火災のおそれがないように施設しなければならない． 1　可燃性のガスまたは引火性物質の蒸気が存在し，点火源の存在により爆発するおそれがある場所 2　粉じんが存在し，点火源の存在により爆発するおそれがある場所 3　火薬類が存在する場所 4　セルロイド，マッチ，石油類その他の燃えやすい危険な物質を製造し，または貯蔵する場所
腐食性のガス等により絶縁性能等が劣化することによる危険のある場所における施設（電技第 70 条）	腐食性のガスまたは溶液の発散する場所（酸類，アルカリ類，塩素酸カリ，さらし粉，染料もしくは人造肥料の製造工場，銅，亜鉛等の製錬所，電気分銅所，電気めっき工場，開放形蓄電池を設置した蓄電池室またはこれらに類する場所をいう．）に施設する電気設備には，腐食性のガスまたは溶液による<u>当該電気設備の絶縁性能または導電性能が劣化することに伴う感電または火災のおそれがないよう，予防措置を講じなければならない</u>．
火薬庫内における電気設備の施設の禁止（電技第 71 条）	照明のための電気設備（開閉器および過電流遮断器を除く．）以外の電気設備は，第 69 条の規定にかかわらず，<u>火薬庫内には，施設してはならない</u>．ただし，容易に着火しないような措置が講じられている火薬類を保管する場所にあって，特別の事情がある場合は，この限りでない．
特別高圧の電気設備の施設の禁止（電技第 72 条）	特別高圧の電気設備は，<u>第 68 条および第 69 条の規定にかかわらず，第 68 条および第 69 条各号に規定する場所には，施設してはならない</u>．ただし，静電塗装装置，同期電動機，誘導電動機，同期発電機，誘導発電機または石油の精製の用に供する設備に生ずる燃料油中の不純物を高電圧により帯電させ，燃料油と分離して，除去する装置およびこれらに電気を供給する電気設備（それぞれ可燃性のガス等に着火するおそれがないような措置が講じられたものに限る．）を施設するときは，この限りでない．
接触電線の危険場所への施設の禁止（電技第 73 条）	1　接触電線は，第 69 条の規定にかかわらず，同条各号に規定する場所には，<u>施設してはならない</u>． 2　接触電線は，第 68 条の規定にかかわらず，同条に規定する場所には，施設してはならない．ただし，展開した場所において，低圧の接触電線およびその周囲に粉じんが集積することを防止するための措置を講じ，かつ，綿，麻，絹その他の燃えやすい繊維の粉じんが存在する場所にあっては，低圧の接触電線と当該接触電線に接触する集電装置とが使用状態において離れ難いように施設する場合は，この限りでない． 3　高圧接触電線は，第 70 条の規定にかかわらず，同条に規定する場所には，施設してはならない．

2・3・6 特殊機器の施設(電技第74条〜第78条)

電気さくや電撃殺虫器など，身近な外敵(昆虫や害獣)から人や物を守るものも使い方によっては事故につながる場合があります．利用には一定の制限があります．その内容についてまとめておきます(表2.15)．

電撃殺虫器ってコンビニなんかの軒先で虫を退治してる蛍光灯みたいなあれね

表 2.15　特殊機器の施設

見出し	規定
電気さくの施設の禁止 (電技第74条)	電気さく(屋外において裸電線を固定して施設したさくであって，その裸電線に充電して使用するものをいう．)は，施設してはならない．ただし，田畑，牧場，その他これに類する場所において野獣の侵入または家畜の脱出を防止するために施設する場合であって，絶縁性がないことを考慮し，感電または火災のおそれがないように施設するときは，この限りでない．
電撃殺虫器，エックス線発生装置の施設場所の禁止(電技第75条)	電撃殺虫器またはエックス線発生装置は，第68条から第70条までに規定する場所には，施設してはならない．
パイプライン等の電熱装置の施設の禁止(電技第76条)	パイプライン等(導管等により液体の輸送を行う施設の総体をいう．)に施設する電熱装置は，第68条から第70までに規定する場所には，施設してはならない．ただし，感電，爆発または火災のおそれがないよう，適切な措置を講じた場合は，この限りでない．
電気浴器，銀イオン殺菌装置の施設(電技第77条)	気浴器(浴槽の両端に板状の電極を設け，その電極相互間に微弱な交流電圧を加えて入浴者に電気的刺激を与える装置をいう．)または銀イオン殺菌装置(浴槽内に電極を収納したイオン発生器を設け，その電極相互間に微弱な直流電圧を加えて銀イオンを発生させ，これにより殺菌する装置をいう．)は，第59条の規定にかかわらず，感電による人体への危害または火災のおそれがない場合に限り，施設することができる．
電気防食施設の施設 (電技第78条)	電気防食施設は，他の工作物に電食作用による障害を及ぼすおそれがないように施設しなければならない．

第2章 電気設備に関する技術基準を定める省令技

● 試験の直前 ● CHECK!

- ☐ **配線の感電，火災等の防止**
- ☐ **低圧電路の絶縁性能**≫0.1〜0.4MΩ
- ☐ **過電流，地絡等の異常時に対する保護対策**≫過電流遮断器，地絡遮断器
- ☐ **通信障害の防止**
- ☐ **特殊場所(危険な場所)での施設制限**≫粉じん，可燃性ガス，火薬等
- ☐ **特殊機器**≫電気さく，電撃殺虫器等

国家試験問題

問題1

次の文章は，「電気設備技術基準」における，電気使用場所での配線の使用電線に関する記述である．

a．配線の使用電線（ (ア) 及び特別高圧で使用する (イ) を除く．）には，感電又は火災のおそれがないよう，施設場所の状況及び (ウ) に応じ，使用上十分な強度及び絶縁性能を有するものでなければならない．

b．配線には， (ア) を使用してはならない．ただし，施設場所の状況及び (ウ) に応じ，使用上十分な強度を有し，かつ，絶縁性がないことを考慮して，配線が感電又は火災のおそれがないように施設する場合は，この限りでない．

c．特別高圧の配線には， (イ) を使用してはならない．

上記の記述中の空白箇所（ア），（イ）及び（ウ）に当てはまる組合せとして，正しいものを次の(1)〜(5)のうちから一つ選べ．

	（ア）	（イ）	（ウ）
(1)	接触電線	移動電線	施設方法
(2)	接触電線	裸電線	使用目的
(3)	接触電線	裸電線	電　圧
(4)	裸電線	接触電線	使用目的
(5)	裸電線	接触電線	電　圧

《H25-3》

解 説

電技57条(配線の使用場所)の規程そのものです．

問題2

次の文章は，「電気設備技術基準」における低圧の電路の絶縁性能に関する記述である．

電気使用場所における使用電圧が低圧の電路の電線相互間及び (ア) と大地との間の絶縁抵抗は，開閉器又は (イ) で区切ることのできる電路ごとに，次の表の左欄に掲げる電路の使用電圧の区分に応じ，それぞれ同表の右欄に掲げる値以上でなければならない．

電路の使用電圧の区分		絶縁抵抗値
(ウ) V以下	(エ) （接地式電路においては電線と大地との間の電圧，非接地式電路においては電線間の電圧をいう．以下同じ．）が150 V 以下の場合	0.1 M Ω
	その他の場合	0.2 M Ω
(ウ) V を超えるもの		(オ) M Ω

上記の記述中の空白箇所（ア），（イ），（ウ），（エ）及び（オ）に当てはまる組合せとして，正しいものを次の(1)〜(5)のうちから一つ選べ．

		（ア）	（イ）	（ウ）	（エ）	（オ）
(1)		電　線	配線用遮断器	400	公称電圧	0.3
(2)		電　路	過電流遮断器	300	対地電圧	0.4
(3)		電線路	漏電遮断器	400	公称電圧	0.3
(4)		電　線	過電流遮断器	300	最大使用電圧	0.4
(5)		電　路	配線用遮断器	400	対地電圧	0.4

《H26-6》

解 説

電技58条（低圧の電路の絶縁性能）の規程そのものです．問題文中の表の数値を記憶しているだけでも解答を選択することができます．

第2章
電気設備に関する技術基準を定める省令

問題3

　次の文章は，電気使用場所における異常時の保護対策の工事例である．その内容として，「電気設備技術基準」に基づき，不適切なものを次の(1)〜(5)のうちから一つ選べ．

(1)　低圧の幹線から分岐して電気機械器具に至る低圧の電路において，適切な箇所に開閉器を施設したが，当該電路における短絡事故により過電流が生じるおそれがないので，過電流遮断器を施設しなかった．

(2)　出退表示灯の損傷が公共の安全の確保に支障を及ぼすおそれがある場合，その出退表示灯に電気を供給する電路に，過電流遮断器を施設しなかった．

(3)　屋内に施設する出力100 Wの電動機に，過電流遮断器を施設しなかった．

(4)　プール用水中照明灯に電気を供給する電路に，地絡が生じた場合に，感電又は火災のおそれがないよう，地絡遮断器を施設した．

(5)　高圧の移動電線に電気を供給する電路に，地絡が生じた場合に，感電又は火災のおそれがないよう，地絡遮断器を施設した．

《H30-4》

解 説

電技第63条〜66条（異常時の保護対策）がまとめて出題されています．

(1)　電技第63条（過電流からの低圧幹線等の保護措置）第1項を短縮した表現となっています．

(2)　電技第63条（過電流からの低圧幹線等の保護措置）第2項からの出題ですが，過電流遮断器の施設は必須ですので，誤りとなります．

(3)　電技第65条（電動機の過負荷保護）からの出題で，原則としては過電流遮断機の施設が必要ですが，「出力が○・二キロワット以下のものを除く」となっていますので，内容に誤りはありません．

(4)　電技第64条（地絡に対する保護措置）を短縮した表現となっています．

(5)　電技第66条（異常時における高圧の移動電線および接触電線における電路の遮断）第2項の内容と一致します．

第3章 電気設備の技術基準の解釈

3·1 総則　重要知識

☐ 通則
☐ 電線
☐ 電線の絶縁および接地
☐ 電気機械器具の保安原則
☐ 過電流，地絡および異常電圧に対する保護対策

3·1·1 用語の定義（解釈第1条）

　電気事業法等の法令や省令には，施行規則によってその内容が具現化されています．これと同様に電気設備の技術基準を定める省令（電技）には，電気設備の技術基準の解釈（解釈）があります．数々の数値や計算式をマスターするのは大変です．後半部の国家試験問題と本文を行ったり来たりすることで少しずつ学習を進めて下さい．国家試験問題に登場しない条文については，学習にゆとりが出てから目を通すようにすると良いでしょう．

　解釈第1条は用語の定義です（表3.1）．この項目は，総則第1章第1節「通則」の中で定義されています．

電気設備の技術基準
の解釈
略して「解釈」

電技第1条（用語の
定義）も
見てね

表3.1　用語の定義

用語	定義
使用電圧（公称電圧）	電路を代表する線間電圧
最大使用電圧	イ　使用電圧が，電気学会電気規格調査会標準規格 JEC-0222-2009「標準電圧」の「3.1 公称電圧が1 000 Vを超える電線路の公称電圧および最高電圧」または「3.2 公称電圧が1 000 V以下の電線路の公称電圧」に規定される公称電圧に等しい電路においては，使用電圧に，1-1表に規定する係数を乗じた電圧 1-1 表 表（下記参照） （500 000 V以上は省略） ロ　イに規定する以外の電路においては，電路の電源となる機器の定格電圧（電源となる機器が変圧器である場合は，当該変圧器の最大タップ電圧とし，電源が複数ある場合は，それらの電源の定格電圧のうち最大のもの） ハ　計算または実績により，イまたはロの規定により求めた電圧を上回ることが想定される場合は，その想定される電圧
技術員	設備の運転または管理に必要な知識および技能を有する者

1-1 表

使用電圧の区分	係数
1 000 V 以下	<u>1.15</u>
1 000 Vを超え 500 000 V 未満	<u>1.15 ／ 1.1</u>

電気使用場所	電気を使用するための電気設備を施設した，1の建物または1の単位をなす場所
需要場所	電気使用場所を含む1の構内またはこれに準ずる区域であって，発電所，変電所および開閉所以外のもの
変電所に準ずる場所	需要場所において高圧または特別高圧の電気を受電し，変圧器その他の電気機械器具により電気を変成する場所
開閉所に準ずる場所	需要場所において高圧または特別高圧の電気を受電し，開閉器その他の装置により電路の開閉をする場所であって，変電所に準ずる場所以外のもの
電車線等	電車線ならびにこれと電気的に接続するちょう架線，ブラケットおよびスパン線
架空引込線	架空電線路の支持物から他の支持物を経ずに需要場所の取付け点に至る架空電線
引込線	架空引込線および需要場所の造営物の側面等に施設する電線であって，当該需要場所の引込口に至るもの
屋内配線	屋内の電気使用場所において，固定して施設する電線(電気機械器具内の電線，管灯回路の配線，エックス線管回路の配線，第142条第七号に規定する接触電線，第181条第1項に規定する小勢力回路の電線，第182条に規定する出退表示灯回路の電線，第183条に規定する特別低電圧照明回路の電線および電線路の電線を除く.)
屋側配線	屋外の電気使用場所において，当該電気使用場所における電気の使用を目的として，造営物に固定して施設する電線(電気機械器具内の電線，管灯回路の配線，第142条第七号に規定する接触電線，第181条第1項に規定する小勢力回路の電線，第182条に規定する出退表示灯回路の電線および電線路の電線を除く.)
屋外配線	屋外の電気使用場所において，当該電気使用場所における電気の使用を目的として，固定して施設する電線(屋側配線，電気機械器具内の電線，管灯回路の配線，第142条第七号に規定する接触電線，第181条第1項に規定する小勢力回路の電線，第182条に規定する出退表示灯回路の電線および電線路の電線を除く.)
管灯回路	放電灯用安定器又は放電灯用変圧器から放電管までの電路
弱電流電線	弱電流電気の伝送に使用する電気導体，絶縁物で被覆した電気導体または絶縁物で被覆した上を保護被覆で保護した電気導体(第181条第1項に規定する小勢力回路の電線または第182条に規定する出退表示灯回路の電線を含む.)
弱電流電線等	弱電流電線および光ファイバケーブル
弱電流電線路等	電弱電流電線路および光ファイバケーブル線路
多心型電線	絶縁物で被覆した導体と絶縁物で被覆していない導体とからなる電線
ちょう架用線	ケーブルをちょう架する金属線
複合ケーブル	電線と弱電流電線とを束ねたものの上に保護被覆を施したケーブル
接近	一般的な接近している状態であって，並行する場合を含み，交差する場合および同一支持物に施設される場合を除くもの
工作物	人により加工された全ての物体
造営物	工作物のうち，土地に定着するものであって，屋根および柱または壁を有するもの
建造物	造営物のうち，人が居住もしくは勤務し，または頻繁に出入りもしくは来集するもの
道路	公道または私道(横断歩道橋を除く.)
水気のある場所	水を扱う場所もしくは雨露にさらされる場所その他水滴が飛散する場所，または常時水が漏出しもしくは結露する場所

湿気の多い場所	水蒸気が充満する場所または湿度が著しく高い場所
乾燥した場所	湿気の多い場所および水気のある場所以外の場所
点検できない隠ぺい場所	天井ふところ，壁内またはコンクリート床内等，工作物を破壊しなければ電気設備に接近し，または電気設備を点検できない場所
点検できる隠ぺい場所	点検口がある天井裏，戸棚または押入れ等，容易に電気設備に接近し，または電気設備を点検できる隠ぺい場所
展開した場所	点検できない隠ぺい場所および点検できる隠ぺい場所以外の場所
難燃性	炎を当てても燃え広がらない性質
自消性のある難燃性	難燃性であって，炎を除くと自然に消える性質
不燃性	難燃性のうち，炎を当てても燃えない性質
耐火性	不燃性のうち，炎により加熱された状態においても著しく変形または破壊しない性質
接触防護措置	次のいずれかに適合するように施設することをいう． イ　設備を，屋内にあっては床上 2.3 m 以上，屋外にあっては地表上 2.5 m 以上の高さに，かつ，人が通る場所から手を伸ばしても触れることのない範囲に施設すること． ロ　設備に人が接近または接触しないよう，さく，へい等を設け，または設備を金属管に収める等の防護措置を施すこと．
簡易接触防護措置	次のいずれかに適合するように施設することをいう． イ　設備を，屋内にあっては床上 1.8 m 以上，屋外にあっては地表上 2 m 以上の高さに，かつ，人が通る場所から容易に触れることのない範囲に施設すること． ロ　設備に人が接近または接触しないよう，さく，へい等を設け，または設備を金属管に収める等の防護措置を施すこと．
架渉線	架空電線，架空地線，ちょう架用線または添架通信線等のもの

3·1·2　電線の接続法(解釈第 12 条)

　電線の接続については，電技第 7 条(電線の接続)で，電気抵抗を増加させない・絶縁性能を低下させないことが規定されていました．その他にも引張強さ等の規定があります(表 3.2)．

表 3.2　電線の接続法

電線を接続する場合は，電線の**電気抵抗**を増加**させない**ように接続するとともに，次の各号によること．	
1　**裸電線**(多心型電線の絶縁物で被覆していない導体を含む．以下この条において同じ．)**相互**，または**裸電線と絶縁電線**(多心型電線の絶縁物で被覆した導体を含み，平形導体合成樹脂絶縁電線を除く．以下この条において同じ．)，**キャブタイヤケーブル**もしくは**ケーブルとを接続する場合**	イ　電線の引張強さを **20 % 以上減少させない**こと．ただし，ジャンパー線を接続する場合その他電線に加わる張力が電線の引張強さに比べて著しく小さい場合は，この限りでない． ロ　接続部分には，**接続管**その他の器具を使用し，または**ろう付けす**ること．ただし，架空電線相互若しくは電車線相互または鉱山の坑道内において電線相互を接続する場合であって，技術上困難であるときは，この限りでない．

2　絶縁電線相互または絶縁電線とコード, キャブタイヤケーブルもしくはケーブルとを接続する場合	前号の規定に準じるほか, 次のいずれかによること. イ　接続部分の絶縁電線の絶縁物と同等以上の<u>絶縁効力のある接続器を使用</u>すること. ロ　接続部分をその部分の絶縁電線の絶縁物と同等以上の<u>絶縁効力のあるもので十分に被覆</u>すること.
3　コード相互, キャブタイヤケーブル相互, ケーブル相互またはこれらのもの相互を接続する場合	<u>コード接続器, 接続箱その他の器具を使用</u>すること. ただし, 次のいずれかに該当する場合はこの限りでない. イ　断面積 8 mm² 以上のキャブタイヤケーブル相互を接続する場合において, 第一号および第二号の規定に準じて接続し, かつ, 次のいずれかによるとき (イ) 接続部分の絶縁被覆を完全に<u>硫化</u>すること. (ロ) 接続部分の上に堅ろうな<u>金属製の防護装置</u>を施すこと. ロ　金属被覆のないケーブル相互を接続する場合において, 第一号および第二号の規定に準じて接続するとき
4　導体にアルミニウム(アルミニウムの合金を含む. 以下この条において同じ.)を使用する電線と銅(銅の合金を含む.)を使用する電線とを接続する等, 電気化学的性質の異なる導体を接続する場合	接続部分に<u>電気的腐食が生じない</u>ようにすること.
5　導体にアルミニウムを使用する絶縁電線またはケーブルを, 屋内配線, 屋側配線または屋外配線に使用する場合	当該電線を接続するときは, 次のいずれかの器具を使用すること. イ　電気用品安全法の適用を受ける接続器 (ロ　省略)

第3章　電気設備の技術基準の解釈

3·1·3　電路の絶縁(解釈第13条)

電路の絶縁に関する規定です.

電技第5条(電線の接続)も見てね

電路は, 次の各号に掲げる部分を除き大地から絶縁すること.
一　この解釈の規定により接地工事を施す場合の接地点
二　次に掲げるものの絶縁できないことがやむを得ない部分
　イ　第173条第7項第三号ただし書の規定により施設する接触電線, 第194条に規定するエックス線発生装置, 試験用変圧器, 電力線搬送用結合リアクトル, 電気さく用電源装置, 電気防食用の陽極, 単線式電気鉄道の帰線(第201条第六号に規定するものをいう.), 電極式液面リレーの電極等, 回路の一部を大地から絶縁せずに電気を使用することがやむを得ないもの
　ロ　電気浴器, 電気炉, 電気ボイラー, 電解槽等, 大地から絶縁することが技術上困難なもの

3・1・4　絶縁性能(解釈第14条〜解釈第16条)

電路の絶縁性能に関する規定をまとめました(表3.3).

電技第58条(低圧の電路の絶縁性能)も見てね

表3.3　絶縁性能

種別	絶縁性能
低圧電路(解釈第14条)	電気使用場所における使用電圧が低圧の電路(第13条各号に掲げる部分,第16条に規定するもの,第189条に規定する遊戯用電車内の電路およびこれに電気を供給するための接触電線,直流電車線ならびに鋼索鉄道の電車線を除く.)は,第147条から第149条までの規定により施設する開閉器または過電流遮断器で区切ることのできる電路ごとに,次の各号のいずれかに適合する絶縁性能を有すること. 一　省令第58条によること. 二　絶縁抵抗測定が困難な場合においては,当該電路の使用電圧が加わった状態における漏えい電流が, **1 mA 以下**であること. 2　電気使用場所以外の場所における使用電圧が低圧の電路(電線路の電線,第13条各号に掲げる部分および第16条に規定する電路を除く.)の絶縁性能は,前項の規定に準じること.
高圧または特別高圧の電路(解釈第15条)	高圧または特別高圧の電路(第13条各号に掲げる部分,次条に規定するものおよび直流電車線を除く.)は,次の各号のいずれかに適合する絶縁性能を有すること. 一　15-1表に規定する試験電圧を電路と大地との間(多心ケーブルにあっては,心線相互間および心線と大地との間)に連続して **10 分間**加えたとき,これに耐える性能を有すること. 二　電線にケーブルを使用する交流の電路においては,15-1表に規定する試験電圧の **2 倍の直流電圧**を電路と大地との間(多心ケーブルにあっては,心線相互間および心線と大地との間)に連続して **10 分間**加えたとき,これに耐える性能を有すること. 15-1 表

15-1 表

電路の種類		試験電圧
最大使用電圧が 7 000 V 以下の電路	交流の電路	**最大使用電圧の 1.5 倍の交流電圧**
	直流の電路	**最大使用電圧の 1.5 倍の直流電圧又は 1 倍の交流電圧**
最大使用電圧が 7 000 V を超え,60 000 V 以下の電路	最大使用電圧が 15 000 V 以下の中性点接地式電路(中性線を有するものであって,その中性線に多重接地するものに限る.)	**最大使用電圧の 0.92 倍の電圧**
	上記以外	**最大使用電圧の 1.25 倍の電圧**(10 500 V 未満となる場合は, **10 500 V**)
(※　60 000 V を超える電路については省略)		

変圧器の電路(解釈第	変圧器(放電灯用変圧器,エックス線管用変圧器,吸上変圧器,試験用変圧器,計器

16条第1項）	用変成器，第191条第1項に規定する電気集じん応用装置用の変圧器，同条第2項に規定する石油精製用不純物除去装置の変圧器その他の特殊の用途に供されるものを除く．以下この章において同じ．）の電路は，次の各号のいずれかに適合する絶縁性能を有すること．

一　16-1表中欄に規定する試験電圧を，同表右欄に規定する試験方法で加えたとき，これに耐える性能を有すること．
（試験される巻線と他の巻線，鉄心および外箱との間に試験電圧を連続して **10分間加える．**）

16-1 表

種類		試験電圧
最大使用電圧が 7 000 V 以下のもの		最大使用電圧の **1.5倍** の電圧（500 V 未満となる場合は，500 V）
最大使用電圧が 7 000 V を超え，60 000 V 以下のもの	大使用電圧が 15 000 V 以下のものであって，中性点接地式電路（中性線を有するものであって，その中性線に多重接地するものに限る．）に接続するもの	最大使用電圧の **0.92倍** の電圧
	上記以外のもの	最大使用電圧の **1.25倍** の電圧（10 500 V 未満となる場合は，10 500 V）

※：試験される巻線と他の巻線，鉄心および外箱との間に試験電圧を連続して **10分間**加える．
（※　60 000 V を超える電路については省略）

（二　省略）

回転機（解釈第16条第3項）	回転機は，次の各号のいずれかに適合する絶縁性能を有すること．

一　16-2表に規定する試験電圧を巻線と大地との間に連続して **10分間**加えたとき，これに耐える性能を有すること．
二　回転変流機を除く交流の回転機においては，16-2表に規定する試験電圧の **1.6倍の直流電圧**を巻線と大地との間に連続して **10分間**加えたとき，これに耐える性能を有すること．

16-2 表

種類		試験電圧
回転変流機		直流側の最大使用電圧の **1倍の交流電圧**（500 V 未満となる場合は，500 V）
上記以外の回転機	最大使用電圧が 7 000 V 以下のもの	最大使用電圧の **1.5倍** の電圧（500 V 未満となる場合は，500 V）
	最大使用電圧が 7 000 V を超えるもの	最大使用電圧の **1.25倍** の電圧（10 500 V 未満となる場合は，10 500 V）

第 3 章　電気設備の技術基準の解釈

65

整流器(解釈第16条第3項)	最大使用電圧が 60 000 V 以下の整流器は，直流側の最大使用電圧の **1倍の交流電圧**(**500 V** 未満となる場合は，**500 V**)を充電部分と外箱との間に連続して **10分間**加えたとき，これに耐える性能を有すること．（60 000 V 超は省略）
燃料電池(解釈第16条第4項)	燃料電池は，最大使用電圧の **1.5倍の直流電圧**または **1倍の交流電圧**(**500 V** 未満となる場合は，**500 V**)を充電部分と大地との間に連続して **10分間**加えたとき，これに耐える性能を有すること．
太陽電池モジュール(解釈第16条第5項)	太陽電池モジュールは，最大使用電圧の **1.5倍の直流電圧**または **1倍の交流電圧**(**500 V** 未満となる場合は，**500 V**)を充電部分と大地との間に連続して **10分間**加えたとき，これに耐える性能を有すること．（使用電圧が低圧の場合については省略）
器具等(解釈第16条第6項)	開閉器，遮断器，電力用コンデンサ，誘導電圧調整器，計器用変成器その他の器具の電路ならびに発電所または変電所，開閉所もしくはこれらに準ずる場所に施設する機械器具の接続線及び母線(電路を構成するものに限る.)は，次の各号のいずれかに適合する絶縁性能を有すること．（一部規定は省略） 一　次に適合するものであること． 　イ　使用電圧が低圧の電路においては，16-4 表に規定する試験電圧を電路と大地との間(多心ケーブルにあっては，心線相互間および心線と大地との間)に連続して **10分間**加えたとき，これに耐える性能を有すること．

16-4 表

電路の種類	試験電圧
交流	**最大使用電圧の 1.5倍の交流電圧**(**500 V** 未満となる場合は，**500 V**)
直流	**最大使用電圧の 1.5倍の直流電圧**または **1倍の交流電圧**(**500 V** 未満となる場合は，**500 V**)

　ロ　使用電圧が高圧または特別高圧の電路においては，前条第一号の規定に準ずるものであること．

(二・三　省略)

四　器具等の電路においては，当該器具等が次のいずれかに適合するものであること．

　(イ・ロ　省略)

　ハ　電力線搬送用結合リアクトルであって，次に適合するもの

　(イ)　使用電圧は，高圧であること．

　(ロ)　50 Hz または 60 Hz の周波数に対するインピーダンスは，16-5 表の左欄に掲げる使用電圧に応じ，それぞれ同表の中欄に掲げる試験電圧を加えたとき，それぞれ同表の右欄に掲げる値以上であること．

16-5 表

使用電圧の区分	試験電圧	インピーダンス	
		50 Hz	60 Hz
3 500 V 以下	2 000 V	400 k Ω	500 k Ω
3 500 V 超過	4 000 V	800 k Ω	1 000 k Ω

　(ハ)　巻線と鉄心および外箱との間に最大使用電圧の **1.5倍の交流電圧**を連続して **10分間**加えたとき，これに耐える性能を有すること．

　ニ　雷サージ吸収用コンデンサ，地絡検出用コンデンサおよび再起電圧抑制用コン

デンサであって，次に適合するもの

（イ）　使用電圧が高圧または特別高圧であること．

（ロ）　高圧端子または特別高圧端子と接地された外箱の間に，16-6 表に規定する**交流電圧を 1 分間**加え，また，**直流電圧を 10 秒間**加えたとき，これに耐える性能を有するものであること．

16-6 表

使 用 電 圧 の 区 分 (kV)	区分	交流電圧(kV)	直流電圧(kV)
3.3	A	16	45
	B	10	30
6.6	A	22	60
	B	16	45
11	A	28	90
	B	28	75
22	A	50	150
	B	50	125
	C	50	180
33	A	70	200
	B	70	170
	C	70	240
以下省略			

（備考）

Aは，BまたはC以外の場合

Bは，雷サージの侵入が少ない場合または避雷器等の保護装置によって異常電圧が十分低く抑制される場合

Cは，避雷器等の保護装置の保護範囲外に施設される場合

（ホ　避雷器　この項目以降省略）

3·1·5　接地工事(解釈第 17 条〜19 条)

接地工事の種類及び施設方法です(表 3.4)．

表 3.4　設置工事

設置工事の種類	規定
A種 (解釈第 17 条第 1 項)	一　接地抵抗値は，**10 Ω以下**であること． 二　接地線は，次に適合するものであること． 　イ　故障の際に流れる電流を安全に通じることができるものであること． 　ロ　ハに規定する場合を除き，**引張強さ 1.04 kN 以上の容易に腐食し難い金属線又は直径 2.6 mm 以上の軟銅線**であること．

三　接地極および接地線を人が触れるおそれがある場所に施設する場合は，前号ハの場合，および発電所または変電所，開閉所もしくはこれらに準ずる場所において，接地極を第19条第2項第一号の規定に準じて施設する場合を除き，次により施設すること．

イ　接地極は，**地下75cm以上**の深さに埋設すること．

ロ　接地極を鉄柱その他の金属体に近接して施設する場合は，次のいずれかによること．

(イ)　接地極を鉄柱その他の金属体の底面から30cm以上の深さに埋設すること．

(ロ)　接地極を地中でその金属体から1m以上離して埋設すること．

(ハ)　接地線には，絶縁電線(屋外用ビニル絶縁電線を除く．)または通信用ケーブル以外のケーブルを使用すること．ただし，接地線を鉄柱その他の金属体に沿って施設する場合以外の場合には，接地線の地表上60cmを超える部分については，この限りでない．

B種
(第17条第2項)

一　接地抵抗値は，17-1表に規定する値以下であること．

17-1 表

接地工事を施す変圧器の種類		当該変圧器の高圧側または特別高圧側の電路と低圧側の電路との混触により，低圧電路の対地電圧が150Vを超えた場合に，自動的に高圧または特別高圧の電路を遮断する装置を設ける場合の遮断時間	接地抵抗値(Ω)
下記以外の場合			150／Ig
高圧または35000V以下の特別高圧の電路と低圧電路を結合するもの	1秒を超え2秒以下		300／Ig
	1秒以下		600／Ig

(備考)Igは，当該変圧器の高圧側または特別高圧側の電路の1線地絡電流(単位：A)

二　17-1表における1線地絡電流 Ig は，次のいずれかによること．

イ　実測値

ロ　高圧電路においては，17-2表に規定する計算式により計算した値．ただし，計算結果は，小数点以下を切り上げ，2A未満となる場合は2Aとする．

17-2 表

電路の種類		計算式
中性点非接地式電路	下記以外のもの	$1+\dfrac{\dfrac{V'}{3}L-100}{150}+\dfrac{\dfrac{V'}{3}L'-100}{2}\ (=I_1 とする.)$ 第2項および第3項の値は，それぞれ値が負となる場合は，0とする.
	大地から絶縁しないで使用する電気ボイラー，電気炉等を直接接続するもの	$\sqrt{I_1{}^2+\dfrac{V^2}{3R^2}\times10^6}$
中性点接地式電路		
中性点リアクトル接地式電路		$\sqrt{\left(\dfrac{\dfrac{V}{\sqrt3}R}{R^2+X^2}\times10^6\right)^2+\left(I_1-\dfrac{\dfrac{V}{\sqrt3}X}{R^2+X^2}\times10^6\right)^2}$

(備考)

V'は，電路の公称電圧を 1.1 で除した電圧(単位：kV)

L は，同一母線に接続される高圧電路(電線にケーブルを使用するものを除く.)の電線延長(単位：km)

L'は，同一母線に接続される高圧電路(電線にケーブルを使用するものに限る.)の線路延長(単位：km)

V は，電路の公称電圧(単位：kV)

R は，中性点に使用する抵抗器またはリアクトルの電気抵抗値(中性点の接地工事の接地抵抗値を含む.)(単位：Ω)

X は，中性点に使用するリアクトルの誘導リアクタンスの値(単位：Ω)

 ハ 特別高圧電路において実測が困難な場合は，線路定数等により計算した値

三 接地線は，次に適合するものであること.

 イ 故障の際に流れる電流を安全に通じることができるものであること.

 ロ 17-3 表に規定するものであること.

17-3 表

区分	接地線
移動して使用する電気機械器具の金属製外箱等に接地工事を施す場合において，可とう性を必要とする部分	1心または多心キャブタイヤケーブルの遮へいその他の金属体であって，**断面積が 8 mm² 以上のもの**
上記以外の部分であって，接地工事を施す変圧器が高圧電路または第108条に規定する特別高圧架空電線路の電路と低圧電路とを結合するものである場合	引張強さ 1.04 kN 以上の容易に腐食し難い金属線または**直径 2.6 mm 以上の軟銅線**
上記以外の場合	引張強さ 2.46 kN 以上の容易に腐食し難い金属線または**直径 4 mm 以上の軟銅線**

C種 (第17条第3項)	一　接地抵抗値は，**10 Ω（低圧電路において，地絡を生じた場合に 0.5 秒以内に当該電路を自動的に遮断する装置を施設するときは，500 Ω）以下であること．** 二　接地線は，次に適合するものであること． 　イ　故障の際に流れる電流を安全に通じることができるものであること． 　ロ　ハに規定する場合を除き，**引張強さ 0.39 kN 以上の容易に腐食し難い金属線または直径 1.6 mm 以上の軟銅線**であること． 　ハ　移動して使用する電気機械器具の金属製外箱等に接地工事を施す場合において，可とう性を必要とする部分は，次のいずれかのものであること． 　　（イ）**多心コードまたは多心キャブタイヤケーブルの1心であって，断面積が 0.75 mm² 以上のもの** 　　（ロ）可とう性を有する**軟銅より線であって，断面積が 1.25 mm² 以上のもの**
D種 (第17条第4項)	一　接地抵抗値は，**100 Ω（低圧電路において，地絡を生じた場合に 0.5 秒以内に当該電路を自動的に遮断する装置を施設するときは，500 Ω）以下であること．** 二　接地線は，第3項第二号の規定に準じること．

　次に，工作物の金属体を利用した接地工事(解釈第18条)ですが，解釈第17条(接地工事の種類および施設方法)の続きです．

鉄骨造，鉄骨鉄筋コンクリート造又は鉄筋コンクリート造の建物において，当該建物の鉄骨又は鉄筋その他の金属体(以下この条において「鉄骨等」という.)を，第17条第1項から第4項までに規定する接地工事その他の接地工事に係る共用の接地極に使用する場合には，建物の鉄骨又は鉄筋コンクリートの一部を地中に埋設するとともに，等電位ボンディング(導電性部分間において，その部分間に発生する電位差を軽減するために施す電気的接続をいう.)を施すこと．また，鉄骨等をA種接地工事又はB種接地工事の接地極として使用する場合には，更に次の各号により施設すること．なお，これらの場合において，鉄骨等は，接地抵抗値によらず，共用の接地極として使用することができる.
一　特別高圧又は高圧の機械器具の金属製外箱に施す接地工事の接地線に1線地絡電流が流れた場合において，建物の柱，梁，床，壁等の構造物の導電性部分間に 50 V を超える接触電圧(人が複数の導電性部分に同時に接触した場合に発生する導電性部分間の電圧をいう. 以下この項において同じ.)が発生しないように，建物の鉄骨又は鉄筋は，相互に電気的に接続されていること．
二　前号に規定する場合において，接地工事を施した電気機械器具又は電気機械器具以外の金属製の機器若しくは設備を施設するときは，これらの**金属製部分間又はこれらの金属製部分と建物の柱，梁，床，壁等の構造物の導電性部分間に，50 V を超える接触電圧が発生しないように施設**すること．

三　第一号に規定する場合において，<u>当該建物の金属製部分と大地との間又は当該建物及び隣接する建物の外壁の金属製部分間に，50 V を超える接触電圧が発生しないように施設すること</u>．ただし，建物の外壁に金属製部分が露出しないように施設する等の感電防止対策を施す場合は，この限りでない．

（四　省略）

2　<u>大地との間の電気抵抗値が 2 Ω 以下の値を保っている建物の鉄骨その他の金属体</u>は，これを次の各号に掲げる接地工事の接地極に使用することができる．

一　非接地式高圧電路に施設する機械器具等に施す A 種接地工事

二　非接地式高圧電路と低圧電路を結合する変圧器に施す B 種接地工事

（3　省略）

　　さらに，保安上または機能上必要な場合における電路の接地(解釈第 19 条)です．

電路の保護装置の確実な動作の確保，異常電圧の抑制又は対地電圧の低下を図るために必要な場合は，本条以外の解釈の規定による場合のほか，次の各号に掲げる場所に接地を施すことができる．

一　電路の中性点(使用電圧が 300 V 以下の電路において中性点に接地を施し難いときは，電路の一端子)

二　特別高圧の直流電路

三　燃料電池の電路又はこれに接続する直流電路

2　第 1 項の規定により電路に接地を施す場合の接地工事は，次の各号によること．

一　接地極は，故障の際にその近傍の大地との間に生じる電位差により，人若しくは家畜又は他の工作物に危険を及ぼすおそれがないように施設すること．

二　接地線は，引張強さ <u>2.46 kN 以上</u>の容易に腐食し難い金属線又は<u>直径 4 mm 以上</u>の軟銅線(低圧電路の中性点に施設するものにあっては，引張強さ <u>1.04 kN 以上</u>の容易に腐食し難い金属線又は<u>直径 2.6 mm 以上</u>の軟銅線)であるとともに，故障の際に流れる電流を安全に通じることのできるものであること．

三　接地線は，損傷を受けるおそれがないように施設すること．

四　接地線に接続する抵抗器又はリアクトルその他は，故障の際に流れる電流を安全に通じることのできるものであること．

五　接地線，及びこれに接続する抵抗器又はリアクトルその他は，取扱者以外の者が出入りできない場所に施設し，又は接触防護措置を施すこと．

3　低圧電路において，第 1 項の規定により同項第一号に規定する場所に接地を施す場合の接地工事は，第 2 項によらず，次の各号によることができる．

一　接地線は，引張強さ <u>1.04 kN 以上</u>の容易に腐食し難い金属線又は<u>直径 2.6 mm 以上</u>の軟銅線であるとともに，故障の際に流れる電流を安全に通じることができるものであること．

二　第 17 条第 1 項第三号イからニまでの規定に準じて施設すること．

4　変圧器の安定巻線若しくは遊休巻線又は電圧調整器の内蔵巻線を異常電圧から保護するために必要な場合は，その巻線に接地を施すことができる．この場合の接地工事は，A 種接地工事によること．

5　需要場所の引込口付近において，<u>地中に埋設されている建物の鉄骨であって，大地との間の電気抵抗値が 3 Ω 以下</u>の値を保っているものがある場合は，これを接地極に使用して，B 種接地工事を施した低圧電線路の中性線又は接地側電線に，第 24 条の規定により施す接地に加えて接地工事を施すことができる．この場合の接地工事は，次の各号によること．

一　接地線は，引張強さ <u>1.04 kN 以上</u>の容易に腐食し難い金属線又は<u>直径 2.6 mm 以上</u>の軟銅線であるとともに，故障の際に流れる電流を安全に通じることのできるものであること．

二　接地線は，次のいずれかによること．

　イ　接触防護措置を施すこと．

　ロ　第 164 条第 1 項第一号から第三号までの規定に準じて施設すること．

6　電子機器に接続する使用電圧が 150 V 以下の電路，その他機能上必要な場所において，電路に接地を施すことにより，感電，火災その他の危険を生じることのない場合には，電路に接地を施すことができる．

　以前は，接地工事に水道管の利用が可能でしたが，現在ではポリエチレンなど絶縁素材に置き換わっており利用できません．規定からも削除されています．

　大地との間の電気抵抗値について，解釈第18条(工作物の金属体を利用した接地工事)では2Ω以下でこちらは3Ω以下となっています．前者は「非接地式高圧電路」に関連したA種・B種接地工事の場合で，後者は「B種接地工事を施した低圧電線路」の規定となります．

できるだけ数値を暗記してね

> **⚠Point**
>
> 　B種設置工事については，17-1表の接地抵抗を求める式の暗記は必要です．17-2表の地絡電流の計算式は，過去の出題では問題文中に与えられています．それ以外の規定は，抵抗値や使用できる電線の種類に関する値を覚える必要があります．

3・1・6　電気機械器具の熱的強度(解釈第20条)

　電気機械器具の熱に対する強度に対する規定です．

> 電路に施設する変圧器，遮断器，開閉器，電力用コンデンサ又は計器用変成器その他の電気機械器具は，日本電気技術規格委員会規格 JESC E7002(2015)「電気機械器具の熱的強度の確認方法」の規定により熱的強度を確認したとき，通常の使用状態で発生する熱に耐えるものであること．

3・1・7　機械器具の施設(解釈第21条，第22条)

　機械器具の施設についての規定です．高圧(解釈第21条)と特別高圧(解釈第22条)とで内容がよく似ていますので並べて記述しました(表3.5)．

電技第9条(高圧または特別高圧の電気機械器具の危険の防止)も見てね

表3.5　機械器具の施設

高圧の機械器具の施設(解釈第21条)	特別高圧の機械器具の施設(解釈第22条)
高圧の機械器具(これに附属する高圧電線であってケーブル以外のものを含む．以下この条において同じ．)は，次の各号のいずれかにより施設すること．ただし，発電所または変電所，開閉所もしくはこれらに準ずる場所に施設する場合はこの限りでない．	特別高圧の機械器具(これに附属する特別高圧電線であって，ケーブル以外のものを含む．以下この条において同じ．)は，次の各号のいずれかにより施設すること．ただし，発電所または変電所，開閉所もしくはこれらに準ずる場所に施設する場合，または第191条第1項第二号ただし書きもしくは第194条第1項の規定により施設する場合はこの限りでない．

一　屋内であって，取扱者以外の者が出入りできないように措置した場所に施設すること．	一　屋内であって，取扱者以外の者が出入りできないように措置した場所に施設すること．
二　次により施設すること．ただし，工場等の構内においては，ロおよびハの規定によらないことができる． 　イ　人が触れるおそれがないように，機械器具の周囲に適当なさく，へい等を設けること． 　ロ　イの規定により施設するさく，へい等の高さと，当該さく，へい等から機械器具の充電部分までの距離との和を5 m以上とすること． 　ハ　危険である旨の表示をすること．	二　次により施設すること． 　イ　人が触れるおそれがないように，機械器具の周囲に適当なさくを設けること． 　ロ　イの規定により施設するさくの高さと，当該さくから機械器具の充電部分までの距離との和を，22-1表に規定する値以上とすること． 　ハ　危険である旨の表示をすること．
三　機械器具に附属する高圧電線にケーブルまたは引下げ用高圧絶縁電線を使用し，機械器具を人が触れるおそれがないように地表上4.5 m(市街地外においては4 m)以上の高さに施設すること．	三　機械器具を地表上5 m以上の高さに施設し，充電部分の地表上の高さを22-1表に規定する値以上とし，かつ，人が触れるおそれがないように施設すること． 22-1表 <table><tr><td>使用電圧の区分</td><td>さくの高さとさくから充電部分までの距離との和または地表上の高さ</td></tr><tr><td>35 000 V以下</td><td>5 m</td></tr><tr><td>35 000 Vを超え160 000 V以下</td><td>6 m</td></tr></table>
四　機械器具をコンクリート製の箱またはD種接地工事を施した金属製の箱に収め，かつ，充電部分が露出しないように施設すること．	四　工場等の構内において，機械器具を絶縁された箱またはA種接地工事を施した金属製の箱に収め，かつ，充電部分が露出しないように施設すること．
五　充電部分が露出しない機械器具を，次のいずれかにより施設すること． 　イ　簡易接触防護措置を施すこと． 　ロ　温度上昇により，または故障の際に，その近傍の大地との間に生じる電位差により，人もしくは家畜または他の工作物に危険のおそれがないように施設すること．	五　充電部分が露出しない機械器具に，簡易接触防護措置を施すこと．
	2　特別高圧用の変圧器は，次の各号に掲げるものを除き，発電所または変電所，開閉所もしくはこれらに準ずる場所に施設すること． 一　第26条の規定により施設する配電用変圧器 二　第108条に規定する特別高圧架空電線路に接続するもの 三　交流式電気鉄道用信号回路に電気を供給するためのもの

3・1・8　アークを生じる器具の施設(解釈第23条)

アークに対する規定です．

アークは日本語で
電孤（でんこ）だよ．

高圧用又は特別高圧用の開閉器，遮断器又は避雷器その他これらに類する器具(以下この条において「開閉器等」という．)であって，動作時にアークを生じるものは，次の各号のいずれかにより施設すること．
一　耐火性のものでアークを生じる部分を囲むことにより，木製の壁又は天井その他の可燃性のものから隔離すること．
二　木製の壁又は天井その他の可燃性のものとの離隔距離を，23-1表に規定する値以上とすること．

23-1 表

開閉器等の使用電圧の区分		離隔距離
高圧		1 m
特別高圧	35 000 V 以下	2 m(動作時に生じるアークの方向及び長さを火災が発生するおそれがないように制限した場合にあっては，1 m)
	35 000 V 超過	2 m

3・1・9　混触による危険防止施設(解釈第24条，第25条)

　電技第12条(特別高圧電路等と結合する変圧器等の火災等の防止)との組合せです．高圧または特別高圧と低圧との混触による危険防止施設(解釈第24条)については次のとおりです．まずは，第1項「高圧電路又は…，1秒以内に自動的にこれを遮断する装置を有する場合」までの部分をおさえて下さい．

電技第12条(特別高圧電路等と結合する変圧器等の火災等の防止)も見てね

高圧電路又は特別高圧電路と低圧電路とを結合する変圧器には，次の各号によりB種接地工事を施すこと．
一　次のいずれかの箇所に接地工事を施すこと．(関連省令第10条)
　イ　低圧側の中性点
　ロ　低圧電路の使用電圧が300 V以下の場合において，接地工事を低圧側の中性点に施し難いときは，低圧側の1端子
　ハ　低圧電路が非接地である場合においては，高圧巻線又は特別高圧巻線と低圧巻線との間に設けた金属製の混触防止板
二　接地抵抗値は，第17条第2項第一号の規定にかかわらず，5 Ω未満であることを要しない．(関連省令第11条)
三　変圧器が特別高圧電路と低圧電路とを結合するものである場合において，第17条第2項第一号の規定により計算した値が10を超えるときの接地抵抗値は，10 Ω以下であること．ただし，次のいずれかに該当する場合はこの限りでない．(関連省令第11条)
　イ　特別高圧電路の使用電圧が35 000 V以下であって，当該特別高圧電路に地絡を生じた際に，1秒以内に自動的にこれを遮断する装置を有する場合
　ロ　特別高圧電路が，第108条に規定する特別高圧架空電線路の電路である場合
2　次の各号に掲げる変圧器を施設する場合は，前項の規定によらないことができる．
一　鉄道又は軌道の信号用変圧器

二　電気炉又は電気ボイラーその他の常に電路の一部を大地から絶縁せずに使用する負荷に電気を供給する専用の変圧器

3　第1項第一号イ又はロに規定する箇所に施す接地工事は，次の各号のいずれかにより施設すること．（関連省令第6条，第11条）

一　変圧器の施設箇所ごとに施すこと．

二　土地の状況により，変圧器の施設箇所において第17条第2項第一号に規定する接地抵抗値が得難い場合は，次のいずれかに適合する接地線を施設し，変圧器の施設箇所から200 m 以内の場所に接地工事を施すこと．

　イ　引張強さ5.26 kN 以上のもの又は直径4 mm 以上の硬銅線を使用した架空接地線を第66条第1項の規定並びに第68条，第71条から第78条まで及び第80条の低圧架空電線の規定に準じて施設すること．

　ロ　地中接地線を第120条及び第125条の地中電線の規定に準じて施設すること．

三　土地の状況により，第一号及び第二号の規定により難いときは，次により共同地線を設けて，2以上の施設箇所に共通のB種接地工事を施すこと．

　イ　架空共同地線は，引張強さ5.26 kN 以上のもの又は直径4 mm 以上の硬銅線を使用し，第66条第1項の規定，並びに第68条，第71条から第78条まで及び第80条の低圧架空電線の規定に準じて施設すること．

　ロ　地中共同地線は，第120条及び第125条の地中電線の規定に準じて施設すること．

　ハ　接地工事は，各変圧器を中心とする直径400 m 以内の地域であって，その変圧器に接続される電線路直下の部分において，各変圧器の両側にあるように施すこと．ただし，その施設箇所において接地工事を施した変圧器については，この限りでない．

　ニ　共同地線と大地との間の合成電気抵抗値は，直径1 km 以内の地域ごとに第17条第2項第一号に規定するB種接地工事の接地抵抗値以下であること．

　ホ　各接地工事の接地抵抗値は，接地線を共同地線から切り離した場合において，300 Ω以下であること．

四　変圧器が中性点接地式高圧電線路と低圧電路とを結合するものである場合において，土地の状況により，第一号から第三号までの規定により難いときは，次により共同地線を設けて，2以上の施設箇所に共通のB種接地工事を施すこと．

　イ　共同地線は，前号イ又はロの規定によること．

　ロ　接地工事は，前号ハの規定によること．

　ハ　同一支持物に高圧架空電線と低圧架空電線とが施設されている部分においては，接地箇所相互間の距離は，電線路沿いに300 m 以内であること．

　ニ　共同地線と大地との間の合成電気抵抗値は，第17条第2項第一号に規定するB種接地工事の接地抵抗値以下であること．

　ホ　各接地工事の接地抵抗値は，接地線を共同地線から切り離した場合において，次の式により計算した値（300 Ωを超える場合は，300 Ω）以下であること．

$R = 150 \, n \, / \, Ig$

R は，接地線と大地との間の電気抵抗（単位：Ω）

Ig は，第17条第2項第二号の規定による1線地絡電流（単位：A）

n は，接地箇所数

4　前項第三号及び第四号の共同地線には，低圧架空電線又は低圧地中電線の1線を兼用することができる．

5　第1項第一号ハの規定により接地工事を施した変圧器に接続する低圧電線を屋外に施設する場合は，次の各号により施設すること．

一　低圧電線は，1構内だけに施設すること．

二　低圧架空電線路又は低圧屋上電線路の電線は，ケーブルであること．

三　低圧架空電線と高圧又は特別高圧の架空電線とは，同一支持物に施設しないこと．ただし，高圧又は特別高圧の架空電線がケーブルである場合は，この限りでない．

　次に特別高圧と高圧との混触等による危険防止施設（解釈第25条）の場合です．

変圧器(前条第2項第二号に規定するものを除く.)によって特別高圧電路(第108条に規定する特別高圧架空電線路の電路を除く.)に結合される高圧電路には，使用電圧の3倍以下の電圧が加わったときに放電する装置を，その変圧器の端子に近い1極に設けること．ただし，使用電圧の3倍以下の電圧が加わったときに放電する避雷器を高圧電路の母線に施設する場合は，この限りでない．(関連省令第10条)

3・1・10　変圧器の施設(解釈第26条，第27条)

解釈第26条は，特別高圧配電用変圧器の施設についてです．

電技第9条との組合せかな．
電技と解釈は1対1に対応してるわけじゃないんだね

第26条　特別高圧電線路(第108条に規定する特別高圧架空電線路を除く.)に接続する配電用変圧器を，発電所又は変電所，開閉所若しくはこれらに準ずる場所以外の場所に施設する場合は，次の各号によること．
一　変圧器の1次電圧は35 000 V以下，2次電圧は低圧又は高圧であること．
二　変圧器に接続する特別高圧電線は，特別高圧絶縁電線又はケーブルであること．ただし，特別高圧電線を海峡横断箇所，河川横断箇所，山岳地の傾斜が急な箇所又は谷越え箇所であって，人が容易に立ち入るおそれがない場所に施設する場合は，裸電線を使用することができる．(関連省令第5条第1項)
三　変圧器の1次側には，開閉器及び過電流遮断器を施設すること．ただし，過電流遮断器が開閉機能を有するものである場合は，過電流遮断器のみとすることができる．(関連省令第14条)
四　ネットワーク方式(2以上の特別高圧電線路に接続する配電用変圧器の2次側を並列接続して配電する方式をいう.)により施設する場合において，次に適合するように施設するときは，前号の規定によらないことができる．
　イ　変圧器の1次側には，開閉器を施設すること．
　ロ　変圧器の2次側には，過電流遮断器及び2次側電路から1次側電路に電流が流れたときに，自動的に2次側電路を遮断する装置を施設すること．(関連省令第12条第2項)
　ハ　ロの規定により施設する過電流遮断器及び装置を介して変圧器の2次側電路を並列接続すること．

解釈第27条は，特別高圧を直接低圧に変成する変圧器の施設についてです．
電技第13条(特別高圧を直接低圧に変成する変圧器の施設制限)と組合せです．

こちらは電技第13条とセットだよ

第27条　特別高圧を直接低圧に変成する変圧器は，次の各号に掲げるものを除き，施設しないこと．
一　発電所又は変電所，開閉所若しくはこれらに準ずる場所の所内用の変圧器
二　使用電圧が100 000 V以下の変圧器であって，その特別高圧巻線と低圧巻線との間にB種接地工事(第17条第2項第一号の規定により計算した値が10を超える場合は，接地抵抗値が10 Ω以下のものに限る.)を施した金属製の混触防止板を有するもの
三　使用電圧が35 000 V以下の変圧器であって，その特別高圧巻線と低圧巻線とが混触したときに，自動的に変圧器を電路から遮断するための装置を設けたもの
四　電気炉等，大電流を消費する負荷に電気を供給するための変圧器
五　交流式電気鉄道用信号回路に電気を供給するための変圧器
六　第108条に規定する特別高圧架空電線路に接続する変圧器

3·1·11 接地(解釈第28条, 第29条)

電技第10条, 第11条, 第12条も見てね

接地に関する規定を記述します. 解釈第28条は計器用変成器の2次側電路の接地です.

> **高圧**計器用変成器の2次側電路には, **D種**接地工事を施すこと.
> 2　**特別高圧**計器用変成器の2次側電路には, **A種**接地工事を施すこと.

次に解釈第29条(機械器具の金属製外箱等の接地)です. 29-1表は, 必ずおさえておきたい部分です.

> 電路に施設する機械器具の金属製の台及び外箱(以下この条において「金属製外箱等」という.)(外箱のない変圧器又は計器用変成器にあっては, 鉄心)には, 使用電圧の区分に応じ, 29-1表に規定する接地工事を施すこと. ただし, 外箱を充電して使用する機械器具に人が触れるおそれがないようにさくなどを設けて施設する場合又は絶縁台を設けて施設する場合は, この限りでない.

29-1表

機械器具の使用電圧の区分		接地工事
低圧	300 V 以下	D種接地工事
	300 V 超過	C種接地工事
高圧又は特別高圧		A種接地工事

> 2　機械器具が小出力発電設備である燃料電池発電設備である場合を除き, 次の各号のいずれかに該当する場合は, 第1項の規定によらないことができる.
> 一　交流の対地電圧が150 V 以下又は直流の使用電圧が300 V 以下の機械器具を, 乾燥した場所に施設する場合
> 二　低圧用の機械器具を乾燥した木製の床その他これに類する絶縁性のものの上で取り扱うように施設する場合
> 三　電気用品安全法の適用を受ける2重絶縁の構造の機械器具を施設する場合
> 四　低圧用の機械器具に電気を供給する電路の電源側に絶縁変圧器(2次側線間電圧が300 V 以下であって, 容量が3 kVA 以下のものに限る.)を施設し, かつ, 当該絶縁変圧器の負荷側の電路を接地しない場合
> 五　水気のある場所以外の場所に施設する低圧用の機械器具に電気を供給する電路に, 電気用品安全法の適用を受ける漏電遮断器(定格感度電流が15 mA 以下, 動作時間が0.1秒以下の電流動作型のものに限る.)を施設する場合
> 六　金属製外箱等の周囲に適当な絶縁台を設ける場合
> 七　外箱のない計器用変成器がゴム, 合成樹脂その他の絶縁物で被覆したものである場合
> 八　低圧用若しくは高圧用の機械器具, 第26条に規定する配電用変圧器若しくはこれに接続する電線に施設する機械器具又は第108条に規定する特別高圧架空電線路の電路に施設する機械器具を, 木柱その他これに類する絶縁性のものの上であって, 人が触れるおそれがない高さに施設する場合
> 3　高圧ケーブルに接続される高圧用の機械器具の金属製外箱等の接地は, 日本電気技術規格委員会規格JESCE 2019(2015)「高圧ケーブルの遮へい層による高圧用の機械器具の金属製外箱等の連接接地」の「2. 技術的規定」により施設することができる.
> 4　太陽電池モジュールに接続する直流電路に施設する機械器具であって, 使用電圧が300 V を超え450 V 以下のものの金属製外箱等に施すC種接地工事の接地抵抗値は, 次の各号に適合する場合は, 第17条第3項第一号の規定によらず, 100 Ω 以下とすることができる.
> 一　直流電路は, 非接地であること.
> 二　直流電路に接続する逆変換装置の交流側に, 絶縁変圧器を施設すること.

三　太陽電池モジュールの合計出力は，10 kW 以下であること．

四　直流回路に機械器具(太陽電池モジュール，第 200 条第 2 項第一号ロ及びハに規定する器具，逆変換装置及び避雷器を除く．)を施設しないこと．

3·1·12　高周波利用設備の障害の防止(解釈第 30 条)

　電路に高周波を乗せて通信をするもの，例えばスマートメータの利用等を想定した対策規定です．電技第 17 条との組合せです．出題の可能性が低い分野です．

1 mW を 0 dB とすると－ 30 dB ば 1µW だよ

高周波利用設備から，他の高周波利用設備に漏えいする高周波電流は，次の測定装置又はこれに準ずる測定装置により，2 回以上連続して 10 分間以上測定したとき，各回の測定値の最大値の平均値が－ 30 dB(1 mW を 0 dB とする．)以下であること．

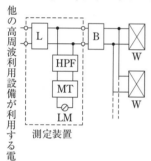

LM：選択レベル計
MT：整合変成器
HPF：高域ろ波器
　L：電源分解回路
　B：ブロック装置
　W：高周波利用設備

3·1·13　変圧器等からの電磁誘導作用による人の健康影響の防止(解釈第 31 条)

電技第 27 条も見てね

　解釈第 31 条は電磁誘導作用に関するものです．

発電所，変電所，開閉所及び需要場所以外の場所に施設する変圧器，開閉器及び分岐装置(以下この条において「変圧器等」という．)から発生する磁界は，第 3 項に掲げる測定方法により求めた磁束密度の測定値(実効値)が，商用周波数において 200 µT 以下であること．ただし，造営物内，田畑，山林その他の人の往来が少ない場所において，人体に危害を及ぼすおそれがないように施設する場合は，この限りでない．

2　測定装置は，日本工業規格 JIS C 1910(2004)「人体ばく露を考慮した低周波磁界及び電界の測定－測定器の特別要求事項及び測定の手引き」に適合する 3 軸のものであること．

3　測定に当たっては，次の各号のいずれかにより測定すること．なお，測定場所の例ごとの測定方法の適用例については 31-1 表に示す．

一　磁界が均一であると考えられる場合は，測定地点の地表，路面又は床(以下この条において「地表等」という．)から 1 m の高さで測定した値を測定値とすること．

二　磁界が不均一であると考えられる場合(第三号の場合を除く．)は，測定地点の地表等から 0.5 m，1 m 及び

び1.5 m の高さで測定し，3 点の平均値を測定値とすること．ただし，変圧器等の高さが1.5 m 未満の場合は，その高さの1/3 倍，2/3 倍及び1 倍の箇所で測定し，3 点の平均値を測定値とすること．

三　磁界が不均一であると考えられる場合であって，変圧器等が地表等の下に施設され，人がその地表等に横臥する場合は，次の図に示すように，測定地点の地表等から0.2 m の高さであって，磁束密度が最大の値となる地点イにおいて測定し，地点イを中心とする半径0.5 m の円周上で磁束密度が最大の値となる地点ロにおいて測定した後，地点イに関して地点ロと対称の地点ハにおいて測定し，次に，地点イ，ロ及びハを結ぶ直線と直行するとともに，地点イを通る直線が当該円と交わる地点ニ及びホにおいてそれぞれ測定し，さらに，これらの5 地点における測定値のうち最大のものから上位3 つの値の平均値を測定値とすること．

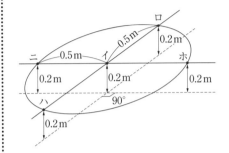

31-1 表

測定場所	測定方法
柱上に施設する変圧器等の下方における地表	第3項第一号により測定すること．
柱上に施設する変圧器等の周囲の建造物等	建造物の壁面等，公衆が接近することができる地点から水平方向に0.2 m 離れた地点において第3項第二号により測定すること．
地上に施設する変圧器等の周囲	変圧器等の表面等，公衆が接近することができる地点から水平方向に0.2 m 離れた地点において第3項第二号により測定すること．
変圧器等を施設した部屋の直上階の部屋の床	第3項第三号により測定すること．

3·1·14　ポリ塩化ビフェニル使用電気機械器具の施設禁止 (解釈第 32 条)

電技 19 条も見てね

ポリ塩化ビフェニル(PCB)に関する規定です．

ポリ塩化ビフェニルを含有する絶縁油とは，絶縁油に含まれるポリ塩化ビフェニルの量が試料1 kg につき0.5 mg 以下である絶縁油以外のものである．

3·1·15　過電流遮断器の性能等 (解釈第 33 条～第 35 条)

ヒューズと配線用遮断器で微妙に規定が違うんだね．

過電流に対するヒューズやブレーカに関する規定です．

　まず，低圧電路に施設する過電流遮断器の性能等(解釈第33条)です．規定文中の表については，出題の可能性が低い部分を一部省略しています．33-1

第3章　電気設備の技術基準の解釈

表と 33-2 表を押さえて下さい.

低圧電路に施設する過電流遮断器は，これを施設する箇所を通過する短絡電流を遮断する能力を有するものであること．ただし，当該箇所を通過する最大短絡電流が 10 000 A を超える場合において，過電流遮断器として 10 000 A 以上の短絡電流を遮断する能力を有する配線用遮断器を施設し，当該箇所より電源側の電路に当該配線用遮断器の短絡電流を遮断する能力を超え，当該最大短絡電流以下の短絡電流を当該配線用遮断器より早く，又は同時に遮断する能力を有する，過電流遮断器を施設するときは，この限りでない．

2　過電流遮断器として低圧電路に施設する**ヒューズ**(電気用品安全法の適用を受けるもの，配電用遮断器と組み合わせて 1 の過電流遮断器として使用するもの及び第 4 項に規定するものを除く.)は，水平に取り付けた場合(板状ヒューズにあっては，板面を水平に取り付けた場合)において，次の各号に適合するものであること．

一　**定格電流の 1.1 倍**の電流に耐えること．

二　33-1 表の左欄に掲げる定格電流の区分に応じ，定格電流の 1.6 倍及び 2 倍の電流を通じた場合において，それぞれ同表の右欄に掲げる時間内に溶断すること．

33-1 表

定格電流の区分	時間	
	定格電流の 1.6 倍の電流を通じた場合	定格電流の 2 倍の電流を通じた場合
30 A 以下	60 分	2 分
30 A を超え 60 A 以下	60 分	4 分
60 A を超え 100 A 以下	120 分	6 分
以下省略		

3　過電流遮断器として低圧電路に施設する**配線用遮断器**(電気用品安全法の適用を受けるもの及び次項に規定するものを除く.)は，次の各号に適合するものであること．

一　**定格電流の 1 倍**の電流で自動的に動作しないこと．

二　33-2 表の左欄に掲げる定格電流の区分に応じ，定格電流の 1.25 倍及び 2 倍の電流を通じた場合において，それぞれ同表の右欄に掲げる時間内に自動的に動作すること．

33-2 表

定格電流の区分	時間	
	定格電流の 1.25 倍の電流を通じた場合	定格電流の 2 倍の電流を通じた場合
30 A 以下	60 分	2 分
30 A を超え 50 A 以下	60 分	4 分
50 A を超え 100 A 以下	120 分	6 分
以下省略		

4　過電流遮断器として低圧電路に施設する過負荷保護装置と短絡保護専用遮断器又は短絡保護専用ヒューズを組み合わせた装置は，電動機のみに至る低圧電路(低圧幹線(第 142 条に規定するものをいう.)を除く.)で使用するものであって，次の各号に適合するものであること．

一　過負荷保護装置は，次に適合するものであること．

　イ　電動機が焼損するおそれがある過電流を生じた場合に，自動的にこれを遮断すること．

　(ロ　省略)

二　短絡保護専用遮断器は，次に適合するものであること．

　イ　過負荷保護装置が短絡電流によって焼損する前に，当該短絡電流を遮断する能力を有すること．

　ロ　**定格電流の1倍の電流で自動的に動作しないこと**．

　ハ　**整定電流は，定格電流の13倍以下であること**．

　ニ　整定電流の1.2倍の電流を通じた場合において，**0.2秒以内**に自動的に動作すること．

三　短絡保護専用ヒューズは，次に適合するものであること．

　イ　過負荷保護装置が短絡電流によって焼損する前に，当該短絡電流を遮断する能力を有すること．

　ロ　短絡保護専用ヒューズの定格電流は，過負荷保護装置の整定電流の値(その値が短絡保護専用ヒューズの標準定格に該当しない場合は，その値の直近上位の標準定格)以下であること．

　ハ　**定格電流の1.3倍の電流に耐えること**．

　ニ　**整定電流の10倍の電流を通じた場合において，20秒以内に溶断すること**．

四　過負荷保護装置と短絡保護専用遮断器又は短絡保護専用ヒューズは，専用の1の箱の中に収めること．

5　低圧電路に施設する非包装ヒューズは，つめ付ヒューズであること．ただし，次の各号のいずれかのものを使用する場合は，この限りでない．

一　ローゼットその他これに類するものに収める**定格電流5A以下のもの**

二　硬い金属製で，端子間の長さが33-3表に規定する値以上のもの

33-3表

定格電流の区分	端子間の長さ
10 A 未満	100 mm
10 A 以上 20 A 未満	120 mm
20 A 以上 30 A 未満	150 mm

　次に，高圧または特別高圧の電路に施設する過電流遮断器の性能等(解釈第34条)です．

高圧又は特別高圧の電路に施設する過電流遮断器は，次の各号に適合するものであること．

一　電路に短絡を生じたときに作動するものにあっては，これを施設する箇所を通過する短絡電流を遮断する能力を有すること．

二　その作動に伴いその開閉状態を表示する装置を有すること．ただし，その開閉状態を容易に確認できるものは，この限りでない．

2　過電流遮断器として高圧電路に施設する包装ヒューズ(ヒューズ以外の過電流遮断器と組み合わせて1の過電流遮断器として使用するものを除く．)は，次の各号のいずれかのものであること．

一　**定格電流の1.3倍の電流に耐え，かつ，2倍の電流で120分以内に溶断するもの**

二次に適合する高圧限流ヒューズ

　イ　構造は，日本工業規格 JIS C 4604(1988)「高圧限流ヒューズ」の「6　構造」に適合すること．

　ロ　完成品は，日本工業規格 JIS C 4604(1988)「高圧限流ヒューズ」の「7　試験方法」の試験方法により試験したとき，「5　性能」に適合すること．

3　過電流遮断器として高圧電路に施設する非包装ヒューズは，**定格電流の1.25倍の電流に耐え，かつ，2倍の電流で2分以内に溶断する**ものであること．

　過電流遮断機にはその施設に関して例外規定があります．過電流遮断器の施設の例外(解釈第35条)です．

次の各号に掲げる箇所には，過電流遮断器を施設しないこと．
一　接地線
二　多線式電路の中性線
三　第24条第1項第一号ロの規定により，電路の一部に接地工事を施した低圧電線路の接地側電線
2　次の各号のいずれかに該当する場合は，前項の規定によらないことができる．
一　多線式電路の中性線に施設した過電流遮断器が動作した場合において，各極が同時に遮断されるとき
二　第19条第1項各号の規定により抵抗器，リアクトル等を使用して接地工事を施す場合において，過電流遮断器の動作により当該接地線が非接地状態にならないとき

3・1・16　地絡遮断装置の施設(解釈第36条)

　今さらですが，地絡とは大地に向かって電気が流れることです．絶縁されていなければならない部分に電気が流れれば感電事故になります．絶縁に問題がなくても大地に向かって電気が流れてしまうことを漏電と言います．

電技第15条も見てね

金属製外箱を有する使用電圧が60Vを超える低圧の機械器具に接続する電路には，電路に地絡を生じたときに自動的に電路を遮断する装置を施設すること．ただし，次の各号のいずれかに該当する場合はこの限りでない．
一　機械器具に簡易接触防護措置(金属製のものであって，防護措置を施す機械器具と電気的に接続するおそれがあるもので防護する方法を除く．)を施す場合
二　機械器具を次のいずれかの場所に施設する場合
　イ　発電所又は変電所，開閉所若しくはこれらに準ずる場所
　ロ　乾燥した場所
　ハ　機械器具の対地電圧が150V以下の場合においては，水気のある場所以外の場所
三　機械器具が，次のいずれかに該当するものである場合
　イ　電気用品安全法の適用を受ける2重絶縁構造のもの
　ロ　ゴム，合成樹脂その他の絶縁物で被覆したもの
　ハ　誘導電動機の2次側電路に接続されるもの
　ニ　第13条第二号に掲げるもの
四　機械器具に施されたC種接地工事又はD種接地工事の接地抵抗値が3Ω以下の場合
五　電路の系統電源側に絶縁変圧器(機械器具側の線間電圧が300V以下のものに限る．)を施設するとともに，当該絶縁変圧器の機械器具側の電路を非接地とする場合
六　機械器具内に電気用品安全法の適用を受ける漏電遮断器を取り付け，かつ，電源引出部が損傷を受けるおそれがないように施設する場合
七　機械器具を太陽電池モジュールに接続する直流電路に施設し，かつ，当該電路が次に適合する場合
　イ　直流電路は，非接地であること．
　ロ　直流電路に接続する逆変換装置の交流側に絶縁変圧器を施設すること．
　ハ　直流電路の対地電圧は，450V以下であること．
八　電路が，管灯回路である場合
2　電路が次の各号のいずれかのものである場合は，前項の規定によらず，当該電路に適用される規定によること．
一　第3項に規定するもの

二 第143条第1項ただし書の規定により施設する，対地電圧が150Vを超える住宅の屋内電路

三 第165条第3項若しくは第4項，第178条第2項，第180条第4項，第187条，第195条，第196条，第197条又は第200条第1項に規定するものの電路

3 高圧又は特別高圧の電路と変圧器によって結合される，使用電圧が300Vを超える低圧の電路には，電路に地絡を生じたときに自動的に電路を遮断する装置を施設すること．ただし，当該低圧電路が次の各号のいずれかのものである場合はこの限りでない．

一 発電所又は変電所若しくはこれに準ずる場所にある電路

二 電気炉，電気ボイラー又は電解槽であって，大地から絶縁することが技術上困難なものに電気を供給する専用の電路

4 高圧又は特別高圧の電路には，36-1表の左欄に掲げる箇所又はこれに近接する箇所に，同表中欄に掲げる電路に地絡を生じたときに自動的に電路を遮断する装置を施設すること．ただし，同表右欄に掲げる場合はこの限りでない．

36-1表

地絡遮断装置を施設する箇所	電路	地絡遮断装置を施設しなくても良い場合
発電所又は変電所若しくはこれに準ずる場所の引出口	発電所又は変電所若しくはこれに準ずる場所から引出される電路	電所又は変電所相互間の電線路が，いずれか一方の発電所又は変電所の母線の延長とみなされるものである場合において，計器用変成器を母線に施設すること等により，当該電線路に地絡を生じた場合に電源側の電路を遮断する装置を施設するとき
他の者から供給を受ける受電点	受電点の負荷側の電路	他の者から供給を受ける電気を全てその受電点に属する受電場所において変成し，又は使用する場合
配電用変圧器（単巻圧器を除く．）の施設箇所	配電用変圧器の負荷側の電路	配電用変圧器の負荷側に地絡を生じた場合に，当該配電用変圧器の施設箇所の電源側の発電所又は変電所で当該電路を遮断する装置を施設するとき

（備考） 引出口とは，常時又は事故時において，発電所又は変電所若しくはこれに準ずる場所から電線路へ電流が流出する場所をいう．

5 低圧又は高圧の電路であって，非常用照明装置，非常用昇降機，誘導灯又は鉄道用信号装置その他その停止が公共の安全の確保に支障を生じるおそれのある機械器具に電気を供給するものには，電路に地絡を生じたときにこれを技術員駐在所に警報する装置を施設する場合は，第1項，第3項及び第4項に規定する装置を施設することを要しない．

3·1·17 避雷器等の施設（解釈第37条）

避雷器（落雷等によって生じる一時的な異常高電圧から機器を守る装置）に関する規定です．

電技第49条も見てね

高圧及び特別高圧の電路中，次の各号に掲げる箇所又はこれに近接する箇所には，避雷器を施設すること．

一 発電所又は変電所若しくはこれに準ずる場所の架空電線の引込口（需要場所の引込口を除く．）及び引出口

二 架空電線路に接続する，第26条に規定する配電用変圧器の高圧側及び特別高圧側

三　高圧架空電線路から電気の供給を受ける受電電力が500 kW 以上の需要場所の引込口

四　特別高圧架空電線路から電気の供給を受ける需要場所の引込口

2　次の各号のいずれかに該当する場合は，前項の規定によらないことができる．

一　前項各号に掲げる箇所に直接接続する電線が短い場合

（二　省略）

3　高圧及び特別高圧の電路に施設する避雷器には，A種接地工事を施すこと．ただし，高圧架空電線路に施設する避雷器（第1項の規定により施設するものを除く．）のA種接地工事を日本電気技術規格委員会規格 JESC E2018(2015)「高圧架空電線路に施設する避雷器の接地工事」の「2. 技術的規定」により施設する場合の接地抵抗値は，第17条第1項第一号の規定によらないことができる．（関連省令第10条，第11条）

3・1・18　サイバーセキュリティの確保（解釈第37条の2）

2016年に施行された規定で，解釈第37条（避雷器等の施設）とは全く関連がありません．「スマートメーターシステム」という語のみ記憶しておいて下さい．

電技第15条の2も見てね

省令第15条の2に規定するサイバーセキュリティの確保は，次の各号によること．

一　**スマートメーターシステム**においては，日本電気技術規格委員会規格 JESC Z0003(2016)「スマートメーターシステムセキュリティガイドライン」によること．

二　電力制御システムにおいては，日本電気技術規格委員会規格 JESC Z0004(2016)「電力制御システムセキュリティガイドライン」によること．

● 試験の直前 ● CHECK!

□ **用語の定義**≫表3.1

□ **電線の接続法**≫引張強さ20%以上減少させない

□ **電路の絶縁**

□ **絶縁性能**≫試験電圧

□ **接地工事**≫A～D種の内容

□ **電気機械器具の熱的強度**

□ **機械器具の施設**

□ **アークを生じる器具の施設**

□ **混触による危険防止施設**≫変圧器へのB種接地工事

□ **変圧器の施設**≫1次側の開閉器および過電流遮断器，B種接地工事

□ **高周波利用設備の障害の防止**

□ **変圧器等からの電磁誘導作用による人の健康影響の防止**≫200 μT 以下

□ **ポリ塩化ビフェニル使用電気機械器具の施設禁止**

□ **過電流遮断器の性能等**≫試験電圧および時間

□ **地絡遮断装置の施設**

□ **避雷器等の施設**

□ **サイバーセキュリティの確保**

国家試験問題

問題 1

次の文章は,「電気設備技術基準の解釈」における用語の定義に関する記述の一部である.

a 「（ア）」とは, 電気を使用するための電気設備を施設した. 1の建物又は1の単位をなす場所をいう.

b 「（イ）」とは,（ア）を含む1の構内又はこれに準ずる区域であって, 発電所, 変電所及び開閉所以外のものをいう.

c 「引込線」とは, 架空引込線及び（イ）の（ウ）の側面等に施設する電線であって, 当該（イ）の引込口に至るものをいう.

d 「（エ）」とは, 人により加工された全ての物体をいう.

e 「（ウ）」とは,（エ）のうち, 土地に定着するものであって, 屋根及び柱又は壁を有するものをいう.

上記の記述中の空白箇所（ア）,（イ）,（ウ）及び（エ）に当てはまる組合せとして, 正しいものを次の(1)～(5)のうちから一つ選べ.

	（ア）	（イ）	（ウ）	（エ）
(1)	需要場所	電気使用場所	工作物	建造物
(2)	電気使用場所	需要場所	工作物	造営物
(3)	需要場所	電気使用場所	建造物	工作物
(4)	需要場所	電気使用場所	造営物	建造物
(5)	電気使用場所	需要場所	造営物	工作物

《H29-6》

解 説

解釈第1条（用語の定義）の一部です.

問題 2

次の文章は,「電気設備技術基準」における電路の絶縁に関する記述の一部である.

"電路は, 大地から絶縁しなければならない. ただし, <u>構造上やむを得ない場合であって通常予見される使用形態を考慮し危険のおそれがない場合</u>, 又は<u>混触による高電圧の侵入等の異常が発生した際の危険を回避するための接地その他の保安上必要な措置を講ずる場合</u>は, この限りでない."

次のaからdのうち, 下線部の場合に該当するものの組み合わせを,「電気設備技術基準の解釈」に基づき, 下記の(1)～(5)のうちから一つ選べ.

a. 架空単線式電気鉄道の帰線

b. 電気炉の炉体及び電源から電気炉用電極に至る導線

c. 電路の中性点に施す接地工事の接地点以外の接地側電路

d. 計器用変成器の2次側電路に施す接地工事の接地点

(1) a, b　　　(2) b, c　　　(3) c, d　　　(4) a, d　　　(5) b, d

《H24-5》

> **解説**
>
> 　問題の最初の部分は電技第5条(電路の絶縁)第1項です．選択肢a〜dは解釈第13条(電路の絶縁)からとなります．それぞれについて解説します．
>
> ａ．解釈第13条(電路の絶縁)に規定されています．帰線は電車の線路のことですが，地上に這わすことで接地に近い状況となっています．絶縁をしてしまうと踏切等で感電事故が起きてしまいます．
>
> ｂ．電気炉への配線には裸電線の使用が認められています(解釈第144条：裸電線の使用制限)が，大地からは絶縁されています．やむを得ない事情にはあたりません．
>
> ｃ．絶縁被覆のある電線を利用する等，やむを得ない事情とは言えません．
>
> ｄ．計器用変成器の接地の条件は，解釈第28条(計器用変成器の2次側電路の接地)に規定があります．接地点を絶縁してしまったのでは接地になりません．

問題3

　「電気設備技術基準の解釈」に基づいて，使用電圧6 600 V，周波数50 Hzの電路に接続する高圧ケーブルの交流絶縁耐力試験を実施する．次の(a)及び(b)の問に答えよ．

　ただし，試験回路は図のとおりとする．高圧ケーブルは3線一括で試験電圧を印加するものとし，各試験機器の損失は無視する．また，被試験体の高圧ケーブルと試験用変圧器の仕様は次のとおりとする．

【高圧ケーブルの仕様】

　ケーブルの種類：6 600 Vトリプレックス形架橋ポリエチレン絶縁ビニルシースケーブル(CVT)

　公称断面積：100 mm^2，ケーブルのこう長：87 m

　1線の対地静電容量：0.45 µF/km

【試験用変圧器の仕様】

　定格入力電圧：AC0 — 120 V，定格出力電圧：AC0 — 12 000 V

　入力電源周波数：50 Hz

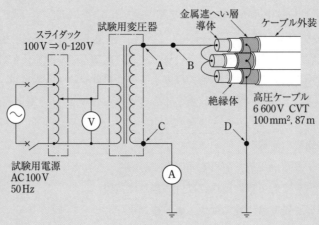

(a) この交流絶縁耐力試験に必要な皮相電力(以下，試験容量という.)の値〔kV・A〕として，最も近いものを次の(1)～(5)のうちから一つ選べ.

(1) 1.4　(2) 3.0　(3) 4.0　(4) 4.8　(5) 7.0

(b) 上記(a)の計算の結果，試験容量が使用する試験用変圧器の容量よりも大きいことがわかった．そこで，この試験回路に高圧補償リアクトルを接続し，試験容量を試験用変圧器の容量より小さくすることができた.

このとき，同リアクトルの接続位置(図中のA～Dのうちの2点間)と，試験用変圧器の容量の値〔kV・A〕の組合せとして，正しいものを次の(1)～(5)のうちから一つ選べ.

ただし，接続する高圧補償リアクトルの仕様は次のとおりとし，接続する台数は1台とする．また，同リアクトルによる損失は無視し，A―B間に同リアクトルを接続する場合は，図中のA―B間の電線を取り除くものとする.

【高圧補償リアクトルの仕様】

定格容量：3.5 kvar，定格周波数：50 Hz，定格電圧：12 000 V

電流：292 mA(12 000 V　50 Hz 印加時)

	高圧補償リアクトル接続位置	試験用変圧器の容量〔kV・A〕
(1)	A―B間	1
(2)	A―C間	1
(3)	C―D間	2
(4)	A―C間	2
(5)	A―B間	3

〈H28-12〉

解説

(a) 交流絶縁耐力試験.

解釈第1条(用語の定義)から，最大使用電圧 $V\max$〔V〕は，

$$V\max = 6\,600 \times \frac{1.15}{1.1} = 6\,900 \text{〔V〕}$$

試験電圧 Vt〔V〕は，解釈第15条(高圧又は特別高圧の電路の絶縁性能)から

$$Vt = V\max \times 1.5 = 10\,350 \text{〔V〕}$$

1線の対地静電容量を C〔F〕とすると，試験時の電流 It〔A〕は，3線分で

$$I_t = 3\omega C\,Vt = 3 \times (2 \times 3.14 \times 50) \times (0.45 \times 10^{-6} \times 87 \times 10^{-3}) \times 10\,350 ≒ 0.3817 \text{〔A〕}$$

以上より皮相電力 P〔VA〕は，

$$P = It \times Vt = 0.3817 \times 10\,350 ≒ 3\,951 \text{〔VA〕}$$

(b) 高圧補償リアクトルの接続

補償リアクトルは，下図の様に試験用変圧器と並列に接続することで，その遅相電流($\dot{I}_L$)がコンデンサの進相電流($\dot{I}_C$)を打ち消し，全体の電流($\dot{I}$)を低減する働きがあります．これによって，試験用変圧器の容量を小さくすることができます.

$\dot{I}_C$ は(a)で計算した I_t となりますから

$$\dot{I_c}=0.3817 〔\text{A}〕$$

与えられた条件から，高圧補償リアクトルの電流は 12 000〔V〕で 292〔mA〕
です．試験電圧 V_t は(a)での計算から 10 350〔V〕ですので，

$$\dot{I_L}=\frac{10\ 350}{12\ 000}\times 0.292 \fallingdotseq 0.2519 〔\text{A}〕$$

電流 $\dot{I}$ は，

$$|\dot{I}|=|\dot{I_c}+\dot{I_L}|=|j0.3817-j0.2519|=0.3817-0.2519=0.1298 〔\text{A}〕$$

以上より容量 Q は

$$Q=|\dot{I}|\times V_t=0.1298\times 10350 \fallingdotseq 1\ 343 〔\text{VA}〕$$

解答は，この値以上の直近のものを選択します．

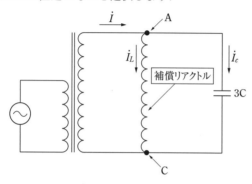

問題4 ☑

　変圧器によって高圧回路に結合されている低圧電路に施設された使用電圧 100〔V〕の金属製外
箱を有する電動ポンプがある．この変圧器のB種接地抵抗値及びその低圧電路に施設された電動ポ
ンプの金属製外箱のD種接地抵抗値に関して，次の(a)及び(b)の問に答えよ．

　ただし，次の条件によるものとする．

　（ア）　変圧器の高圧側電路の1線地絡電流は 3〔A〕とする．

　（イ）　高圧側電路と低圧側電路との混触時に低圧電路の対地電圧が 150〔V〕を超えた場合に，
　　1.2秒で自動的に高圧電路を遮断する装置が設けられている．

(a)　変圧器の低圧側に施されたB種接地工事の接地抵抗値について，「電気設備技術基準の解釈」
　　で許容されている上限の抵抗値〔Ω〕として，最も近いものを次の(1)～(5)のうちから一つ選べ．

　　(1)　10　　　(2)　25　　　(3)　50　　　(4)　75　　　(5)　100

(b)　電動ポンプに完全地絡事故が発生した場合，電動ポンプの金属製外箱の対地電圧を 25〔V〕
　　以下としたい．このための電動ポンプの金属製外箱に施すD種接地工事の接地抵抗値〔Ω〕の上
　　限値として，最も近いものを次の(1)～(5)のうちから一つ選べ．

　　ただし，B種接地抵抗値は，上記(a)で求めた値を使用する．

　　(1)　15　　　(2)　20　　　(3)　25　　　(4)　30　　　(5)　35

《H25-13》

(p.87 の解答)　**問題3** →(a)-(3)，(b)-(4)

解　説

(a)　B種接地工事の接地抵抗値

B種接地工事の接地抵抗値をR_Bとすると，解釈第17条(接地工事の種類及び施設方法)第2項17-1表から

$$R_B = \frac{300}{I_g} = \frac{300}{3} = 100 〔Ω〕$$

(b)　D種接地工事の接地抵抗値

D種接地工事の接地抵抗値をRDとすると，題意，つまり地絡事故時は下図の様になります．等価回路図から次の式が成立します．

$$25 = \frac{R_D}{R_B + R_D} \times 100$$

この式をR_Dについて変形すると

$$R_D = \frac{R_B}{3} = \frac{100}{3} ≒ 33.3 〔Ω〕$$

解答は，この値以下の直近のものを選択します．

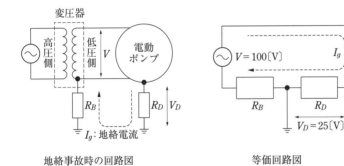

地絡事故時の回路図　　　　　　　　　　等価回路図

第3章　電気設備の技術基準の解釈

問題5

次の文章は，「電気設備技術基準の解釈」に基づく電路に係る部分に接地工事を施す場合の，接地点に関する記述である．

a　電路の保護装置の確実な動作の確保，異常電圧の抑制又は対地電圧の低下を図るために必要な場合は，次の各号に掲げる場所に接地を施すことができる．

①　電路の中性点((ア) 電圧が300 V以下の電路において中性点に接地を施し難いときは，電路の一端子)

②　特別高圧の (イ) 電路

③　燃料電池の電路又はこれに接続する (イ) 電路

b　高圧電路又は特別高圧電路と低圧電路とを結合する変圧器には，次の各号によりB種接地工事を施すこと．

①　低圧側の中性点

②　低圧電路の (ア) 電圧が300 Vの場合において，接地工事を低圧側の中性点に施し難いときは，低圧側の1端子

c　高圧計器用変成器の２次側電路には，　(ウ)　接地工事を施すこと．

d　電子機器に接続する　(ア)　電圧が　(エ)　Ｖ以下の電路，その他機能上必要な場所において，電路に接地を施すことにより，感電，火災その他の危険を生じることのない場合には，電路に接地を施すことができる．

上記の記述中の空白箇所(ア)，(イ)，(ウ)及び(エ)に当てはまる組合せとして，正しいものを次の(1)～(5)のうちから一つ選べ．

	(ア)	(イ)	(ウ)	(エ)
(1)	使用	直流	A種	300
(2)	対地	交流	A種	150
(3)	使用	直流	D種	150
(4)	対地	交流	D種	300
(5)	使用	交流	A種	150

《H28-2》

解説

(a)　解釈第19条(保安上または機能上必要な場合における電路の設置)第1項の規定です．

(b)　解釈第24条(高圧または特別高圧と低圧との混触による危険防止施設)第1項の規定です．

(c)　解釈第28条(計器用変成器の２次側電路の接地)第1項の規定です．

(d)　解釈第19条(保安上または機能上必要な場合における電路の設置)第6項の規定です．

問題6

次の文章は，高圧の機械器具(これに附属する高圧電線であってケーブル以外のものを含む．)の施設(発電所又は変電所，開閉所若しくはこれらに準ずる場所に施設する場合を除く．)の工事例である．その内容として，「電気設備技術基準の解釈」に基づき，不適切なものを次の(1)～(5)のうちから一つ選べ．

(1)　機械器具を屋内であって，取扱者以外の者が出入りできないように措置した場所に施設した．

(2)　工場等の構内において，人が触れるおそれがないように，機械器具の周囲に適当なさく，へい等を設けた．

(3)　工場等の構内以外の場所において，機械器具に充電部が露出している部分があるので，簡易接触防護措置を施して機械器具を施設した．

(4)　機械器具に附属する高圧電線にケーブルを使用し，機械器具を人が触れるおそれがないように地表上5 mの高さに施設した．

(5)　充電部分が露出しない機械器具を温度上昇により，又は故障の際に，その近傍の大地との間に生じる電位差により，人若しくは家畜又は他の工作物に危険のおそれがないように施設した．

《H28-3》

解 説

解釈第21条(高圧の機械器具の施設)からの出題です．充電部分が露出しないように施設することという規定があります．

問題7

　次の文章は，「電気設備技術基準の解釈」における，アークを生じる器具の施設に関する記述である．

　高圧用又は特別高圧用の開閉器，遮断器又は避雷器その他これらに類する器具(以下「開閉器等」という．)であって，動作時にアークを生じるものは，次のいずれかにより施設すること．

a．耐火性のものでアークを生じる部分を囲むことにより，木製の壁又は天井その他の 　(ア)　 から隔離すること．

b．木製の壁又は天井その他の 　(ア)　 との離隔距離を，下表に規定する値以上とすること．

開閉器等の使用電圧の区分		離隔距離
高　圧		(イ)　〔m〕
特別高圧	35 000〔V〕以下	(ウ)　〔m〕(動作時に生じるアークの方向及び長さを火災が発生するおそれがないように制限した場合にあっては，　(イ)　〔m〕)
	35 000〔V〕超過	(ウ)　〔m〕

　上記の記述中の空白箇所(ア)，(イ)及び(ウ)に当てはまる組合せとして，正しいものを次の(1)～(5)のうちから一つ選べ．

	(ア)	(イ)	(ウ)
(1)	可燃性のもの	0.5	1
(2)	造営物	0.5	1
(3)	可燃性のもの	1	2
(4)	造営物	1	2
(5)	造営物	2	3

《H25-5》

解 説

解釈23条(アークを生じる器具の施設)の規定そのものです．

問題8

　次の文章は，「電気設備技術基準の解釈」に基づく，高圧電路又は特別高圧電路と低圧電路とを結合する変圧器(鉄道若しくは軌道の信号用変圧器又は電気炉若しくは電気ボイラーその他の常に電路の一部を大地から絶縁せずに使用する負荷に電気を供給する専用の変圧器を除く．)に施す接地工事に関する記述の一部である．

　高圧電路又は特別高圧電路と低圧電路とを結合する変圧器には，次のいずれかの箇所に 　(ア)　 接地工事を施すこと．

a．低圧側の中性点

b．低圧電路の使用電圧が 　(イ)　 V 以下の場合において，接地工事を低圧側の中性点に施し難い

第3章　電気設備の技術基準の解釈

ときは，[（ウ）]の1端子

c．低圧電路が非接地である場合においては，高圧巻線又は特別高圧巻線と低圧巻線との間に設けた金属製の[（エ）]

上記の記述中の空白箇所（ア），（イ），（ウ）及び（エ）に当てはまる組合せとして，正しいものを次の(1)～(5)のうちから一つ選べ．

	（ア）	（イ）	（ウ）	（エ）
(1)	B種	150	低圧側	混触防止板
(2)	A種	150	低圧側	接地板
(3)	A種	300	高圧側又は特別高圧側	混触防止板
(4)	B種	300	高圧側又は特別高圧側	接地板
(5)	B種	300	低圧側	混触防止板

《H27-5》

解説

解釈第24条（高圧又は特別高圧と低圧との混触による危険防止施設）第1項からの出題です．

問題9

「電気設備技術基準の解釈」に基づく，接地工事に関する記述として，誤っているものを次の(1)～(5)のうちから一つ選べ．

(1) 大地との間の電気抵抗値が2〔Ω〕以下の値を保っている建物の鉄骨その他の金属体は，非接地式高圧電路に施設する機械器具等に施すA種接地工事又は非接地式高圧電路と低圧電路を結合する変圧器に施すB種接地工事の接地極に使用することができる．

(2) 22〔kV〕用計器用変成器の2次側電路には，D種接地工事を施さなければならない．

(3) A種接地工事又はB種接地工事に使用する接地線を，人が触れるおそれがある場所で，鉄柱その他の金属体に沿って施設する場合は，接地線には絶縁電線（屋外用ビニル絶縁電線を除く．）又は通信用ケーブル以外のケーブルを使用しなければならない．

(4) C種接地工事の接地抵抗値は，低圧電路において地絡を生じた場合に，0.5秒以内に当該電路を自動的に遮断する装置を施設するときは，500〔Ω〕以下であること．

(5) D種接地工事の接地抵抗値は，低圧電路において地絡を生じた場合に，0.5秒以内に当該電路を自動的に遮断する装置を施設するときは，500〔Ω〕以下であること．

《H24-6》

解説

(1) 解釈第18条（工作物の金属体を利用した接地工事）第2項の規定をまとめた内容です．

(2) 解釈第28条（計器用変成器の2次側電路の接地）からの出題です．高圧はD種，特別高圧はA種と規定されています．

(p.90〜91の解答)　**問題6** →(3)　**問題7** →(3)　**問題8** →(5)

(3) 解釈第17条(接地工事の種類および施設方法)第1項(A種接地工事)の規定です.

(4) 解釈第17条(接地工事の種類および施設方法)第3項(C種接地工事)の規定です.

(5) 解釈第17条(接地工事の種類および施設方法)第4項(D種接地工事)の規定です.

問題10

次の文章は,「電気設備技術基準の解釈」に基づき,機械器具(小出力発電設備である燃料電池発電設備を除く.)の金属製外箱等に接地工事を施さないことができる場合の記述の一部である.

a.電気用品安全法の適用を受ける ［(ア)］ の機械器具を施設する場合

b.低圧用の機械器具に電気を供給する電路の電源側に ［(イ)］(2次側線間電圧が300〔V〕以下であって,容量が3〔kV・A〕以下のものに限る.)を施設し,かつ,当該 ［(イ)］ の負荷側の電路を接地しない場合

c.水気のある場所以外の場所に施設する低圧用の機械器具に電気を供給する電路に,電気用品安全法の適用を受ける漏電遮断器(定格感度電流が ［(ウ)］〔mA〕以下,動作時間が ［(エ)］ 秒以下の電流動作型のものに限る.)を施設する場合

上記の記述中の空白箇所(ア),(イ),(ウ)及び(エ)に当てはまる組合せとして,正しいものを次の(1)～(5)のうちから一つ選べ.

	(ア)	(イ)	(ウ)	(エ)
(1)	2重絶縁の構造	絶縁変圧器	15	0.3
(2)	2重絶縁の構造	絶縁変圧器	15	0.1
(3)	過負荷保護装置付	絶縁変圧器	30	0.3
(4)	過負荷保護装置付	単巻変圧器	30	0.1
(5)	過負荷保護装置付	単巻変圧器	50	0.1

《H25-4》

解説

解釈第29条(機械器具の金属製外箱等の接地)第2項からの出題です.

問題11

次の文章は,「電気設備技術基準の解釈」に基づく,低圧電路に使用する配線用遮断器の規格に関する記述の一部である.

過電流遮断器として低圧電路に使用する定格電流30〔A〕以下の配線用遮断器(電気用品安全法の適用を受けるもの及び電動機の過負荷保護装置と短絡保護専用遮断器又は短絡保護専用ヒューズを組み合わせた装置を除く.)は,次の各号に適合するものであること.

一 定格電流の ［(ア)］ 倍の電流で自動的に動作しないこと.

二 定格電流の ［(イ)］ 倍の電流を通じた場合において60分以内に,また2倍の電流を通じた場合に ［(ウ)］ 分以内に自動的に動作すること.

　上記の記述中の空白箇所(ア)，(イ)及び(ウ)に当てはまる数値として，正しいものを組み合わせたのは次のうちどれか．

	(ア)	(イ)	(ウ)
(1)	1	1.6	2
(2)	1.1	1.6	4
(3)	1	1.25	2
(4)	1.1	1.25	3
(5)	1	2	2

《H21-5》

解説

　解釈第33条(低圧電路に施設する過電流遮断機の性能等)第3項(配線用遮断器)からの出題です．

問題12

　次の文章は，「電気設備技術基準の解釈」に基づく，高圧又は特別高圧の電路に施設する過電流遮断器に関する記述の一部である．

a．電路に ［(ア)］ を生じたときに作動するものにあっては，これを施設する箇所を通過する ［(ア)］ 電流を遮断する能力を有すること．

b．その作動に伴いその ［(イ)］ 状態を表示する装置を有すること．ただし，その ［(イ)］ 状態を容易に確認できるものは，この限りでない．

c．過電流遮断器として高圧電路に施設する包装ヒューズ(ヒューズ以外の過電流遮断器と組み合わせて1の過電流遮断器として使用するものを除く．)は，定格電流の ［(ウ)］ 倍の電流に耐え，かつ，2倍の電流で ［(エ)］ 分以内に溶断するものであること．

d．過電流遮断器として高圧電路に施設する非包装ヒューズは，定格電流の ［(オ)］ 倍の電流に耐え，かつ，2倍の電流で2分以内に溶断するものであること．

　上記の記述中の空白箇所(ア)，(イ)，(ウ)，(エ)及び(オ)に当てはまる組合せとして，正しいものを次の(1)～(5)のうちから一つ選べ．

	(ア)	(イ)	(ウ)	(エ)	(オ)
(1)	短　絡	異常	1.5	90	1.5
(2)	過負荷	開閉	1.3	150	1.5
(3)	短　絡	開閉	1.3	120	1.25
(4)	過負荷	異常	1.5	150	1.25
(5)	過負荷	開閉	1.3	120	1.5

《H25-6》

解説

　解釈第34条(等圧または特別高圧の電路に施設する過電流遮断機の性能等)からの出題です．

問題 13

「電気設備技術基準の解釈」に基づく地絡遮断装置の施設に関する記述について，次の(a)及び(b)の問に答えよ.

(a)　金属製外箱を有する使用電圧が 60 V を超える低圧の機械器具に接続する電路には，電路に地絡を生じたときに自動的に電路を遮断する装置を原則として施設しなければならないが，この装置を施設しなくてもよい場合として，誤っているものを次の(1)～(5)のうちから一つ選べ.

(1)　機械器具に施された C 種接地工事又は D 種接地工事の接地抵抗値が 3 Ω 以下の場合

(2)　電路の系統電源側に絶縁変圧器(機械器具側の線間電圧が 300 V 以下のものに限る.)を施設するとともに，当該絶縁変圧器の機械器具側の電路を非接地とする場合

(3)　機械器具内に電気用品安全法の適用を受ける過電流遮断器を取り付け，かつ，電源引出部が損傷を受けるおそれがないように施設する場合

(4)　機械器具に簡易接触防護措置(金属製のものであって，防護措置を施す機械器具と電気的に接続するおそれがあるもので防護する方法を除く.)を施す場合

(5)　機械器具を乾燥した場所に施設する場合

(b)　高圧又は特別高圧の電路には，下表の左欄に掲げる箇所又はこれに近接する箇所に，同表中欄に掲げる電路に地絡を生じたときに自動的に電路を遮断する装置を施設すること. ただし，同表右欄に掲げる場合はこの限りでない.

表内の下線部(ア)から(ウ)のうち，誤っているものを次の(1)～(5)のうちから一つ選べ.

表

地絡遮断装置を施設する箇所	電路	地絡遮断装置を施設しなくても良い場合
発電所又は変電所若しくはこれに準ずる場所の引出口	発電所又は変電所若しくはこれに準ずる場所から引出される電路	発電所又は変電所相互間の電線路が，いずれか一方の発電所又は変電所の母線の延長とみなされるものである場合において，計器用変成器を母線に施設すること等により，当該電線路に地絡を生じた場合に電源側(ア)の電路を遮断する装置を施設するとき
他の者から供給を受ける受電点	受電点の負荷側の電路	他の者から供給を受ける電気を全てその受電点に属する受電場所において変成し，又は使用する場合
配電用変圧器(単巻変圧器を除く.)の施設箇所	配電用変圧器の負荷側の電路	配電用変圧器の電源側(イ)に地絡を生じた場合に，当該配電用変圧器の施設箇所の電源側(ウ)の発電所又は変電所で当該電路を遮断する装置を施設するとき

上記表において，引出口とは，常時又は事故時において，発電所又は変電所若しくはこれに準ずる場所から電線路へ電流が流出する場所をいう.

(1)　（ア）のみ

(2)　（イ）のみ

(3)　（ウ）のみ

(4)　（ア）と（イ）の両方

(5)　（イ）と（ウ）の両方

《H28-11》

解説

解釈第36条（地絡遮断装置の施設）からの出題です．

(a)　解釈第36号第1項の規定です．(3)の文中の「過電流遮断機」の部分が誤りで，正しくは「漏電遮断器」です．

(b)　解釈第36号第4項にある36-1表の間違い探しです．（イ）は「電源側」ではなく「負荷側」です．

問題14

「電気設備技術基準の解釈」では，高圧及び特別高圧の電路中の所定の箇所又はこれに近接する箇所には避雷器を施設することとなっている．この所定の箇所に該当するのは次のうちどれか．

(1)　発電所又は変電所の特別高圧地中電線引込口及び引出口

(2)　高圧側が6〔kV〕高圧架空電線路に接続される配電用変圧器の高圧側

(3)　特別高圧架空電線路から供給を受ける需要場所の引込口

(4)　特別高圧地中電線路から供給を受ける需要場所の引込口

(5)　高圧架空電線路から供給を受ける受電電力の容量が300〔kW〕の需要場所の引込口

《H22-5》

解説

解釈第37条（避雷器等の施設）第1項からの出題です．

避雷器は雷対策ですから，基本的に架空電線路が対象となります．また，配電用変圧器については，解釈第26条（特別高圧配電用変圧器の施設）に規定されるものが対象です．(5)は一見良さそうですが，容量500kW以上が対象です．

3・2 発電所ならびに変電所，開閉所およびこれらに準ずる場所の施設　　重要知識

● 出題項目 ● CHECK! ━━━━━━━━━━━━━━━━━━━━━━━━━━━━━

☐ 発電所ならびに変電所，開閉所およびこれらに準ずる場所の施設

3・2・1　発電所等への取扱者以外の者の立入の防止（解釈第38条）

立入禁止に関する規定です．まずは，38-1表を学習してください．

電技第23条も見てね.

高圧又は特別高圧の機器器具及び母線等(以下，この条において「機械器具等」という.)を屋外に施設する発電所又は変電所，開閉所若しくはこれらに準ずる場所(以下，この条において「発電所等」という.)は，次の各号により構内に取扱者以外の者が立ち入らないような措置を講じること．ただし，土地の状況により人が立ち入るおそれがない箇所については，この限りでない.

一　さく，へい等を設けること.

二　特別高圧の機械器具等を施設する場合は，前号のさく，へい等の高さと，さく，へい等から充電部分までの距離との和は，38-1表に規定する値以上とすること.

38-1 表

充電部分の使用電圧の区分	さく，へい等の高さと，さく，へい等から充電部分までの距離との和
35 000 V 以下	5 m
35 000 V を超え 160 000 V 以下	6 m

三　出入口に立入りを禁止する旨を表示すること.

四　出入口に施錠装置を施設して施錠する等，取扱者以外の者の出入りを制限する措置を講じること.

2　高圧又は特別高圧の機械器具等を屋内に施設する発電所等は，次の各号により構内に取扱者以外の者が立ち入らないような措置を講じること．ただし，前項の規定により施設したさく，へいの内部については，この限りでない.

一　次のいずれかによること.

　イ　堅ろうな壁を設けること.

　ロ　さく，へい等を設け，当該さく，へい等の高さと，さく，へい等から充電部分までの距離との和を，38-1表に規定する値以上とすること.

二　前項第三号及び第四号の規定に準じること.

3　高圧又は特別高圧の機械器具等を施設する発電所等を次の各号のいずれかにより施設する場合は，第1項及び第2項の規定によらないことができる.

一　工場等の構内において，次により施設する場合

　イ　構内境界全般にさく，へい等を施設し，一般公衆が立ち入らないように施設すること.

　ロ　危険である旨の表示をすること.

　(ハ，ニ　省略)

二　次により施設する場合

　イ　高圧の機械器具等は，次のいずれかによること.

　(イ)　第21条第四号の規定に準じるとともに，機器器具等を収めた箱を施錠すること.

　(ロ)　第21条第五号(ロを除く.)の規定に準じて施設すること.

　ロ　特別高圧の機械器具等は，次のいずれかによること.
　（イ）　次によること.
　（1）　機械器具を絶縁された箱又は<u>A種接地工事を施した金属製の箱に収め，かつ，充電部分が露出しないように施設すること</u>.
　（2）　機械器具等を収めた箱を施錠すること.
　（ロ）　第22条第1項第五号の規定に準じて施設すること.
　ハ　危険である旨の表示をすること.
　ニ　高圧又は特別高圧の機械器具相互を接続する電線（隣接して施設する機械器具相互を接続するものを除く.）であって，取扱者以外の者が立ち入る場所に施設するものは，第3章の規定に準じて施設すること.

3・2・2　変電所等からの電磁誘導作用による人の健康影響の防止（解釈第39条）

商用周波数とは，50 Hz または 60 Hz だよ.

　電磁誘導によってどういった健康被害があるのかは不明な部分が多く，現在でも研究が続けられています. 商用周波数による磁束密度が 200 μT 以下であることのみ規定されていて，高調波等による影響には触れられていません. 第2項以降にその測定手法が規定されていますが，そこまで記憶する必要は無いかと思いますので省略します.

　変電所又は開閉所（以下この条において「変電所等」という.）から発生する磁界は，第3項に掲げる測定方法により求めた磁束密度の測定値（実効値）が，商用周波数において 200 μT 以下であること. ただし，田畑，山林その他の人の往来が少ない場所において，人体に危害を及ぼすおそれがないように施設する場合は，この限りでない.
（以降省略）

3・2・3　保護装置（解釈第42条～第44条）

表中の単位は，有効電力〔W〕，皮相電力〔VA〕，無効電力〔var〕だよ.

　解釈第42条～第44条までの保護装置に関する規定を表3.6にまとめました.

表 3.6　保護装置

対象となる設備	規定
発電機 （解釈第42条）	次の各号に掲げる場合に，発電機を<u>自動的に電路から遮断する装置を施設すること</u>. 一　発電機に過電流を生じた場合 二　容量が 500 kVA 以上の発電機を駆動する水車の圧油装置の油圧又は電動式ガイドベーン制御装置，電動式ニードル制御装置若しくは電動式デフレクタ制御装置の<u>電源電圧が著しく低下した場合</u> 三　容量が 100 kVA 以上の発電機を駆動する風車の圧油装置の油圧，圧縮空気装置の空気圧または電動式ブレード制御装置の電源電圧が著しく低下した場合 四　容量が 2 000 kVA 以上の水車発電機の<u>スラスト軸受の温度が著しく上昇した場合</u> 五　容量が 10 000 kVA 以上の発電機の内部に故障を<u>生じた場合</u> （六　省略）

特別高圧の変圧器 (解釈第 43 条第 1 項)	特別高圧の変圧器には，次の各号により保護装置を施設すること． 一　43-1 表に規定する装置を施設すること．ただし，変圧器の内部に故障を生じた場合に，当該変圧器の電源となっている発電機を自動的に停止するように施設する場合においては，当該発電機の電路から遮断する装置を設けることを要しない．

43-1 表

変圧器のバンク容量	動作条件	装置の種類
5 000 kVA 以上 10 000 kVA 未満	変圧器内部故障	自動遮断装置または警報装置
10 000 kVA 以上	同上	自動遮断装置

二　他冷式(変圧器の巻線および鉄心を直接冷却するため封入した冷媒を強制循環させる冷却方式をいう．)の特別高圧用変圧器には，冷却装置が故障した場合，または変圧器の温度が著しく上昇した場合にこれを警報する装置を施設すること．

特別高圧の調相設備 (解釈第 43 条第 2 項)	特別高圧の調相設備には，43-2 表に規定する保護装置を施設すること．

43-2 表

調相設備の種類	バンク容量	自動的に電路から遮断する装置
電力用コンデンサまたは分路リアクトル	500 kvar を超え 15 000 kvar 未満	内部に故障を生じた場合に動作する装置または過電流を生じた場合に動作する装置
	15 000 kvar 以上	内部に故障を生じた場合に動作する装置および過電流を生じた場合に動作する装置または過電圧を生じた場合に動作する装置
調相機	15 000 kVA 以上	内部に故障を生じた場合に動作する装置

蓄電池 (解釈第 44 条)	発電所または変電所もしくはこれに準ずる場所に施設する蓄電池(常用電源の停電時または電圧低下発生時の非常用予備電源として用いるものを除く．)には，次の各号に掲げる場合に，自動的にこれを電路から遮断する装置を施設すること． 一　蓄電池に過電圧が生じた場合 二　蓄電池に過電流が生じた場合 三　制御装置に異常が生じた場合 四　内部温度が高温のものにあっては，断熱容器の内部温度が著しく上昇した場合

第 3 章　電気設備の技術基準の解釈

3・2・4　燃料電池等の施設(解釈第 45 条)

　水素などの燃料を電気化学反応させることで電気エネルギーを取り出すものが燃料電池です．

電気分解の逆が燃料電池の原理だよ

燃料電池発電所に施設する燃料電池，電線及び開閉器その他器具は，次の各号によること．
一　燃料電池には，次に掲げる場合に燃料電池を自動的に回路から遮断し，また，燃料電池内の燃料ガスの供給を自動的に遮断するとともに，燃料電池内の燃料ガスを自動的に排除する装置を施設すること．ただし，発電用火力設備に関する技術基準を定める省令（平成9年通商産業省令第51号）第35条ただし書きに規定する構造を有する燃料電池設備については，燃料電池内の燃料ガスを自動的に排除する装置を施設することを要しない．
　イ　燃料電池に過電流が生じた場合
　ロ　発電要素の発電電圧に異常低下が生じた場合，又は燃料ガス出口における酸素濃度若しくは空気出口における燃料ガス濃度が著しく上昇した場合
　ハ　燃料電池の温度が著しく上昇した場合
二　充電部分が露出しないように施設すること．
三　直流幹線部分の電路に短絡を生じた場合に，当該電路を保護する過電流遮断器を施設すること．ただし，次のいずれかの場合は，この限りでない．（関連省令第14条）
　イ　電路が短絡電流に耐えるものである場合
　ロ　燃料電池と電力変換装置とが1の筐体に収められた構造のものである場合
四　燃料電池及び開閉器その他の器具に電線を接続する場合は，ねじ止めその他の方法により，堅ろうに接続するとともに，電気的に完全に接続し，接続点に張力が加わらないように施設すること．（関連省令第7条）

3·2·5　太陽電池発電所等の電線等の施設（解釈第46条）

　電線の規定のみとし，太陽電池モジュールの支持物に関する規定については省略しました．

太陽電池発電所に施設する高圧の直流電路の電線（電気機械器具内の電線を除く．）は，高圧ケーブルであること．ただし，取扱者以外の者が立ち入らないような措置を講じた場所において，次の各号に適合する太陽電池発電設備用直流ケーブルを使用する場合は，この限りでない．
一　使用電圧は，直流1500V以下であること．
二　構造は，絶縁物で被覆した上を外装で保護した電気導体であること．
三　導体は，断面積60mm^{2}以下の別表第1に規定する軟銅線又はこれと同等以上の強さのものであること．
四　絶縁体は，次に適合するものであること．
　イ　材料は，架橋ポリオレフィン混合物，架橋ポリエチレン混合物又はエチレンゴム混合物であること．
　ロ　厚さは，46-1表に規定する値を標準値とし，その平均値が標準値以上，その最小値が標準値の90%から0.1mmを減じた値以上であること．

46-1表

導体の公称断面積（mm^2）	絶縁体の厚さ（mm）
2以上14以下	0.7
14を超え38以下	0.9
38を超え60以下	1.0

　ハ　日本工業規格 JIS C 3667（2008）「定格電圧1kV〜30kVの押出絶縁電力ケーブル及びその附属品−定格電圧0.6/1kVのケーブル」の「18.3 老化前後の絶縁体の機械的特性の測定試験」の試験方法により試験をしたとき，次に適合するものであること．
　（イ）室温において引張強さ及び伸びの試験を行ったとき，引張強さが6.5N/mm^{2}以上，伸びが125%

以上であること．

　（ロ）　150℃に168時間加熱した後に（イ）の試験を行ったとき，引張強さが（イ）の試験の際に得た値の70％以上．

五　外装は，次に適合するものであること．

　イ　材料は，架橋ポリオレフィン混合物，架橋ポリエチレン混合物又はエチレンゴム混合物であって，日本工業規格 JIS C 3667（2008）「定格電圧 1 kV～30 kV の押出絶縁電力ケーブル及びその附属品—定格電圧 0.6/1 kV のケーブル」の「18.4 老化前後の非金属シースの機械的特性の測定試験」の試験方法により試験を行ったとき，次に適合するものであること．

　（イ）　室温において引張強さ及び伸びの試験を行ったとき，引張強さが 8.0 N/mm^2 以上，伸びが 125 ％以上であること．

　（ロ）　150℃に168時間加熱した後に（イ）の試験を行ったとき，引張強さが（イ）の試験の際に得た値の70％以上，伸びが（イ）の試験の際に得た値の 70 ％以上であること．

　ロ　厚さは，次の計算式により計算した値を標準値とし，その平均値が標準値以上，その最小値が標準値の 85 ％から 0.1 mm を減じた値以上であること．t＝0.035 D＋1.0 t は，外装の厚さ（単位：mm．小数点二位以下は四捨五入する．）D は，丸形のものにあっては外装の内径，その他のものにあっては外装の内短径と内長径の和を 2 で除した値（単位：mm）

六　完成品は，次に適合するものであること．

　イ　清水中に 1 時間浸した後，導体と大地との間に 15 000 V の直流電圧又は 6 500 V の交流電圧を連続して 5 分間加えたとき，これに耐える性能を有すること．

　ロ　イの試験の後において，導体と大地との間に 100 V の直流電圧を 1 分間加えた後に測定した絶縁体の絶縁抵抗が 1 000 MΩ-km 以上であること．

（ハ，ニ，ホ，ヘ，ト　省略）

（第 2 項，第 3 項　太陽電池モジュールの支持物　省略）

3·2·6　常時監視をしない発電所の施設（解釈第47条）

　技術員が現場で直接的に常時監視をしない場合の運転状態の監視には，「随時巡回方式」「随時監視制御方式」「遠隔常時監視制御方式」の三つがあります．第一項（技術員が当該発電所又はこれと同一の構内において常時監視をしない発電所は，次の各号によること．）ではその内容が規定されています．表 3.7 にその内容をまとめておきます．まずは，各方式のイの規定を押さえて下さい．（第 2 項は省略）

常時監視って，いつでも現場に人が居るってことだね

表 3.7　監視制御方式

技術員が当該発電所又はこれと同一の構内において常時監視をしない発電所は，次の各号によること．

二　随時巡回方式
　イ　技術員が，適当な間隔をおいて発電所を巡回し，運転状態の監視を行うものであること．
　ロ　発電所は，電気の供給に支障を及ぼさないよう，次に適合するものであること．
　（イ）　当該発電所に異常が生じた場合に，一般送配電事業者が電気を供給する需要場所（当該発電所と同一の構内またはこれに準ずる区域にあるものを除く．）が停電しないこと．
　（ロ）　当該発電所の運転または停止により，一般送配電事業者が運用する電力系統の電圧および周波数の維持に支障を及ぼさないこと．
　ハ　発電所に施設する変圧器の使用電圧は，170 000 V 以下であること．

三　随時監視制御方式

イ　技術員が，必要に応じて発電所に出向き，運転状態の監視又は制御その他必要な措置を行うものであること．

ロ　次の場合に，技術員へ警報する装置を施設すること．

（イ）　発電所内(屋外であって，変電所もしくは開閉所またはこれらに準ずる機能を有する設備を施設する場所を除く.)で火災が発生した場合

（ロ）　他冷式(変圧器の巻線及び鉄心を直接冷却するため封入した冷媒を強制循環させる冷却方式をいう．以下，この条において同じ.)の特別高圧用変圧器の冷却装置が故障した場合または温度が著しく上昇した場合

（ハ）　ガス絶縁機器(圧力の低下により絶縁破壊等を生じるおそれのないものを除く.)の絶縁ガスの圧力が著しく低下した場合

（ニ）　第3項から第10項までにおいてそれぞれ規定する，発電所の種類に応じ警報を要する場合

ハ　発電所の出力が2 000 kW未満の場合においては，ロの規定における技術員への警報を，技術員に連絡するための補助員への警報とすることができる．

ニ　発電所に施設する変圧器の使用電圧は，170 000 V以下であること．

四　遠隔常時監視制御方式

イ　技術員が，制御所に常時駐在し，発電所の運転状態の監視および制御を遠隔で行うものであること．

ロ　前号ロ(イ)から(ニ)までに掲げる場合に，制御所へ警報する装置を施設すること．

ハ　制御所には，次に掲げる装置を施設すること．

（イ）　発電所の運転および停止を，監視および操作する装置(地熱発電所にあっては，運転を操作する装置を除く.)

（(ロ)　(ハ)　省略)

ここからは，発電所の種類別の規定です．

第3項は水力発電所の施設についての規定です．表3.8にまとめておきます．

表3.8　水力発電所の施設

一　随時巡回方式

イ　発電所の出力は，2 000 kW未満であること．

ロ　水車および発電機には，自動出力調整装置または出力制限装置(自動負荷調整装置または負荷制限装置を含む.)を施設すること．ただし，水車への水の流入量が固定され，おのずから出力が制限される場合はこの限りでない．

ハ　次に掲げる場合に，発電機を電路から自動的に遮断するとともに，水車への水の流入を自動的に停止する装置を施設すること．ただし，47-1表の左欄に掲げる場合に同表右欄に掲げる条件に適合するときは同表左欄に掲げる場合に，または水車のスラスト軸受が構造上過熱のおそれがないものである場合は(ニ)の場合に，水車への水の流入を自動的に停止する装置を施設しないことができる．

（イ）　水車制御用の圧油装置の油圧または電動式制御装置の電源電圧が著しく低下した場合

（ロ）　水車の回転速度が著しく上昇した場合

（ハ）　発電機に過電流が生じた場合

（ニ）　定格出力が500 kW以上の水車またはその水車に接続する発電機の軸受の温度が著しく上昇した場合

（ホ）　容量が2 000 kVA以上の発電機の内部に故障を生じた場合

（ヘ）　他冷式の特別高圧用変圧器の冷却装置が故障した場合または温度が著しく上昇した場合

二　随時監視制御方式

イ　前号ロの規定に準じること．

ロ　前号ハ(イ)から(ホ)までに掲げる場合に，発電機を電路から自動的に遮断するとともに，水車への水の流入を自動的に停止する装置を施設すること．ただし，47-1表の左欄に掲げる場合に同表右欄に掲げる

条件に適合するときは同表左欄に掲げる場合に，または水車のスラスト軸受が構造上過熱のおそれがないものである場合は(ニ)の場合に，水車への水の流入を自動的に停止する装置を施設しないことができる.

ハ 第1項第三号ロ(ニ)の規定における「発電所の種類に応じ警報を要する場合」は，次に掲げる場合であること.

(イ) 水車が異常により自動停止した場合

(ロ) 運転操作に必要な遮断器(当該遮断器の遮断により水車が自動停止するものを除く.)が異常により自動的に遮断した場合(遮断器が自動的に再閉路した場合を除く.)

(ハ) 発電所の制御回路の電圧が著しく低下した場合

ニ 47-2表の左欄に掲げる場合に同表右欄に掲げる動作をする装置を施設するときは，同表左欄に掲げる場合に警報する装置を施設しないことができる.

三 遠隔常時監視制御方式

イ 前号ロの規定に準じること.

ロ 前号ハおよびニの規定は，制御所へ警報する場合に準用する.

ハ 第1項第四号ハ(ハ)の規定における「発電所の種類に応じ必要な装置」は，水車及び発電機の出力の調整を行う装置であること.

47-1 表

場合	条件
(イ)	無拘束回転を停止できるまでの間，回転部が構造上安全であり，かつ，この間の下流への放流により人体に危害を及ぼしまたは物件に損傷を与えるおそれのないこと.
(ロ)	
(ハ)	次のいずれかに適合すること. (1) 無拘束回転を停止できるまでの間，回転部が構造上安全であり，かつ，この間の下流への放流により人体に危害を及ぼしまたは物件に損傷を与えるおそれのないこと. (2) 水の流入を制限することにより水車の回転速度を適切に維持する装置及び発電機を自動的に無負荷かつ無励磁にする装置を施設すること.

47-2 表

場合	条件
第3項第二号ハ(ハ)	発電機および変圧器を電路から自動的に遮断するとともに，水車への水の流入を自動的に停止する.
第1項第三号ロ(ロ)	発電機および当該設備を電路から自動的に遮断するとともに，水車への水の流入を自動的に停止する.
第1項第三号ロ(ハ)	

第4項は，風力発電所の施設についての規定です. 表3.9にまとめておきます.

表3.9 風力発電所の施設

一 随時巡回方式 イ 風車および発電機には，自動出力調整装置または出力制限装置を施設すること. ただし，風車及び発電機がいかなる風速においても定格出力を超えて発電することのない構造のものである場合は，この限りでない. ロ 次に掲げる場合に，<u>発電機を電路から自動的に遮断するとともに，風車の回転を自動的に停止する装置を施設すること.</u> (イ) 風車制御用の圧油装置の油圧，圧縮空気制御装置の空気圧または電動式制御装置の電源電圧が著しく低下した場合 (ロ) 風車の回転速度が著しく上昇した場合

（ハ）　発電機に過電流が生じた場合

（ニ）　風車を中心とする，半径が風車の最大地上高に相当する長さ（50 m 未満の場合は 50 m）の円の内側にある区域（以下この項において「風車周辺区域」という。）において，次の式により計算した値が 0.25 以上である場所に施設するものであって，定格出力が 10 kW 以上の風車の主要な軸受またはその付近の軸において回転中に発生する振動の振幅が著しく増大した場合

$$\frac{風車周辺区域のうち，当該発電所以外の造営物で覆われている面積}{風車周辺区域の面積（道路の部分を除く．）}$$

（ホ）　定格出力が 500 kW（（ニ）に規定する場所に施設する場合は 100 kW）以上の風車またはその風車に接続する発電機の軸受の温度が著しく上昇した場合

（ヘ）　容量が 2 000 kVA 以上の発電機の内部に故障を生じた場合

（ト）　他冷式の特別高圧用変圧器の冷却装置が故障した場合または温度が著しく上昇した場合

二　随時監視制御方式

　イ　前号イの規定に準じること．

　ロ　前号ロ（イ）から（ヘ）までに掲げる場合に，発電機を電路から自動的に遮断するとともに，風車の回転を自動的に停止する装置を施設すること．

　ハ　第1項第三号ロ（ニ）の規定における「発電所の種類に応じ警報を要する場合」は，次に掲げる場合であること．

　　（イ）　風車が異常により自動停止した場合

　　（ロ）　運転操作に必要な遮断器（当該遮断器の遮断により風車が自動停止するものを除く．）が異常により自動的に遮断した場合（遮断器が自動的に再閉路した場合を除く．）

　　（ハ）　発電所の制御回路の電圧が著しく低下した場合

　ニ　47-3 表の左欄に掲げる場合に同表右欄に掲げる動作をする装置を施設するときは，同表左欄に掲げる場合に警報する装置を施設しないことができる．

三　遠隔常時監視制御方式

　イ　前号ロの規定に準じること．

　ロ　前号ハおよびニの規定は，制御所へ警報する場合に準用する．

　ハ　第1項第四号ハ（ハ）の規定における「発電所の種類に応じ必要な装置」は，風車および発電機の出力の調整を行う装置であること．

47-3 表

場合	条件
第4項第二号ハ（ハ）	発電機および変圧器を電路から自動的に遮断するとともに，風車の回転を自動的に停止する．
第1項第三号ロ（ロ）	発電機および当該設備を電路から自動的に遮断するとともに，風車の回転を自動的に
第1項第三号ロ（ハ）	停止する．

　第5項は，太陽電池発電所の施設についての規定です．表 3.10 にまとめておきます．

表 3.10　太陽電池発電所の施設

一　随時巡回方式
他冷式の特別高圧用変圧器の冷却装置が故障したときまたは温度が著しく上昇したときに，逆変換装置の運転を自動停止する装置を施設すること．
二　随時監視制御方式
　イ　第1項第三号ロ（ニ）の規定における「発電所の種類に応じ警報を要する場合」は，次に掲げる場合であ

ること．
　（イ）　逆変換装置の運転が異常により自動停止した場合
　（ロ）　運転操作に必要な遮断器（当該遮断器の遮断により逆変換装置の運転が自動停止するものを除く．）
　　　　が異常により自動的に遮断した場合（遮断器が自動的に再閉路した場合を除く．）
　ロ　47-4 表の左欄に掲げる場合に同表右欄に掲げる動作をする装置を施設するときは，同表左欄に掲げる
　　　場合に警報する装置を施設しないことができる．
三　遠隔常時監視制御方式
前号イおよびロの規定は，制御所へ警報する場合に準用する．

47-4 表

場合	条件
第 1 項第三号ロ（ロ）	当該設備を電路から自動的に遮断するとともに，逆変換装置の運転を自動停止する．
第 1 項第三号ロ（ハ）	

　第 6 項は，燃料電池発電所の施設についての規定です．表 3.11 にまとめて
おきます．

表 3.11　燃料電池発電所の施設

一　随時巡回方式
　イ　燃料電池の形式は，次のいずれかであること．
　（イ）　りん酸形
　（ロ）　固体高分子形
　（ハ）　溶融炭酸塩形であって，改質方式が内部改質形のもの
　（ニ）　固体酸化物形であって，取扱者以外の者が高温部に容易に触れるおそれがないように施設するもの
　　　　であるとともに，屋内その他酸素欠乏の発生のおそれのある場所に設置するものにあっては，給排気
　　　　部を適切に施設したもの
　ロ　燃料電池の燃料・改質系統設備の圧力は，0.1 MPa 未満であること．ただし，合計出力が 300 kW 未満
　　　の固体酸化物型の燃料電池であって，かつ，燃料を通ずる部分の管に，動力源喪失時に自動的に閉じる自
　　　動弁を 2 個以上直列に設置している場合は，燃料・改質系統設備の圧力は，1 MPa 未満とすることがで
　　　きる．
　ハ　燃料電池には，自動出力調整装置または出力制限装置を施設すること．
　ニ　次に掲げる場合に燃料電池を自動停止する（燃料電池を電路から自動的に遮断し，燃料電池，燃料・改
　　　質系統設備および燃料気化器への燃料の供給を自動的に遮断するとともに，燃料電池及び燃料・改質系統
　　　設備の内部の燃料ガスを自動的に排除することをいう．以下この項において同じ．）装置を施設すること．
　　　ただし，発電用火力設備に関する技術基準を定める省令第 35 条ただし書きに規定する構造を有する燃料
　　　電池発電設備については，燃料電池及び燃料・改質系統設備の内部の燃料ガスを自動的に排除する装置を
　　　施設しないことができる．
　（イ）　発電所の運転制御装置に異常が生じた場合
　（ロ）　発電所の制御回路の電圧が著しく低下した場合
　（ハ）　発電所制御用の圧縮空気制御装置の空気圧が著しく低下した場合
　（ニ）　設備内の燃料ガスを排除するための不活性ガス等の供給圧力が，著しく低下した場合
　（ホ）　固体酸化物形の燃料電池において，筐体内の温度が著しく上昇した場合
　（ヘ）　他冷式の特別高圧用変圧器の冷却装置が故障したときまたは温度が著しく上昇した場合
二　随時監視制御方式
　イ　前号イからハまでの規定に準じること．
　ロ　前号ニ（イ）から（ホ）までに掲げる場合に，燃料電池を自動停止する装置を施設すること．ただし，発電

用火力設備に関する技術基準を定める省令第35条ただし書きに規定する構造を有する燃料電池発電設備については，燃料電池および燃料・改質系統設備の内部の燃料ガスを自動的に排除する装置を施設しないことができる．

ハ　第1項第三号ロ(ニ)の規定における「発電所の種類に応じ警報を要する場合」は，次に掲げる場合であること．

（イ）　燃料電池が異常により自動停止した場合

（ロ）　運転操作に必要な遮断器(当該遮断器の遮断により燃料電池を自動停止するものを除く．)が異常により自動的に遮断した場合(遮断器が自動的に再閉路した場合を除く．)

ニ　47-5表の左欄に掲げる場合に同表右欄に掲げる動作をする装置を施設するときは，同表左欄に掲げる場合に警報する装置を施設しないことができる．

三　遠隔常時監視制御方式

イ　第一号イ，ロおよび前号ロの規定に準じること．

ロ　前号ハおよびニの規定は，制御所へ警報する場合に準用する．

ハ　第1項第四号ハ(ハ)の規定における「発電所の種類に応じ必要な装置」は，燃料電池の出力の調整を行う装置であること．

47-5表

場合	条件
第1項第三号ロ(ロ)	当該設備を電路から自動的に遮断するとともに，燃料電池を自動停止する．
第1項第三号ロ(ハ)	

　第7項は，地熱発電所の施設についての規定です．表3.12にまとめておきます．この規定には随時巡回方式がありません．

随時巡回方式が無いんだね

表3.12　地熱発電所の施設

一　随時監視制御方式

イ　蒸気タービンおよび発電機には，自動出力調整装置又は出力制限装置を施設すること．

ロ　次に掲げる場合に，発電機を電路から自動的に遮断するとともに，蒸気タービンへの蒸気の流入を自動的に停止する装置を施設すること．

（イ）　蒸気タービン制御用の圧油装置の油圧，圧縮空気制御装置の空気圧または電動式制御装置の電源電圧が著しく低下した場合

（ロ）　蒸気タービンの回転速度が著しく上昇した場合

（ハ）　発電機に過電流が生じた場合

（ニ）　定格出力が500 kW以上の蒸気タービンまたはその蒸気タービンに接続する発電機の軸受の温度が著しく上昇した場合

（ホ）　容量が2 000 kVA以上の発電機の内部に故障を生じた場合

（ヘ）　発電所の制御回路の電圧が著しく低下した場合

ハ　第1項第三号ロ(ニ)の規定における「発電所の種類に応じ警報を要する場合」は，次に掲げる場合であること．

（イ）　蒸気タービンが異常により自動停止した場合

（ロ）　運転操作に必要な遮断器(当該遮断器の遮断により蒸気タービンが自動停止するものを除く．)が異常により自動的に遮断した場合(遮断器が自動的に再閉路した場合を除く．)

ニ　47-6表の左欄に掲げる場合に同表右欄に掲げる動作をする装置を施設するときは，同表左欄に掲げる場合に警報する装置を施設しないことができる．

二　遠隔常時監視制御方式

イ　前号ロの規定に準じること．

ロ　前号ハおよびニの規定は，制御所へ警報する場合に準用する．

47-6 表

場合	条件
第1項第三号ロ(ロ)	発電機および当該設備を電路から自動的に遮断するとともに，蒸気タービンへの蒸気の流入を自動的に停止する．
第1項第三号ロ(ハ)	

　第8項は，内燃力発電所(第11項の規定により施設する移動用発電設備を除く．)の施設についての規定です．表3.13にまとめておきます．

表 3.13　内燃力発電所の施設

一　随時巡回方式
　イ　発電所の出力は，1 000 kW 未満であること．
　ロ　内燃機関および発電機には，自動出力調整装置または出力制限装置を施設すること．
　ハ　次に掲げる場合に，<u>発電機を電路から自動的に遮断するとともに，内燃機関への燃料の流入を自動的に停止する装置を施設すること．</u>
　　(イ)　内燃機関制御用の圧油装置の油圧，圧縮空気制御装置の空気圧または電動式制御装置の電源電圧が著しく低下した場合
　　(ロ)　内燃機関の回転速度が著しく上昇した場合
　　(ハ)　発電機に過電流が生じた場合
　　(ニ)　内燃機関の軸受の潤滑油の温度が著しく上昇した場合
　　(ホ)　定格出力 500 kW 以上の内燃機関に接続する発電機の軸受の温度が著しく上昇した場合
　　(ヘ)　内燃機関の冷却水の温度が著しく上昇した場合または冷却水の供給が停止した場合
　　(ト)　内燃機関の潤滑油の圧力が著しく低下した場合
　　(チ)　発電所の制御回路の電圧が著しく低下した場合
　　(リ)　他冷式の特別高圧用変圧器の冷却装置が故障した場合または温度が著しく上昇した場合
　　(ヌ)　発電所内(屋外であって，変電所もしくは開閉所またはこれらに準ずる機能を有する設備を施設する場所を除く．)で火災が発生した場合
　　(ル)　内燃機関の燃料油面が異常に低下した場合
二　随時監視制御方式
　イ　前号ロの規定に準じること．
　ロ　次に掲げる場合に，発電機を電路から自動的に遮断するとともに，内燃機関への燃料の流入を自動的に停止する装置を施設すること．
　　(イ)　前号ハ(イ)から(チ)までに掲げる場合
　　(ロ)　容量が 2 000 kVA 以上の発電機の内部に故障を生じた場合
　ハ　第1項第三号ロ(ニ)の規定における「発電所の種類に応じ警報を要する場合」は，次に掲げる場合であること．
　　(イ)　内燃機関が異常により自動停止した場合
　　(ロ)　運転操作に必要な遮断器(当該遮断器の遮断により内燃機関が自動停止するものを除く．)が異常により自動的に遮断した場合(遮断器が自動的に再閉路した場合を除く．)
　　(ハ)　内燃機関の燃料油面が異常に低下した場合
　ニ　47-7 表の左欄に掲げる場合に同表右欄に掲げる動作をする装置を施設するときは，同表左欄に掲げる場合に警報する装置を施設しないことができる．
三　遠隔常時監視制御方式
　イ　前号ロの規定に準じること．
　ロ　前号ハおよびニの規定は，制御所へ警報する場合に準用する．
　ハ　第1項第四号ハ(ハ)の規定における「発電所の種類に応じ必要な装置」は，内燃機関および発電機の出力の調整を行う装置であること．

47-7 表

場合	条件
第8項第二号ハ(ハ)	発電機を電路から自動的に遮断するとともに，内燃機関への燃料の流入を自動的に停止する．
第1項第三号ロ(ロ)	発電機および当該設備を電路から自動的に遮断するとともに，内燃機関への燃料の流入を自動的に停止する．
第1項第三号ロ(ハ)	

　第9項は，ガスタービン発電所の施設についての規定です．表3.14にまとめておきます．

表3.14　ガスタービン発電所の施設

一　随時巡回方式
　イ　発電所の出力は，10 000 kW 未満であること．
　ロ　ガスタービン及び発電機には，自動出力調整装置または出力制限装置を施設すること．
　ハ　次に掲げる場合に，発電機を電路から自動的に遮断するとともに，ガスタービンへの燃料の流入を自動的に停止する装置を施設すること．
　　（イ）　ガスタービン制御用の圧油装置の油圧，圧縮空気制御装置の空気圧または電動式制御装置の電源電圧が著しく低下した場合
　　（ロ）　ガスタービンの回転速度が著しく上昇した場合
　　（ハ）　発電機に過電流が生じた場合
　　（ニ）　ガスタービンの軸受の潤滑油の温度が著しく上昇した場合(軸受のメタル温度を計測する場合は，軸受のメタル温度が著しく上昇した場合でも良い.)
　　（ホ）　定格出力 500 kW 以上のガスタービンに接続する発電機の軸受の温度が著しく上昇した場合
　　（ヘ）　容量が 2 000 kVA 以上の発電機の内部に故障を生じた場合
　　（ト）　ガスタービン入口(入口の温度の測定が困難な場合は出口)におけるガスの温度が著しく上昇した場合
　　（チ）　ガスタービンの軸受の入口における潤滑油の圧力が著しく低下した場合
　　（リ）　発電所の制御回路の電圧が著しく低下した場合
　　（ヌ）　他冷式の特別高圧用変圧器の冷却装置が故障した場合または温度が著しく上昇した場合
　　（ル）　発電所内(屋外であって，変電所もしくは開閉所またはこれらに準ずる機能を有する設備を施設する場所を除く.)で火災が発生した場合
　　（ヲ）　ガスタービンの燃料油面が異常に低下した場合
　　（ワ）　ガスタービンの空気圧縮機の吐出圧力が著しく上昇した場合
二　随時監視制御方式
　イ　前号イおよびロの規定に準じること．
　ロ　前号ハ(イ)から(リ)までに掲げる場合に，発電機を電路から自動的に遮断するとともに，ガスタービンへの燃料の流入を自動的に停止する装置を施設すること．
　ハ　第1項第三号ロ(ニ)の規定における「発電所の種類に応じ警報を要する場合」は，次に掲げる場合であること．
　　（イ）　ガスタービンが異常により自動停止した場合
　　（ロ）　運転操作に必要な遮断器(当該遮断器の遮断によりガスタービンが自動停止するものを除く.)が異常により自動的に遮断した場合(遮断器が自動的に再閉路した場合を除く.)
　　（ハ）　ガスタービンの燃料油面が異常に低下した場合
　　（ニ）　ガスタービンの空気圧縮機の吐出圧力が著しく上昇した場合
　ニ　47-8 表の左欄に掲げる場合に同表右欄に掲げる動作をする装置を施設するときは，同表左欄に掲げる場合に警報する装置を施設しないことができる．

三　遠隔常時監視制御方式

イ　第一号イおよび前号ロの規定に準じること．

ロ　前号ハおよびニの規定は，制御所へ警報する場合に準用する．

ハ　第1項第四号ハ(ハ)の規定における「発電所の種類に応じ必要な装置」は，ガスタービンおよび発電機の出力の調整を行う装置であること．

47-8 表

場合	条件
第9項第二号ハ(ハ)	発電機を電路から自動的に遮断するとともに，ガスタービンへの燃料の流入を自動的に停止する．
第9項第二号ハ(ニ)	
第1項第三号ロ(ロ)	発電機および当該設備を電路から自動的に遮断するとともに，ガスタービンへの燃料の流入を自動的に停止する．
第1項第三号ロ(ハ)	

!Point

　第3項から第9項までの内容は大変似通っています．まずは，第3項(水力発電所の施設)をマスターしてから次にすすむことをお勧めします．

随時監視方式
だけだね

　第10項は，内燃力とその廃熱を回収するボイラーによる汽力を原動力とする発電所の施設に関する規定です．随時監視制御方式のみとなります．

一　随時監視制御方式により施設すること．

二　発電所の出力は，2 000 kW 未満であること．

三　内燃機関，蒸気タービン及び発電機には，自動出力調整装置又は出力制限装置を施設すること．

四　次に掲げる場合に，発電機を電路から自動的に遮断するとともに，内燃機関への燃料の流入及び蒸気タービンへの蒸気の流入を自動的に停止する装置を施設すること．

　イ　内燃機関及び蒸気タービン制御用の圧油装置の油圧，圧縮空気制御装置の空気圧又は電動式制御装置の電源電圧が著しく低下した場合

　ロ　内燃機関又は蒸気タービンの回転速度が著しく上昇した場合

　ハ　発電機に過電流が生じた場合

　ニ　内燃機関の軸受の潤滑油の温度が著しく上昇した場合

　ホ　定格出力 500 kW 以上の内燃機関に接続する発電機の軸受の温度が著しく上昇した場合

　ヘ　定格出力 500 kW 以上の蒸気タービン又はその蒸気タービンに接続する発電機の軸受の温度が著しく上昇した場合

　ト　容量が 2 000 kVA 以上の発電機の内部に故障を生じた場合

　チ　内燃機関の潤滑油の圧力が著しく低下した場合

　リ　発電所の制御回路の電圧が著しく低下した場合

　ヌ　ボイラーのドラム水位が著しく低下した場合

　ル　ボイラーのドラム水位が著しく上昇した場合

五　前号ヌの場合に，ボイラーへの燃焼ガスの流入を自動的に遮断する装置を施設する場合は，前号ヌの場合に内燃機関への燃料の流入を自動的に遮断する装置を施設しないことができる．

六　第1項第三号ロ(ニ)の規定における「発電所の種類に応じ警報を要する場合」は，次に掲げる場合であること．

　イ　内燃機関又は蒸気タービンが異常により自動停止した場合

　ロ　運転操作に必要な遮断器(当該遮断器の遮断により内燃機関又は蒸気タービンが自動停止するものを除

く.）が異常により自動的に遮断した場合（遮断器が自動的に再閉路した場合を除く.）

　　ハ　内燃機関の燃料油面が異常に低下した場合

七　47-9 表の左欄に掲げる場合に同表右欄に掲げる動作をする装置を施設するときは，同表左欄に掲げる場合に警報する装置を施設しないことができる.

47-9 表

場合	条件
第10項第六号ハ	発電機を電路から自動的に遮断するとともに，内燃機関への燃料の流入及び蒸気タービンへの蒸気の流入を自動的に停止する.
第1項第三号ロ（ロ）	発電機及び当該設備を電路から自動的に遮断するとともに，内燃機関への燃料の流入及び蒸気タービンへの蒸気の流入を自動的に停止する.
第1項第三号ロ（ハ）	

　　　第11項は，工事現場等に施設する移動用発電設備（貨物自動車等に設置されるもの又は貨物自動車等で移設して使用することを目的とする発電設備をいう.）であって随時巡回方式による施設するものに関する規定です.

随時巡回方式だよ

一　発電機及び原動機並びに附属装置を1の筐体に収めたものであること.
二　原動機は，ディーゼル機関であること.
三　発電設備の定格出力は，880 kW 以下であること.
四　発電設備の発電電圧は，低圧であること.
五　原動機及び発電機には，自動出力調整装置又は出力制限装置を施設すること.
六　一般送配電事業者が運用する電力系統と電気的に接続しないこと.
七　取扱者以外の者が容易に触れられないように施設すること.
八　原動機の燃料を発電設備の外部から連続供給しないように施設すること.
九　次に掲げる場合に，原動機を自動的に停止する装置を施設すること.
　　イ　原動機制御用油圧，電源電圧が著しく低下した場合
　　ロ　原動機の回転速度が著しく上昇した場合
　　ハ　定格出力が 500 kW 以上の原動機に接続する発電機の軸受の温度が著しく上昇した場合（発電機の軸受が転がり軸受である場合を除く.）
　　ニ　原動機の冷却水の温度が著しく上昇した場合
　　ホ　原動機の潤滑油の圧力が著しく低下した場合
　　ヘ　発電設備に火災が生じた場合
十　次に掲げる場合に，発電機を電路から自動的に遮断する装置を施設すること.
　　イ　発電機に過電流が発生した場合
　　ロ　発電機を複数台並列して運転するときは，原動機が停止した場合

3・2・7　常時監視をしない変電所の施設 (解釈第48条)

　　この規定も電技第46条（常時監視をしない発電所等の施設）との組合せです.
解釈第47条は発電所の規定でしたが，こちらは変電所の規定となります.

監視制御方式の内容を学習してね

技術員が当該変電所(変電所を分割して監視する場合にあっては，その分割した部分．以下この条において同じ．)において常時監視をしない変電所は，次の各号によること．

一 変電所に施設する変圧器の使用電圧に応じ，48-1 表に規定する監視制御方式のいずれかにより施設すること．

48-1 表

変電所に施設する変圧器の使用電圧の区分	監視制御方式			
	簡易監視制御方式	断続監視制御方式	遠隔断続監視制御方式	遠隔常時監視制御方式
100 000 V 以下	○	○	○	○
(100 000 V を超える部分は省略)				

(備考) ○は，使用できることを示す．

48-1 表に規定する監視制御方式の適合内容は解釈第 48 条第二項に規定されています．その内容をまとめておきます(表 3.15)．

表 3.15 監視制御方式の適合内容

監視制御方式	適合内容
簡易監視制御方式	技術員が必要に応じて変電所へ出向いて，変電所の監視および機器の操作を行うものであること．
断続監視制御方式	技術員が当該変電所またはこれから 300 m 以内にある技術員駐在所に常時駐在し，断続的に変電所へ出向いて変電所の監視および機器の操作を行うものであること．
遠隔断続監視制御方式	技術員が変電制御所(当該変電所を遠隔監視制御する場所をいう．以下この条において同じ．)またはこれから 300 m 以内にある技術員駐在所に常時駐在し，断続的に変電制御所へ出向いて変電所の監視および機器の操作を行うものであること．
遠隔常時監視制御方式	技術員が変電制御所に常時駐在し，変電所の監視および機器の操作を行うものであること．

第 3 項以降の内容は次の通りです．

三 次に掲げる場合に，監視制御方式に応じ 48-2 表に規定する場所等へ警報する装置を施設すること．
　イ 運転操作に必要な遮断器が自動的に遮断した場合(遮断器が自動的に再閉路した場合を除く．)
　ロ 主要変圧器の電源側電路が無電圧になった場合
　ハ 制御回路の電圧が著しく低下した場合
　ニ 全屋外式変電所以外の変電所にあっては，火災が発生した場合
　ホ 容量 3 000 kVA を超える特別高圧用変圧器にあっては，その温度が著しく上昇した場合
　ヘ 他冷式(変圧器の巻線及び鉄心を直接冷却するため封入した冷媒を強制循環させる冷却方式をいう．)の特別高圧用変圧器にあっては，その冷却装置が故障した場合
　ト 調相機(水素冷却式のものを除く．)にあっては，その内部に故障を生じた場合
　チ 水素冷却式の調相機にあっては，次に掲げる場合
　　(イ) 調相機内の水素の純度が 90 % 以下に低下した場合

　（ロ）　調相機内の水素の圧力が著しく変動した場合

　（ハ）　調相機内の水素の温度が著しく上昇した場合

　リ　ガス絶縁機器(圧力の低下により絶縁破壊等を生じるおそれがないものを除く.)の絶縁ガスの圧力が著しく低下した場合

48-2 表

監視制御方式	警報する場所等
簡易監視制御方式	技術員(技術員に連絡するための補助員がいる場合は，当該補助員)
断続監視制御方式	技術員駐在所
遠隔断続監視制御方式	変電制御所及び技術員駐在所
遠隔常時監視制御方式	変電制御所

四　水素冷却式の調相機内の水素の純度が 85 % 以下に低下した場合に，当該調相機を電路から自動的に遮断する装置を施設すること.

（五〜七　省略）

● 試験の直前 ● CHECK!

- □ **発電所等への取扱者以外の者の立入の防止**≫さく，へいの高さと充電部分までの距離の和
- □ **変電所等からの電磁誘導作用による人の健康影響の防止**≫200 μT 以下
- □ **保護装置**
- □ **燃料電池等の施設**
- □ **太陽電池発電所等の電線等の施設**≫高圧ケーブル，直流 1500 V 以下
- □ **常時監視をしない発電所の施設**≫随時巡回方式，随時監視制御方式，遠隔常時監視制御方式
- □ **常時監視をしない変電所の施設**≫簡易監視制御方式，断続監視制御方式，遠隔断続監視制御方式，遠隔常時監視制御方式

国家試験問題

問題1　

　次の文章は，「電気設備技術基準の解釈」に基づく発電所等への取扱者以外の者の立入の防止に関する記述である.

　高圧又は特別高圧の機械器具及び母線等(以下，「機械器具等」という.)を屋外に施設する発電所又は変電所，開閉所若しくはこれらに準ずる場所は，次により構内に取扱者以外の者が立ち入らないような措置を講じること. ただし，土地の状況により人が立ち入るおそれがない箇所については，この限りでない.

　a　さく，へい等を設けること.

b　特別高圧の機械器具等を施設する場合は，上記 a のさく，へい等の高さと，さく，へい等から充電部分までの距離との和は，表に規定する値以上とすること．

充電部分の使用電圧の区分	さく，へい等の高さと，さく，へい等から充電部分までの距離との和
35 000 V 以下	(ア) m
35 000 V を超え 160 000 V 以下	(イ) m

c　出入口に立入りを (ウ) する旨を表示すること．

d　出入口に (エ) 装置を施設して (エ) する等，取扱者以外の者の出入りを制限する措置を講じること．

上記の記述中の空白箇所(ア)，(イ)，(ウ)及び(エ)に当てはまる組合せとして，正しいものを次の(1)～(5)のうちから一つ選べ．

	(ア)	(イ)	(ウ)	(エ)
(1)	5	6	禁止	施錠
(2)	5	6	禁止	監視
(3)	4	5	確認	施錠
(4)	4	5	禁止	施錠
(5)	4	5	確認	監視

《H30-6》

解　説

解釈第 38 条（発電所等への取扱者以外の者の立入の防止）第 1 項の規定そのものです．

問題 2

次の文章は，「電気設備技術基準の解釈」における，発電機の保護装置に関する記述の一部である．

発電機には，次の場合に，自動的に発電機を電路から遮断する装置を施設すること．

a．発電機に (ア) を生じた場合（原子力発電所に施設する非常用予備発電機にあっては，非常用炉心冷却装置が作動した場合を除く．）．

b．容量が 100〔kV・A〕以上の発電機を駆動する風車の圧油装置の油圧，圧縮空気装置の空気圧又は電動式ブレード制御装置の電源電圧が著しく (イ) した場合．

c．容量が 2 000〔kV・A〕以上の (ウ) 発電機のスラスト軸受の温度が著しく上昇した場合．

d．容量が 10 000〔kV・A〕以上の発電機の (エ) に故障を生じた場合．

上記の記述中の空白箇所(ア)，(イ)，(ウ)及び(エ)に当てはまる語句として，正しいものを組み合わせたのは次のうちどれか．

	(ア)	(イ)	(ウ)	(エ)
(1)	過電流	低 下	水 車	内 部
(2)	過電流	変 動	水 車	原動機
(3)	過電圧	低 下	水 車	内 部
(4)	過電圧	低 下	ガスタービン	原動機
(5)	過電圧	変 動	ガスタービン	内 部

《H20-10》

解説

解釈第42条(発電機の保護装置)の規定がそのまま出題されています．a.の括弧内にある原子力発電所に関する規定は，平成25年に原子力発電工作物が電技の適用外となったため，現在では削除されています．

問題3

次の文章は，「電気設備技術基準の解釈」における蓄電池の保護装置に関する記述である．

発電所又は変電所若しくはこれに準ずる場所に施設する蓄電池(常用電源の停電時又は電圧低下発生時の非常用予備電源として用いるものを除く．)には，次の各号に掲げる場合に，自動的にこれを電路から遮断する装置を施設すること．

a 蓄電池に ［(ア)］ が生じた場合

b 蓄電池に ［(イ)］ が生じた場合

c ［(ウ)］ 装置に異常が生じた場合

d 内部温度が高温のものにあっては，断熱容器の内部温度が著しく上昇した場合

上記の記述中の空白箇所(ア)，(イ)及び(ウ)に当てはまる組合せとして，正しいものを次の(1)～(5)のうちから一つ選べ．

	(ア)	(イ)	(ウ)
(1)	過電圧	過電流	制御
(2)	過電圧	地絡	充電
(3)	短絡	過電流	制御
(4)	地絡	過電流	制御
(5)	短絡	地絡	充電

《H28-5》

解説

解釈44条(蓄電池の保護装置)の規定がそのまま出題されています．

問題4

次の文章は，「電気設備技術基準の解釈」に基づく太陽電池モジュールの絶縁性能及び太陽電池発電所に施設する電線に関する記述の一部である．

a 太陽電池モジュールは，最大使用電圧の ［(ア)］ 倍の直流電圧又は ［(イ)］ 倍の交流電圧(500V未満となる場合は，500V)を充電部分と大地との間に連続して ［(ウ)］ 分間加えたとき，これに耐える性能を有すること．

b 太陽電池発電所に施設する高圧の直流電路の電線(電気機械器具内の電線を除く．)として，取扱者以外の者が立ち入らないような措置を講じた場所において，太陽電池発電設備用直流ケーブルを使用する場合，使用電圧は直流 ［(エ)］ V以下であること．

上記の記述中の空白箇所(ア)，(イ)，(ウ)及び(エ)に当てはまる組合せとして，正しいものを次の(1)～(5)のうちから一つ選べ．

	(ア)	(イ)	(ウ)	(エ)
(1)	1.5	1	1	1000
(2)	1.5	1	10	1500
(3)	2	1	10	1000
(4)	2	1.5	10	1000
(5)	2	1.5	1	1500

《H28-6》

解　説

　aは解釈第16条(機械器具等の電路の絶縁性能)第5項から，bは解釈第46条(太陽電池発電所の電線等の施設)からの出題です．

問題 5

　次の文章は，「電気設備技術基準の解釈」に基づく，常時監視をしない発電所に関する記述の一部である．

a．随時巡回方式は，　(ア)　が，　(イ)　発電所を巡回し，　(ウ)　の監視を行うものであること．

b．随時監視制御方式は，　(ア)　が，　(エ)　発電所に出向き，　(ウ)　の監視又は制御その他必要な措置を行うものであること．

c．遠隔常時監視制御方式は，　(ア)　が，　(オ)　に常時駐在し，発電所の　(ウ)　の監視及び制御を遠隔で行うものであること．

　上記の記述中の空白箇所(ア)，(イ)，(ウ)，(エ)及び(オ)に当てはまる組合せとして，正しいものを次の(1)〜(5)のうちから一つ選べ．

	(ア)	(イ)	(ウ)	(エ)	(オ)
(1)	技術員	適当な間隔をおいて	運転状態	必要に応じて	制御所
(2)	技術員	必要に応じて	運転状態	適当な間隔をおいて	制御所
(3)	技術員	必要に応じて	計測装置	適当な間隔をおいて	駐在所
(4)	運転員	適当な間隔をおいて	計測装置	必要に応じて	駐在所
(5)	運転員	必要に応じて	計測装置	適当な間隔をおいて	制御所

《H27-6》

第3章　電気設備の技術基準の解釈

解　説

　解釈第47条(常時監視をしない発電所の施設)第1項からの出題です．

(p.114〜115の解答)　**問題 4** ▶(2)　**問題 5** ▶(1)

3·3 電線路

重要知識

● 出題項目 ● CHECK!

- ☐ 電線路の通則
- ☐ 架空電線路の通則
- ☐ 低圧および高圧の架空電線路
- ☐ 屋側電線路，屋上電線路，架空引込線及び連接引込線
- ☐ 地中電線路

3·3·1　電線路に係る用語の定義（解釈第49条）

　ここからは，電線路の規定となります．ここでの用語の定義は，ほとんど支柱に関するものです（表3.16）．電線路に直接的に関わってくる「第1次接近状態」と「第2次接近状態」の部分を押さえて下さい．

まずは，用語だね．

表 3.16　用語の定義

用語	定義
想定最大張力	高温季および低温季の別に，それぞれの季節において想定される最大張力．ただし，異常着雪時想定荷重の計算に用いる場合にあっては，気温0℃の状態で架渉線に着雪荷重と着雪時風圧荷重との合成荷重が加わった場合の張力
A種鉄筋コンクリート柱	基礎の強度計算を行わず，根入れ深さを第59条第2項に規定する値以上とすること等により施設する鉄筋コンクリート柱
B種鉄筋コンクリート柱	A種鉄筋コンクリート柱以外の鉄筋コンクリート柱
複合鉄筋コンクリート柱	鋼管と組み合わせた鉄筋コンクリート柱
A種鉄柱	基礎の強度計算を行わず，根入れ深さを第59条第3項に規定する値以上とすること等により施設する鉄柱
B種鉄柱	A種鉄柱以外の鉄柱
鋼板組立柱	鋼板を管状にして組み立てたものを柱体とする鉄柱
鋼管柱	鋼管を柱体とする鉄柱
第1次接近状態	架空電線が，他の工作物と接近する場合において，当該架空電線が他の工作物の上方又は側方において，<u>水平距離で3m以上</u>，かつ，架空電線路の支持物の地表上の高さに相当する距離以内に施設されることにより，架空電線路の電線の切断，支持物の倒壊等の際に，当該電線が他の工作物に接触するおそれがある状態
第2次接近状態	架空電線が他の工作物と接近する場合において，当該架空電線が他の工作物の上方または側方において<u>水平距離3m未満</u>に施設される状態
接近状態	第1次接近状態および第2次接近状態
上部造営材	屋根，ひさし，物干し台その他の人が上部に乗るおそれがある造営材（手すり，さく

	その他の人が上部に乗るおそれのない部分を除く.)
索道	索道の搬器を含み，索道用支柱を除くものとする.

3・3・2　電線路からの電磁誘導作用による人の健康影響の防止 (解釈第50条)

先の解釈第39条(変電所等からの電磁誘導作用による人の健康影響の防止)とほぼ同じで，「商用周波数において200μT以下」を記憶して下さい.

200μT以下
これだけ

発電所，変電所，開閉所及び需要場所以外の場所に施設する電線路から発生する磁界は，第3項に掲げる測定方法により求めた磁束密度の測定値(実効値)が，**商用周波数において200μT以下**であること．ただし，造営物内，田畑，山林その他の人の往来が少ない場所において，人体に危害を及ぼすおそれがないように施設する場合は，この限りでない.
(以降省略)

3・3・3　通信障害の防止

ここでは，電波(無線)，有線(電話等)の通信障害の規定について扱います.

解釈第51条は，「電波障害の防止」です．内容の理解には無線通信の知識が多少必要となります．526.5kHzから1 606.5kHzまでの周波数帯は，国内ではAMラジオで利用されています.

準せん頭値？
ピークの値と平均値の間の値という事かな

架空電線路は，無線設備の機能に継続的かつ重大な障害を及ぼす電波を発生するおそれがある場合には，これを防止するように施設すること.
2　前項の場合において，低圧又は高圧の架空電線路から発生する電波の許容限度は，次の各号(省略)により測定したとき，各回の測定値の最大値の平均値が，526.5kHzから1 606.5kHzまでの周波数帯において準せん頭値で36.5dB以下であること.
(以降省略)

解釈第52条は，「架空弱電流電線路への誘導作用による通信障害の防止」です.

解釈第51条は電波，こちらは電話なんかの通信線だよ

低圧又は高圧の架空電線路(き電線路(第201条第五号に規定するものをいう.)を除く.)と架空弱電流電線路とが並行する場合は，誘導作用により通信上の障害を及ぼさないように，次の各号により施設すること.
一　架空電線と架空弱電流電線との離隔距離は，2m以上とすること.
二　第一号の規定により施設してもなお架空弱電流電線路に対して誘導作用により通信上の障害を及ぼすおそ

れがあるときは，更に次に掲げるものその他の対策のうち1つ以上を施すこと．

　イ　架空電線と架空弱電流電線との離隔距離を増加すること．

　ロ　架空電線路が交流架空電線路である場合は，架空電線を適当な距離でねん架すること．

　ハ　架空電線と架空弱電流電線との間に，引張強さ5.26 kN以上の金属線又は直径4 mm以上の硬銅線を2条以上施設し，これにD種接地工事を施すこと．

　ニ　架空電線路が中性点接地式高圧架空電線路である場合は，地絡電流を制限するか，又は2以上の接地箇所がある場合において，その接地箇所を変更する等の方法を講じること．

2　次の各号のいずれかに該当する場合は，前項の規定によらないことができる．

一　低圧又は高圧の架空電線が，ケーブルである場合

二　架空弱電流電線が，通信用ケーブルである場合

三　架空弱電流電線路の管理者の承諾を得た場合

3　中性点接地式高圧架空電線路は，架空弱電流電線路と並行しない場合においても，大地に流れる電流の電磁誘導作用により通信上の障害を及ぼすおそれがあるときは，第1項第二号イからニまでに掲げるものその他の対策のうち1つ以上を施すこと．

4　特別高圧架空電線路は，弱電流電線路に対して電磁誘導作用により通信上の障害を及ぼすおそれがないように施設すること．

5　特別高圧架空電線路は，次の各号によるとともに，架空電話線路に対して，通常の使用状態において，静電誘導作用により通信上の障害を及ぼさないように施設すること．ただし，架空電話線が通信用ケーブルである場合，又は架空電話線路の管理者の承諾を得た場合は，この限りでない．

一　使用電圧が60 000 V以下の場合は，電話線路のこう長12 kmごとに，第三号の規定により計算した<u>誘導電流が2 μAを超えないようにすること</u>．

（二，三　省略）

3·3·4　架空電線路の支持物等

　ここでは架空電線路，つまり鉄塔や電柱の電線路について扱います．

　解釈第53条は，「架空電線路の支持物の昇塔防止」です．

　一般の人が，電柱に上って事故を起こさないようにするための措置だと考えて下さい．

> 電柱は，地面から高さ1.8 mまでの足場は普段は無しね

架空電線路の支持物に取扱者が昇降に使用する足場金具等を施設する場合は，<u>地表上1.8 m以上に施設すること</u>．ただし，次の各号のいずれかに該当する場合はこの限りでない．

一　足場金具等が内部に格納できる構造である場合

二　支持物に昇塔防止のための装置を施設する場合

三　支持物の周囲に取扱者以外の者が立ち入らないように，さく，へい等を施設する場合

四　支持物を山地等であって人が容易に立ち入るおそれがない場所に施設する場合

　解釈第54条は，「架空電線の分岐」です．支持点とは，例えば電柱等，電線を固定しているような部分を指します．

架空電線の分岐は，電線の支持点であること．ただし，次の各号のいずれかにより施設する場合はこの限りでない．
一　電線にケーブルを使用する場合
二　分岐点において電線に張力が加わらないように施設する場合

解釈第 55 条は，「架空電線路の防護具」です．

防護具は，防護服じゃなくて，機器を防護するものだよ．

低圧防護具は，次の各号に適合するものであること．
一　構造は，外部から充電部分に接触するおそれがないように<u>充電部分を覆うことができること</u>．
二　完成品は，充電部分に接する内面と充電部分に接しない外面との間に，<u>1 500 V の交流電圧を連続して 1 分間加えたとき，これに耐える性能</u>を有すること．
2　高圧防護具は，次の各号に適合するものであること．
一　構造は，外部から充電部分に接触するおそれがないように<u>充電部分を覆うことができること</u>．
（二　省略）
3　使用電圧が 35 000 V 以下の特別高圧電線路に使用する，特別高圧防護具は，次の各号に適合するものであること．
一　材料は，ポリエチレン混合物であって，電気用品の技術上の基準を定める省令の解釈別表第一附表第十四 1 (1) の図（省略）に規定するダンベル状の試料が次に適合するものであること．
　イ　室温において引張強さ及び伸びの試験を行ったとき，引張強さが 9.8 N/mm² 以上，伸びが 350 % 以上であること．
　ロ　90 ± 2 ℃に 96 時間加熱した後 60 時間以内において，室温に 12 時間放置した後にイの試験を行ったとき，引張強さが前号の試験の際に得た値の 80 % 以上，伸びがイの試験の際に得た値の 60 % 以上であること．
二　構造は，<u>厚さ 2.5 mm 以上</u>であって，外部から充電部分に接触するおそれがないように充電部分を覆うことができること．
（以降省略）

解釈第 58 条は，「架空電線路の強度検討に用いる荷重」です．計算問題としての出題が多いようです．

Pa は，圧力の単位パスカル．N/m² と同じだよ．

架空電線路の強度検討に用いる荷重は，次の各号によること．
一　風圧荷重　架空電線路の構成材に加わる風圧による荷重であって，次の規定によるもの
　イ　風圧荷重の種類は，次によること．
　（イ）<u>甲種風圧荷重</u> 58-1 表に規定する構成材の垂直投影面に加わる<u>圧力</u>を基礎として計算したもの，又は風速 40 m/s 以上を想定した風洞実験に基づく値より計算したもの
　（ロ）<u>乙種風圧荷重</u>　架渉線の周囲に厚さ 6 mm，比重 0.9 の氷雪が付着した状態に対し，甲種風圧荷重の 0.5 倍を基礎として計算したもの
　（ハ）<u>丙種風圧荷重</u>　甲種風圧荷重の 0.5 倍を基礎として計算したもの
　（ニ）着雪時風圧荷重　架渉線の周囲に比重 0.6 の雪が同心円状に付着した状態に対し，甲種風圧荷重の 0.3 倍を基礎として計算したもの

第 3 章　電気設備の技術基準の解釈

58-1 表

風圧を受けるものの区分				構成材の垂直投影面に加わる圧力
支持物	木柱			780 Pa
	鉄筋コンクリート柱	丸形のもの		780 Pa
		その他のもの		1 180 Pa
	鉄柱	丸形のもの		780 Pa
		三角形又はひし形のもの		1 860 Pa
		鋼管により構成される四角形のもの		1 470 Pa
		その他のもの	腹材が前後面で重なる場合	2 160 Pa
			その他の場合	2 350 Pa
	鉄塔	単柱	丸形のもの	780 Pa
			六角形又は八角形のもの	1 470 Pa
		鋼管により構成されるもの（単柱を除く．）		1 670 Pa
		その他のもの（腕金類を含む．）		2 840 Pa
架渉線	多導体（構成する電線が2条ごとに水平に配列され，かつ，当該電線相互間の距離が電線の外径の20倍以下のものに限る．以下この条において同じ．）を構成する電線			880 Pa
	その他のもの			980 Pa
がいし装置（特別高圧電線路用のものに限る．）				1 370 Pa
腕金類（木柱，鉄筋コンクリート柱および鉄柱（丸形のものに限る．）に取り付けるものであって，特別高圧電線路用のものに限る．）		単一材として使用する場合		1 570 Pa
		その他の場合		2 160 Pa

　ロ　風圧荷重の適用区分は，58-2 表によること．ただし，異常着雪時想定荷重の計算においては，同表にかかわらず着雪時風圧荷重を適用すること．

58-2 表

季節	地方		適用する風圧荷重
高温季	全ての地方		甲種風圧荷重
低温季	氷雪の多い地方	海岸地その他の低温季に最大風圧を生じる地方	甲種風圧荷重又は乙種風圧荷重のいずれか大きいもの
		上記以外の地方	乙種風圧荷重
	氷雪の多い地方以外の地方		丙種風圧荷重

　ハ　人家が多く連なっている場所に施設される架空電線路の構成材のうち，次に掲げるものの風圧荷重については，ロの規定にかかわらず甲種風圧荷重又は乙種風圧荷重に代えて丙種風圧荷重を適用することができる．
　　（イ）　低圧又は高圧の架空電線路の支持物及び架渉線
　　（ロ）　使用電圧が 35 000 V 以下の特別高圧架空電線路であって，電線に特別高圧絶縁電線又はケーブルを使用するものの支持物，架渉線並びに特別高圧架空電線を支持するがいし装置及び腕金類

ニ　風圧荷重は，58-3表に規定するものに加わるものとすること．

58-3 表

支持物の形状	方向	風圧荷重が加わる物
単柱形状	電線路に直角	支持物，架渉線及びがいし装置
	電線路に平行	支持物，がいし装置及び腕金類
その他の形状	電線路に直角	支持物のその方向における前面結構，架渉線及びがいし装置
	電線路に平行	支持物のその方向における前面結構及びがいし装置

（以降省略）

!Point

甲種・乙種・丙種風圧荷重と 58-1 表の架渉線・その他のものの 980 Pa，以上を中心に記憶して下さい．

解釈第 60 条は，「架空電線路の支持物の基礎の強度等」です．第1項第1号の木柱に関する施設の部分を押さえて下さい．

根入れ（ねいれ）は，土に埋める深さのことだよ．

架空電線路の支持物の基礎の安全率は，この解釈において当該支持物が耐えることと規定された荷重が加わった状態において，2（鉄塔における異常時想定荷重又は異常着雪時想定荷重については，1.33）以上であること．ただし，次の各号のいずれかのものの基礎においては，この限りでない．
一　木柱であって，次により施設するもの
　イ　全長が 15 m 以下の場合は，根入れを全長の 1/6 以上とすること．
　ロ　全長が 15 m を超える場合は，根入れを 2.5 m 以上とすること．
　ハ　水田その他地盤が軟弱な箇所では，特に堅ろうな根かせを施すこと．
二　A種鉄筋コンクリート柱
三　A種鉄柱
（以降省略）

解釈第 61 条は，「支線の施設方法及び支柱による代用」です．引張強さ，安全率，素線の直径についてその値を記憶して下さい．

根かせ（根枷）は，根入れ部分に取り付けて支持物が沈んだり倒れたりしないようにするものだよ．

架空電線路の支持物において，この解釈の規定により施設する支線は，次の各号によること．
一　支線の引張強さは，10.7 kN（第 62 条の規定により施設する支線にあっては，6.46 kN）以上であること．
二　支線の安全率は，2.5（第 62 条の規定により施設する支線にあっては，1.5）以上であること．
三　支線により線を使用する場合は次によること．
　イ　素線を3条以上より合わせたものであること．
　ロ　素線は，直径が 2 mm 以上，かつ，引張強さが 0.69 kN/mm² 以上の金属線であること．
四　支線を木柱に施設する場合を除き，地中の部分及び地表上 30 cm までの地際部分には耐食性のあるもの

121

又は亜鉛めっきを施した鉄棒を使用し，これを容易に腐食し難い根かせに堅ろうに取り付けること．
五 支線の根かせは，支線の引張荷重に十分耐えるように施設すること．
2 道路を横断して施設する支線の高さは，路面上5m以上とすること．ただし，技術上やむを得ない場合で，かつ，交通に支障を及ぼすおそれがないときは4.5m以上，歩行の用にのみ供する部分においては2.5m以上とすることができる．
3 低圧又は高圧の架空電線路の支持物に施設する支線であって，電線と接触するおそれがあるものには，その上部にがいしを挿入すること．ただし，低圧架空電線路の支持物に施設する支線を水田その他の湿地以外の場所に施設する場合は，この限りでない．
4 架空電線路の支持物に施設する支線は，これと同等以上の効力のある支柱で代えることができる．

　解釈第62条は，「架空電線路の支持物における支線の施設」です．支線についての内容であることから，解釈第61条とセットになっているものと考えて良いと思います．

支線とは，電柱なんかに張られているステーのことだよ．

高圧又は特別高圧の架空電線路の支持物として使用する木柱，A種鉄筋コンクリート柱又はA種鉄柱には，次の各号により支線を施設すること．
一 電線路の水平角度が5度以下の箇所に施設される柱であって，当該柱の両側の径間の差が大きい場合は，その径間の差により生じる不平均張力による水平力に耐える支線を，電線路に平行な方向の両側に設けること．
二 電線路の水平角度が5度を超える箇所に施設される柱は，全架渉線につき各架渉線の想定最大張力により生じる水平横分力に耐える支線を設けること．
三 電線路の全架渉線を引き留める箇所に使用される柱は，全架渉線につき各架渉線の想定最大張力に等しい不平均張力による水平力に耐える支線を，電線路の方向に設けること．

　解釈第63条は，「架空電線路の径間の制限」です．解釈第61条と同様に引張強さ，安全率，素線の直径についてその値を記憶して下さい．

径間とは，支持物と支持物の間の距離のことだよ．

高圧又は特別高圧の架空電線路の径間は，63-1表によること．

63-1表

支持物の種類	使用電圧の区分	径間	
		長径間工事以外の箇所	長径間工事箇所
木柱，A種鉄筋コンクリート柱又はA種鉄柱	—	150m以下	300m以下
B種鉄筋コンクリート柱又はB種鉄柱	—	250m以下	500m以下
鉄塔	170 000V未満	600m以下	制限無し
	170 000V以上	800m以下	

2 高圧架空電線路の径間が100mを超える場合は，その部分の電線路は，次の各号によること．
一 高圧架空電線は，引張強さ8.01kN以上のもの又は直径5mm以上の硬銅線であること．

二　木柱の風圧荷重に対する安全率は，1.5 以上であること．

3　長径間工事は，次の各号によること．

一　高圧架空電線は，引張強さ 8.71 kN 以上のもの又は断面積 22 mm² 以上の硬銅より線であること．

二　特別高圧架空電線は，引張強さ 21.67 kN 以上のより線又は断面積 55 mm² 以上の硬銅より線であること．

三　長径間工事箇所の支持物に木柱，鉄筋コンクリート柱又は鉄柱を使用する場合は，次によること．

　イ　木柱，A種鉄筋コンクリート柱又はA種鉄柱を使用する場合は，全架渉線につき各架渉線の想定最大張力の 1/3 に等しい不平均張力による水平力に耐える支線を，電線路に平行な方向の両側に設けること．

　ロ　B種鉄筋コンクリート柱又はB種鉄柱を使用する場合は，次のいずれかによること．

　（イ）耐張型の柱を使用すること．

　（ロ）イの規定に適合する支線を施設すること．

　ハ　土地の状況により，イ又はロの規定により難い場合は，長径間工事箇所から 1 径間又は 2 径間離れた場所に施設する支持物が，それぞれイ又はロの規定に適合するものであること．

（以降省略）

3・3・5　低高圧架空電線路の施設

　解釈第 64 条は，「適用範囲」です．規定文中の「本節」とは解釈第 64 条〜第 82 条までの低圧および高圧の架空電線路に関するものという意味です．本条の内容は，その対象とならないものの一覧です．

対象外のリストだよ

本節において規定する低圧架空電線路には，次の各号に掲げるものを含まないものとする．

一　低圧架空引込線

二　低圧連接引込線の架空部分

三　低圧屋側電線路に隣接する 1 径間の架空電線路

四　屋内に施設する低圧電線路に隣接する 1 径間の架空電線路

2　本節において規定する低圧架空電線には，第 1 項各号に掲げるものの電線を含まないものとする．

3　本節において規定する高圧架空電線路には，次の各号に掲げるものを含まないものとする．

一　高圧架空引込線

二　高圧屋側電線路に隣接する 1 径間の架空電線路

三　屋内に施設する高圧電線路に隣接する 1 径間の架空電線路

4　本節において規定する高圧架空電線には，第 3 項各号に掲げるものの電線を含まないものとする．

　解釈第 65 条は，「低高圧架空電線路に使用する電線」です．架空電線路に裸電線の使用が認められる規定がありますので注意して下さい．

基本は，絶縁電線

低圧架空電線路又は高圧架空電線路に使用する電線は，次の各号によること．

一　電線の種類は，使用電圧に応じ 65-1 表に規定するものであること．ただし，次のいずれかに該当する場合は，裸電線を使用することができる．（関連省令第 5 条第 1 項）

　イ　低圧架空電線を，B種接地工事の施された中性線又は接地側電線として施設する場合

　ロ　高圧架空電線を，海峡横断箇所，河川横断箇所，山岳地の傾斜が急な箇所又は谷越え箇所であって，人が容易に立ち入るおそれがない場所に施設する場合

第3章　電気設備の技術基準の解釈

123

65-1 表

使用電圧の区分		電線の種類
低圧	300 V 以下	絶縁電線，多心型電線又はケーブル
	300 V 超過	絶縁電線(引込用ビニル絶縁電線及び引込用ポリエチレン絶縁電線を除く.)又はケーブル
高圧		高圧絶縁電線，特別高圧絶縁電線又はケーブル

二　電線の太さ又は引張強さは，ケーブルである場合を除き，65-2 表に規定する値以上であること．（関連省令第 6 条）

65-2 表

使用電圧の区分	施設場所の区分	電線の種類		電線の太さ又は引張強さ
300 V 以下	全て	絶縁電線	硬銅線	直径 2.6 mm
			その他	引張強さ 2.3 kN
		絶縁電線以外	硬銅線	直径 3.2 mm
			その他	引張強さ 3.44 kN
300 V 超過	市街地		硬銅線	直径 5 mm
			その他	引張強さ 8.01 kN
	市街地外		硬銅線	直径 4 mm
			その他	引張強さ 5.26 kN

三　多心型電線を使用する場合において，その絶縁物で被覆していない導体は，B種接地工事の施された中性線若しくは接地側電線，又はD種接地工事の施されたちょう架用線として使用すること．（関連省令第5条第1項）
（以降省略）

　解釈第66条は，「低高圧架空電線の引張強さに対する安全率」です．弛度とは，たるみのことです．安全率の数値を押さえて下さい．

弛度の読み方は，「ちど」または「しど」だよ．

高圧架空電線は，ケーブルである場合を除き，次の各号に規定する荷重が加わる場合における引張強さに対する安全率が，66-1 表に規定する値以上となるような弛度により施設すること．
一　荷重は，電線を施設する地方の平均温度及び最低温度において計算すること．
二　荷重は，次に掲げるものの合成荷重であること．
　イ　電線の重量
　ロ　次により計算した風圧荷重
　　（イ）　電線路に直角な方向に加わるものとすること．
　　（ロ）　平均温度において計算する場合は高温季の風圧荷重とし，最低温度において計算する場合は低温季の風圧荷重とすること．
　ハ　乙種風圧荷重を適用する場合にあっては，被氷荷重

66-1 表

電線の種類	安全率
硬銅線又は耐熱銅合金線	2.2
その他	2.5

2　低圧架空電線が次の各号のいずれかに該当する場合は，前項の規定に準じて施設すること．
一　使用電圧が 300 V を超える場合
二　多心型電線である場合

　解釈第 67 条は，「低高圧架空電線路の架空ケーブルによる施設」です．電技第 6 条(電線等の断線の防止)，ちょう架用線とは，電線を吊り下げるためのワイヤのことです．

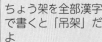

ちょう架を全部漢字で書くと「吊架」だよ

低圧架空電線又は高圧架空電線にケーブルを使用する場合は，次の各号によること．
一　次のいずれかの方法により施設すること．
　イ　ケーブルをハンガーによりちょう架用線に支持する方法
　ロ　ケーブルをちょう架用線に接触させ，その上に容易に腐食し難い金属テープ等を 20 cm 以下の間隔でらせん状に巻き付ける方法
　ハ　ちょう架用線をケーブルの外装に堅ろうに取り付けて施設する方法
　ニ　ちょう架用線とケーブルをより合わせて施設する方法
　ホ　高圧架空電線において，ケーブルに半導電性外装ちょう架用高圧ケーブルを使用し，ケーブルを金属製のちょう架用線に接触させ，その上に容易に腐食し難い金属テープ等を 6 cm 以下の間隔でらせん状に巻き付ける方法
二　高圧架空電線を前号イの方法により施設する場合は，ハンガーの間隔は 50 cm 以下であること．
三　ちょう架用線は，引張強さ 5.93 kN 以上のもの又は断面積 22 mm² 以上の亜鉛めっき鉄より線であること．
四　ちょう架用線及びケーブルの被覆に使用する金属体には，D種接地工事を施すこと．ただし，低圧架空電線にケーブルを使用する場合において，ちょう架用線に絶縁電線又はこれと同等以上の絶縁効力のあるものを使用するときは，ちょう架用線にD種接地工事を施さないことができる．(関連省令第 10 条，第 11 条)
五　高圧架空電線のちょう架用線は，次に規定する荷重が加わる場合における引張強さに対する安全率が，67-1 表に規定する値以上となるような弛度により施設すること．
　イ　荷重は，電線を施設する地方の平均温度及び最低温度において計算すること．
　ロ　荷重は，次に掲げるものの合成荷重であること．
　(イ)　ちょう架用線及びケーブルの重量
　(ロ)　次により計算した風圧荷重
　　(1)　ちょう架用線及びケーブルには，電線路に直角な方向に風圧が加わるものとすること．
　　(2)　平均温度において計算する場合は高温季の風圧荷重とし，最低温度において計算する場合は低温季の風圧荷重とすること．
　(ハ)　乙種風圧荷重を適用する場合にあっては，被氷荷重

67-1 表

ちょう架用線の種類	安全率
硬銅線又は耐熱銅合金線	2.2
その他	2.5

第3章　電気設備の技術基準の解釈

解釈第68条は、「低高圧架空電線の高さ」です.

電線の高さの
数値は要暗記

低圧架空電線又は高圧架空電線の高さは，68-1表に規定する値以上であること．

68-1 表

区分		高さ
道路（車両の往来がまれであるもの及び歩行の用にのみ供される部分を除く．）を横断する場合		路面上6m
鉄道又は軌道を横断する場合		レール面上5.5m
低圧架空電線を横断歩道橋の上に施設する場合		横断歩道橋の路面上3m
高圧架空電線を横断歩道橋の上に施設する場合		横断歩道橋の路面上3.5m
上記以外	屋外照明用であって，絶縁電線又はケーブルを使用した対地電圧150V以下のものを交通に支障のないように施設する場合	地表上4m
	低圧架空電線を道路以外の場所に施設する場合	地表上4m
	その他の場合	地表上5m

2　低圧架空電線又は高圧架空電線を水面上に施設する場合は，電線の水面上の高さを船舶の航行等に危険を及ぼさないように保持すること．
3　高圧架空電線を氷雪の多い地方に施設する場合は，電線の積雪上の高さを人又は車両の通行等に危険を及ぼさないように保持すること．

解釈第69条は、「高圧架空電線路の架空地線」です．**架空地線**とは、雷から電線を保護するために送配電線の上部に張られた導線のことです．よく似た用語に架空接地線がありますが、こちらは接地工事に利用されるものです．

「架空地線」と「架空接地線」
間違えないでね

高圧架空電線路に使用する架空地線には，引張強さ5.26kN以上のもの又は直径4mm以上の裸硬銅線を使用するとともに，これを第66条第1項の規定に準じて施設すること．

解釈第70条は、「低圧保安工事及び高圧保安工事」です．第1項が低圧架空電線路の規定で、第2項が高圧架空電線路の規定です．低圧と高圧とでその内容は殆ど同じです．

硬銅線の仕様と径間
距離に注目

低圧架空電線路の電線の断線，支持物の倒壊等による危険を防止するため必要な場合に行う，低圧保安工事は，次の各号によること．
一　電線は，次のいずれかによること．
　イ　ケーブルを使用し，第67条の規定により施設すること．
　ロ　引張強さ8.01kN以上のもの又は直径5mm以上の硬銅線（使用電圧が300V以下の場合は，引張強さ5.26kN以上のもの又は直径4mm以上の硬銅線）を使用し，第66条第1項の規定に準じて施設すること．

二　木柱は，次によること．
　　イ　風圧荷重に対する安全率は，1.5以上であること．
　　ロ　木柱の太さは，末口で直径12 cm以上であること．
三　径間は，70-1表によること．

70-1表

支持物の種類	径間		
	第63条第3項に規定する，高圧架空電線路における長径間工事に準じて施設する場合	電線に引張強さ8.71 kN以上のもの又は断面積22 mm² 以上の硬銅より線を使用する場合	その他の場合
木柱，A種鉄筋コンクリート柱又はA種鉄柱	300 m以下	150 m以下	100 m以下
B種鉄筋コンクリート柱又はB種鉄柱	500 m以下	250 m以下	150 m以下
鉄塔	制限無し	600 m以下	400 m以下

2　高圧架空電線路の電線の断線，支持物の倒壊等による危険を防止するため必要な場合に行う，高圧保安工事は，次の各号によること．
一　電線はケーブルである場合を除き，引張強さ8.01 kN以上のもの又は直径5 mm以上の硬銅線であること．
二　木柱の風圧荷重に対する安全率は，1.5以上であること．
三　径間は，70-2表によること．ただし，電線に引張強さ14.51 kN以上のもの又は断面積38 mm²以上の硬銅より線を使用する場合であって，支持物にB種鉄筋コンクリート柱，B種鉄柱又は鉄塔を使用するときは，この限りでない．

70-2表

支持物の種類	径間
木柱，A種鉄筋コンクリート柱又はA種鉄柱	100 m以下
B種鉄筋コンクリート柱又はB種鉄柱	150 m以下
鉄塔	400 m以下

3·3·6　低高圧架空電線との接近または交差 (解釈第71条～第79条)

　この項目では，低高圧架空電線との接近又は交差の規定を扱います．離隔距離についての数値が満遍なく出題されています．全てを記憶するのは大変ですので，まずは，ケーブルに関するものを押さえましょう．
　解釈第71条は「低高圧架空電線と建造物との接近」です．造営材とは，壁や柱等の建造物を構成する要素のことです．そのうち，屋根やベランダ等，人がその上に乗ることができる部分を上部造営材といいます．

離隔距離をできるだけ覚えてね．

低圧架空電線又は高圧架空電線が，建造物と接近状態に施設される場合は，次の各号によること．
一　高圧架空電線路は，高圧保安工事により施設すること．
二　低圧架空電線又は高圧架空電線と建造物の造営材との離隔距離は，71-1 表に規定する値以上であること．

71-1 表

架空電線の種類	区分	離隔距離
ケーブル	上部造営材の上方	1 m
	その他	0.4 m
高圧絶縁電線又は特別高圧絶縁電線を使用する，低圧架空電線	上部造営材の上方	1 m
	その他	0.4 m
その他	上部造営材の上方	2 m
	人が建造物の外へ手を伸ばす又は身を乗り出すことなどができない部分	0.8 m
	その他	1.2 m

2　低圧架空電線又は高圧架空電線が，建造物の下方に接近して施設される場合は，低圧架空電線又は高圧架空電線と建造物との離隔距離は，71-2 表に規定する値以上とするとともに，危険のおそれがないように施設すること．

71-2 表

使用電圧の区分	電線の種類	離隔距離
低圧	高圧絶縁電線，特別高圧絶縁電線又はケーブル	0.3 m
	その他	0.6 m
高圧	ケーブル	0.4 m
	その他	0.8 m

3　低圧架空電線又は高圧架空電線が，建造物に施設される簡易な突き出し看板その他の人が上部に乗るおそれがない造営材と接近する場合において，次の各号のいずれかに該当するときは，低圧架空電線又は高圧架空電線と当該造営材との離隔距離は，第1項第二号及び第2項の規定によらないことができる．
一　絶縁電線を使用する低圧架空電線において，当該造営材との離隔距離が 0.4 m 以上である場合
二　電線に絶縁電線，多心型電線又はケーブルを使用し，当該電線を低圧防護具により防護した低圧架空電線を，当該造営材に接触しないように施設する場合
三　電線に高圧絶縁電線，特別高圧絶縁電線又はケーブルを使用し，当該電線を高圧防護具により防護した高圧架空電線を，当該造営材に接触しないように施設する場合

　解釈第72条は「低高圧架空電線と道路等との接近又は交差」です．

低圧架空電線又は高圧架空電線が，道路(車両及び人の往来がまれであるものを除く．以下この条において同じ．)，横断歩道橋，鉄道又は軌道(以下この条において「道路等」という．)と接近状態に施設される場合は，次の各号によること．
一　高圧架空電線路は，高圧保安工事により施設すること．
二　低圧架空電線又は高圧架空電線と道路等との離隔距離(道路若しくは横断歩道橋の路面上又は鉄道若しくは軌道のレール面上の離隔距離を除く．)は，次のいずれかによること．

　イ　水平離隔距離を，低圧架空電線にあっては1m以上，高圧架空電線にあっては1.2m以上とすること．
　ロ　離隔距離を3m以上とすること．
2　高圧架空電線が，道路等の上に交差して施設される場合は，高圧架空電線路を高圧保安工事により施設すること．
3　低圧架空電線又は高圧架空電線が，道路等の下方に接近又は交差して施設される場合における，低圧架空電線又は高圧架空電線と道路等との離隔距離は，第78条第1項の規定に準じること．

　解釈第73条は「低高圧架空電線と索道との接近又は交差」です．索道とは，ロープウェイやリフトのことです．

低圧架空電線又は高圧架空電線が，索道と接近状態に施設される場合は，次の各号によること．
一　高圧架空電線路は，高圧保安工事により施設すること．
二　低圧架空電線又は高圧架空電線と索道との離隔距離は，73-1表に規定する値以上であること．

73-1 表

使用電圧の区分	電線の種類	離隔距離
低圧	高圧絶縁電線，特別高圧絶縁電線又はケーブル	0.3m
	その他	0.6m
高圧	ケーブル	0.4m
	その他	0.8m

2　低圧架空電線又は高圧架空電線が，索道の下方に接近して施設される場合は，次の各号のいずれかによること．
一　架空電線と索道との水平距離を，索道の支柱の地表上の高さに相当する距離以上とすること．
二　架空電線と索道との水平距離が，低圧架空電線にあっては2m以上，高圧架空電線にあっては2.5m以上であり，かつ，索道の支柱が倒壊した際に索道が架空電線に接触するおそれがない範囲に架空電線を施設すること．
三　架空電線と索道との水平距離が3m未満である場合において，次に適合する堅ろうな防護装置を，架空電線の上方に施設すること．
　イ　防護装置と架空電線との離隔距離は，0.6m（電線がケーブルである場合は，0.3m）以上であること．
　ロ　金属製部分には，D種接地工事を施すこと．
3　低圧架空電線又は高圧架空電線が，索道と交差する場合は，低圧架空電線又は高圧架空電線を索道の上に，第1項各号の規定に準じて施設すること．ただし，前項第三号の規定に準じて施設する場合は，低圧架空電線又は高圧架空電線を索道の下に施設することができる．

　解釈第74条は「低高圧架空電線と他の低高圧架空電線路との接近又は交差」です．

低圧架空電線又は高圧架空電線が，他の低圧架空電線路又は高圧架空電線路と接近又は交差する場合における，相互の離隔距離は，74-1表に規定する値以上であること．

74-1 表

架空電線の種類		他の低圧架空電線		他の高圧架空電線		他の低圧架空電線路又は高圧架空電線路の支持物
		高圧絶縁電線，特別高圧絶縁電線又はケーブル	その他	ケーブル	その他	
低圧架空電線	高圧絶縁電線，特別高圧絶縁電線又はケーブル	0.3 m		0.4 m	0.8 m	0.3 m
	その他	0.3 m	0.6 m			
高圧架空電線	ケーブル	0.4 m		0.4 m		0.3 m
	その他	0.8 m		0.4 m	0.8 m	0.6 m

（2　省略）

3　高圧架空電線が低圧架空電線の下方に接近して施設される場合は，高圧架空電線と低圧架空電線との水平距離は，低圧架空電線路の支持物の地表上の高さに相当する距離以上であること．ただし，技術上やむを得ない場合において，次の各号のいずれかに該当するときはこの限りでない．

一　高圧架空電線と低圧架空電線との水平距離が 2.5 m 以上であり，かつ，低圧架空電線路の電線の切断，支持物の倒壊等の際に，低圧架空電線が高圧架空電線に接触するおそれがない範囲に高圧架空電線を施設する場合

二　次のいずれかに該当する場合において，低圧架空電線路を低圧保安工事（電線に係る部分を除く．）により施設するとき

　イ　低圧架空電線と高圧架空電線との水平距離が 2.5 m 以上である場合

　ロ　低圧架空電線と高圧架空電線との水平距離が 1.2 m 以上，かつ，垂直距離が水平距離の 1.5 倍以下である場合

三　低圧架空電線路を低圧保安工事により施設する場合

四　低圧架空電線が，第 24 条第 1 項の規定により電路の一部に接地工事を施したものである場合

（4，5　省略）

　解釈第 75 条は「低高圧架空電線と電車線等又は電車線等の支持物との接近又は交差」です．

低圧架空電線又は高圧架空電線が，低圧若しくは高圧の電車線等又は電車線等の支持物と接近又は交差する場合における，相互の離隔距離は，75-1 表に規定する値以上であること．

75-1 表

架空電線の種類		低圧の電車線等	高圧の電車線等	低圧又は高圧の電車線等の支持物
低圧架空電線	高圧絶縁電線，特別高圧絶縁電線又はケーブル	0.3 m	1.2 m	0.3 m
	その他	0.6 m		
高圧架空電線	ケーブル	0.4 m	0.4 m	0.3 m
	その他	0.8 m	0.8 m	0.6 m

（2，3，4　省略）

5　低圧架空電線又は高圧架空電線が，特別高圧の電車線等と接近する場合は，低圧架空電線又は高圧架空電線を電車線等の側方又は下方に，次の各号のいずれかに適合するように施設すること．

一　架空電線と電車線等との水平距離を，電車線等の支持物の地表上の高さに相当する距離以上とすること．

二　架空電線と電車線等との水平距離を3m以上とするとともに，次のいずれかによること．

　イ　電車線等の支持物が，鉄筋コンクリート柱又は鉄柱であり，かつ，支持物の径間が60m以下であること．

　ロ　架空電線を，電車線等の支持物の倒壊等の際に，電車線等が架空電線に接触するおそれがない範囲に施設すること．

三　次により施設すること．

　イ　電車線等の支持物は，次によること．（関連省令第32条第1項）

　（イ）　鉄筋コンクリート柱又は鉄柱であり，かつ，径間は60m以下であること．

　（ロ）　次のいずれかによること．

　　（1）　架空電線と接近する側の反対側に支線を設けること．

　　（2）　基礎の安全率が2以上であるとともに，常時想定荷重に1.96kNの水平横荷重を加算した荷重に耐えるものであること．

　　（3）　門形構造のものであること．

　ロ　電車線等と架空電線との離隔距離は，次のいずれかによること．

　（イ）　水平離隔距離を2m以上とすること．

　（ロ）　架空電線の上方に保護網を第100条第9項の規定に準じて施設する場合は，離隔距離を2m以上とすること．

6　次の各号により施設する場合は，前項の規定によらず，低圧架空電線又は高圧架空電線を，特別高圧の電車線等の上方に接近して施設することができる．

一　架空電線と電車線等との水平距離は，3m以上とすること．

二　次のいずれかにより施設すること．

　イ　架空電線の切断，架空電線路の支持物の倒壊等の際に，架空電線が電車線等と接触するおそれがないように施設すること．

　ロ　次により施設すること．

　（イ）　低圧架空電線路は，次によること．（関連省令第6条）

　　（1）　低圧保安工事により施設すること．ただし，電線は，ケーブル又は引張強さ8.01kN以上のもの若しくは直径5mm以上の硬銅線であること．

　　（2）　電線がケーブルである場合は，第67条第五号の規定に準じること．

　（ロ）　高圧架空電線路は，高圧保安工事により施設すること．

　（ハ）　架空電線路の支持物は，次のいずれかによること．（関連省令第32条第1項）

　　（1）　電車線等と接近する反対側に支線を設けること．

　　（2）　B種鉄筋コンクリート柱又はB種鉄柱であって，常時想定荷重に1.96kNの水平横荷重を加算した荷重に耐えるものであること．

　　（3）　鉄塔であること．

7　低圧架空電線又は高圧架空電線が，特別高圧の電車線等の上に交差して施設される場合は，次の各号により施設すること．

一　低圧架空電線路又は高圧架空電線路の電線，腕金類，支持物，支線又は支柱と電車線等との離隔距離は，2m以上であること．

二　低圧架空電線路又は高圧架空電線路の支持物は，次によること．（関連省令第32条第1項）

　イ　次のいずれかによること．

　（イ）　次の図に示す方向に支線を設けること．

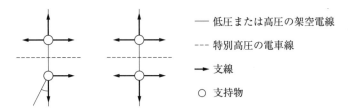

（1）　$\theta \geqq 10$ のとき　　（2）　（1）以外の場合

（ロ）　B種鉄筋コンクリート柱又はB種鉄柱であって，常時想定荷重に 1.96 kN の水平横荷重を加算した荷重に耐えるものであること．

（ハ）　鉄塔であること．

ロ　木柱である場合は，風圧荷重に対する安全率は，2以上であること．

ハ　径間は，木柱，A種鉄筋コンクリート柱又はA種鉄柱を使用する場合は 60 m 以下，B種鉄筋コンクリート柱又はB種鉄柱を使用する場合は 120 m 以下であること．

三　低圧架空電線路は，電線にケーブルを使用し，次に適合するちょう架用線でちょう架して施設すること．（関連省令第6条）

イ　引張強さが 19.61 kN 以上のもの又は断面積 38 mm^2 以上の亜鉛めっき鋼より線であって，電車線等と交差する部分を含む径間において接続点のないものであること．

ロ　第67条第五号の規定に準じるとともに，電車線等と交差する部分の両側の支持物に堅ろうに引き留めて施設すること．

四　高圧架空電線路は，次により施設すること．

イ　次のいずれかによること．（関連省令第6条）

（イ）　電線にケーブルを使用し，第三号の規定に準じて施設すること．

（ロ）　電線に，引張強さが 14.51 kN 以上のもの又は断面積 38 mm^2 以上の硬銅より線を使用するとともに，次により施設すること．

（1）　電線は，電車線等と交差する部分を含む径間において接続点のないものであること．

（2）　高圧架空電線相互の間隔は，0.65 m 以上であること．

（3）　支持物は，耐張がいし装置を有するものであること．

ロ　腕金類には，堅ろうな金属製のものを使用し，これにD種接地工事を施すこと．（関連省令第10条，第11条）

解釈第76条は「低高圧架空電線と架空弱電流電線路等との接近又は交差」です．

低圧架空電線又は高圧架空電線が，架空弱電流電線路等と接近又は交差する場合における，相互の離隔距離は，76-1表に規定する値以上であること．

76-1 表

| 架空電線の種類 | 架空弱電流電線等 | | 架空弱電流電線路等の支持物 |
	架空弱電流電線路等の管理者の承諾を得た場合において，架空弱電流電線等が絶縁電線と同等以上の絶縁効力のあるもの又は通信用ケーブルであるとき	その他の場合	
低圧架空電線　高圧絶縁電線，特別高圧絶縁電線又はケーブル	0.15 m	0.3 m	0.3 m
低圧架空電線　その他	0.3 m	0.6 m	
高圧架空電線　ケーブル	0.4 m		0.3 m
高圧架空電線　その他	0.8 m		0.6 m

（2　省略）

3　低圧架空電線又は高圧架空電線が，架空弱電流電線等の下方に接近する場合は，低圧架空電線又は高圧架空電線と架空弱電流電線等との水平距離は，架空弱電流電線路等の支持物の地表上の高さに相当する距離以上であること．ただし，技術上やむを得ない場合において，次の各号のいずれかに該当するときは，この限りでない．

一　架空電線が，低圧架空電線である場合

二　架空弱電流電線等が，高圧架空電線路の支持物に係る第59条，第60条及び第62条の規定に準じるとともに，危険のおそれがないように施設されたものである場合

三　高圧架空電線と架空弱電流電線等との水平距離が2.5 m以上であり，かつ，架空弱電流電線路等の支持物の倒壊等の際に，架空弱電流電線等が高圧架空電線に接触するおそれがない範囲に高圧架空電線を施設する場合

（4　省略）

第3章　電気設備の技術基準の解釈

解釈第77条は「低高圧架空電線とアンテナとの接近又は交差」です．

低圧架空電線又は高圧架空電線が，アンテナと接近状態に施設される場合は，次の各号によること．

一　高圧架空電線路は，高圧保安工事により施設すること．

二　架空電線とアンテナとの離隔距離（架渉線により施設するアンテナにあっては，水平離隔距離）は，77-1表に規定する値以上であること．

77-1 表

架空電線の種類		離隔距離
低圧架空電線	高圧絶縁電線，特別高圧絶縁電線又はケーブル	0.3 m
低圧架空電線	その他	0.6 m
高圧架空電線	ケーブル	0.4 m
高圧架空電線	その他	0.8 m

2　低圧架空電線又は高圧架空電線が，アンテナの下方に接近する場合は，低圧架空電線又は高圧架空電線とアンテナとの水平距離は，アンテナの支柱の地表上の高さに相当する距離以上であること．ただし，技術上やむを得ない場合において，次の各号により施設する場合はこの限りでない．

一　前項の規定に準じるとともに，危険のおそれがないように施設すること．
二　架空電線が高圧架空電線である場合は，次のいずれかによること．
　イ　アンテナが架渉線により施設するものである場合は，当該アンテナを，高圧架空電線路の支持物に係る第 59 条，第 60 条及び第 62 条の規定に準じて施設すること．
　ロ　高圧架空電線とアンテナとの水平距離が 2.5 m 以上であり，かつ，アンテナの支柱の倒壊等の際に，アンテナが高圧架空電線に接触するおそれがない範囲に高圧架空電線を施設すること．
（3　省略）

　解釈第 78 条は「低高圧架空電線と他の工作物との接近又は交差」です．　　　⋮

低圧架空電線又は高圧架空電線が，建造物，道路（車両及び人の往来がまれであるものを除く．），横断歩道橋，鉄道，軌道，索道，他の低圧架空電線路又は高圧架空電線路，電車線等，架空弱電流電線路等，アンテナ及び特別高圧架空電線以外の工作物（以下この条において「他の工作物」という．）と接近して施設される場合，又は他の工作物の上に交差して施設される場合における，低圧架空電線又は高圧架空電線と他の工作物との離隔距離は，78-1 表に規定する値以上であること．

78-1 表

区分		架空電線の種類	離隔距離
造営物の上部造営材の上方	低圧架空電線	高圧絶縁電線，特別高圧絶縁電線又はケーブル	<u>1 m</u>
		その他	<u>2 m</u>
	高圧架空電線	ケーブル	<u>1 m</u>
		その他	<u>2 m</u>
その他	低圧架空電線	高圧絶縁電線，特別高圧絶縁電線又はケーブル	<u>0.3 m</u>
		その他	<u>0.6 m</u>
	高圧架空電線	ケーブル	<u>0.4 m</u>
		その他	<u>0.8 m</u>

（2，3　省略）
4　次の各号のいずれかによる場合は，第1項の規定によらないことができる．
一　絶縁電線を使用する低圧架空電線を，他の工作物に施設される簡易な突出し看板その他の人が上部に乗るおそれがない部分と 0.3 m 以上離して施設する場合
二　電線に絶縁電線，多心型電線又はケーブルを使用し，当該電線を低圧防護具により防護した低圧架空電線を，造営物に施設される簡易な突出し看板その他の人が上部に乗るおそれがない造営材又は造営物以外の工作物に接触しないように施設する場合
三　電線に高圧絶縁電線，特別高圧絶縁電線又はケーブルを使用し，当該電線を高圧防護具により防護した高圧架空電線を，造営物に施設される簡易な突出し看板その他の人が上部に乗るおそれがない造営材又は造営物以外の工作物に接触しないように施設する場合

　解釈第 79 条は「低高圧架空電線と植物との接近」です．　　　⋮

<u>低圧架空電線又は高圧架空電線は，平時吹いている風等により，植物に接触しないように施設すること．</u>ただし，次の各号のいずれかによる場合は，この限りでない．
一　低圧架空電線又は高圧架空電線を，次に適合する防護具に収めて施設すること．

　イ　構造は，絶縁耐力及び耐摩耗性を有する摩耗検知層の上部に摩耗層を施した構造で，外部から電線に接触するおそれがないように電線を覆うことができること．

　ロ　完成品は，摩耗検知層が露出した状態で，次に適合するものであること．

　（イ）　低圧架空電線に使用するものは，充電部分に接する内面と充電部分に接しない外面との間に，1 500 Vの交流電圧を連続して1分間加えたとき，これに耐える性能を有すること．

（以降省略）

3·3·7　低高圧架空電線等の併架（解釈第80条）

併架の読み方は，「へいが」だよ．

　鉄塔等の支持物に複数系統の送配電線を支持させることを併架といいます．

低圧架空電線と高圧架空電線とを同一支持物に施設する場合は，次の各号のいずれかによること．

一　次により施設すること．

　イ　低圧架空電線を高圧架空電線の下に施設すること．

　ロ　低圧架空電線と高圧架空電線は，別個の腕金類に施設すること．

　ハ　低圧架空電線と高圧架空電線との離隔距離は，0.5 m以上であること．ただし，かど柱，分岐柱等で混触のおそれがないように施設する場合は，この限りでない．

二　高圧架空電線にケーブルを使用するとともに，高圧架空電線と低圧架空電線との離隔距離を0.3 m以上とすること．

2　低圧架空引込線を分岐するため低圧架空電線を高圧用の腕金類に堅ろうに施設する場合は，前項の規定によらないことができる．

3　低圧架空電線又は高圧架空電線と特別高圧の電車線等とを同一支持物に施設する場合は，次の各号によること．

一　架空電線を，支持物の電車線等を支持する側の反対側に施設する場合は，次によること．

　イ　架空電線は，第107条第1項第二号及び第三号の規定に準じて施設すること．

　ロ　架空電線と電車線等との水平距離は，1 m以上であること．

　ハ　架空電線を電車線等の上に施設する場合は，架空電線と電車線等との垂直距離は，水平距離の1.5倍以下であること．

二　架空電線を，支持物の電車線等を支持する側に施設する場合は，次によること．

　イ　架空電線と電車線等との水平距離は，3 m以上であること．ただし，構内等で支持物の両側に電車線等を施設する場合は，この限りでない．

　ロ　架空電線路の径間は，60 m以下であること．

　ハ　架空電線は，引張強さ8.71 kN以上のもの又は断面積22 mm²以上の硬銅より線であること．ただし，低圧架空電線を電車線等の下に施設するときは，低圧架空電線に引張強さ8.01 kN以上のもの又は直径5 mm以上の硬銅線（低圧架空電線路の径間が30 m以下の場合は，引張強さ5.26 kN以上のもの又は直径4 mm以上の硬銅線）を使用することができる．（関連省令第6条）

　ニ　低圧架空電線は，第66条第1項の規定に準じて施設すること．（関連省令第6条）

3·3·8　低高圧架空電線と架空弱電流電線等との共架（解釈第81条）

共架の読み方は，「きょうが」だよ．

　電柱等の支持物に送配電線と電話線等の弱電流電線等を並行して支持させることを共架といいます．

第3章　電気設備の技術基準の解釈

低圧架空電線又は高圧架空電線と架空弱電流電線等とを同一支持物に施設する場合は，次の各号により施設すること．ただし，架空弱電流電線等が電力保安通信線である場合は，この限りでない．

一　電線路の支持物として使用する木柱の風圧荷重に対する安全率は，1.5以上であること．（関連省令第32条第1項）

二　架空電線を架空弱電流電線等の上とし，別個の腕金類に施設すること．ただし，架空弱電流電線路等の管理者の承諾を得た場合において，低圧架空電線に高圧絶縁電線，特別高圧絶縁電線又はケーブルを使用するときは，この限りでない．

三　架空電線と架空弱電流電線等との離隔距離は，81-1表に規定する値以上であること．ただし，架空電線路の管理者と架空弱電流電線等の管理者が同じ者である場合において，当該架空電線に有線テレビ用給電兼用同軸ケーブルを使用するときは，この限りでない．

81-1表

架空電線の種類		架空弱電流電線等の種類				
		架空弱電流電線路等の管理者の承諾を得た場合			その他の場合	
		添架通信用第1種ケーブル，添架通信用第2種ケーブル又は光ファイバケーブル	絶縁電線と同等以上の絶縁効力のあるもの又は通信用ケーブル	その他	絶縁電線と同等以上の絶縁効力のあるもの又は通信用ケーブル	その他
低圧架空電線	高圧絶縁電線，特別高圧絶縁電線又はケーブル	0.3 m	0.3 m	0.6 m	0.3 m	0.75 m
	低圧絶縁電線		0.6 m		0.75 m	
	その他	0.6 m				
高圧架空電線	ケーブル	0.3 m	0.5 m	1 m	0.5 m	1.5 m
	その他	0.6 m	1 m		1.5 m	

四　架空電線が架空弱電流電線に対して誘導作用により通信上の障害を及ぼすおそれがある場合は，第52条第1項第二号の規定に準じて施設すること．（関連省令第42条第2項）

五　架空電線路の支持物の長さの方向に施設される電線又は弱電流電線等及びその附属物（以下この項において「垂直部分」という．）は，次によること．

　イ　架空電線路の垂直部分と架空弱電流電線路等の垂直部分とを同一支持物に施設する場合は，次のいずれかによること．

　（イ）　架空電線路の垂直部分と架空弱電流電線路等の垂直部分とは支持物を挟んで施設するとともに，地表上4.5 m以内においては，架空電線路の垂直部分を道路側に突き出さないように施設すること．

　（ロ）　架空電線路の垂直部分と架空弱電流電線路等の垂直部分との距離を1 m以上とすること．

　（ハ）　架空電線路の垂直部分及び架空弱電流電線路等の垂直部分がケーブルである場合において，それらを直接接触するおそれがないように支持物又は腕金類に堅ろうに施設すること．

　ロ　支持物の表面に取り付ける架空電線路の垂直部分であって，架空弱電流電線等の施設者が施設したものの1 m上部から最下部までに施設される部分は，低圧にあっては絶縁電線又はケーブル，高圧にあってはケーブルであること．

　ハ　次による場合は，第二号及び第三号の規定によらないことができる．

　（イ）　架空弱電流電線等の管理者の承諾を得ること．

　（ロ）　架空弱電流電線等の垂直部分が，ケーブル又は十分な絶縁耐力を有するものに収めたものであること．

　（ハ）　架空弱電流電線等の垂直部分が，架空電線と直接接触するおそれがないように支持物又は腕金類に堅ろうに施設されたものであること．

六　架空電線路の接地線には，絶縁電線又はケーブルを使用し，かつ，架空電線路の接地線及び接地極と架空弱電流電線路等の接地線及び接地極とは，それぞれ別個に施設すること．（関連省令第11条）

七　架空電線路の支持物は，当該電線路の工事，維持及び運用に支障を及ぼすおそれがないように施設すること．

3·3·9　低圧架空電線路の施設の特例（解釈第82条）

使用電圧が300 V以下のものを対象とした特例です．

使用電圧が300 V以下の場合だけだね

農事用の電灯，電動機等に電気を供給する使用電圧が300 V以下の低圧架空電線路を次の各号により施設する場合は，第65条第1項第二号及び第68条第1項の規定によらないことができる．

一　次のいずれかに該当するもの以外のものであること．

　イ　建造物の上に施設されるもの

　ロ　道路（歩行の用にのみ供される部分を除く．），鉄道，軌道，索道，他の架空電線，電車線，架空弱電流電線等又はアンテナと交差して施設されるもの

　ハ　ロに掲げるものと低圧架空電線との水平距離が，当該低圧架空電線路の支持物の地表上の高さに相当する距離以下に施設されるもの

二　電線は，引張強さ1.38 kN以上の強さのもの又は直径2 mm以上の硬銅線であること．

三　電線の地表上の高さは，3.5 m（人が容易に立ち入らない場所に施設する場合は，3 m）以上であること．

四　支持物に木柱を使用する場合は，その太さは，末口で直径9 cm以上であること．

五　径間は，30 m以下であること．

六　他の電線路に接続する箇所の近くに，当該低圧架空電線路専用の開閉器及び過電流遮断器を各極（過電流遮断器にあっては，中性極を除く．）に施設すること．（関連省令第14条）

2　1構内だけに施設する使用電圧が300 V以下の低圧架空電線路を次の各号により施設する場合は，第65条第1項第二号及び第78条第1項の規定によらないことができる．

一　次のいずれかに該当するもの以外のものであること．

　イ　建造物の上に施設されるもの

　ロ　道路（幅5 mを超えるものに限る．），横断歩道橋，鉄道，軌道，索道，他の架空電線，電車線，架空弱電流電線等又はアンテナと交差して施設されるもの

　ハ　ロに掲げるものと低圧架空電線との水平距離が，当該低圧架空電線路の支持物の地表上の高さに相当する距離以下に施設されるもの

二　電線は，引張強さ1.38 kN以上の絶縁電線又は直径2 mm以上の硬銅線の絶縁電線であること．ただし，径間が10 m以下の場合に限り，引張強さ0.62 kN以上の絶縁電線又は直径2 mm以上の軟銅線の絶縁電線を使用することができる．

三　径間は，30 m以下であること．

四　電線と他の工作物との離隔距離は，82-1表に規定する値以上であること．

82-1 表

区分	架空電線の種類		離隔距離
造営物の上部造営材の上方	全て		1 m
その他	高圧絶縁電線，特別高圧絶縁電線又はケーブル		0.3 m
	その他		0.6 m

3　1構内だけに施設する使用電圧が300 V以下の低圧架空電線路であって，その電線が道路(幅5 mを超えるものに限る.)，横断歩道橋，鉄道又は軌道を横断して施設されるもの以外のものの電線の高さは，第68条第1項の規定によらず，次の各号によることができる.

一　道路を横断する場合は，4 m以上であるとともに，交通に支障のない高さであること.

二　前号以外の場合は，3 m以上であること.

3・3・10　屋側電線路の施設(解釈第110条〜第112条)

支持点間距離，離隔距離に目を通してね

屋側とは造営物の外側面，例えば壁の外側のことです．低圧，高圧，特別高圧についてそれぞれ規定されています．

解釈第110条が「低圧屋側電線路の施設」です．

低圧屋側電線路(低圧の引込線及び連接引込線の屋側部分を除く．以下この節において同じ．)は，次の各号のいずれかに該当する場合に限り，施設することができる．

一　1構内又は同一基礎構造物及びこれに構築された複数の建物並びに構造的に一体化した1つの建物(以下この条において「1構内等」という．)に施設する電線路の全部又は一部として施設する場合

二　1構内等専用の電線路中，その構内等に施設する部分の全部又は一部として施設する場合

2　低圧屋側電線路は，次の各号のいずれかにより施設すること．

一　がいし引き工事により，次に適合するように施設すること．

イ　展開した場所に施設し，簡易接触防護措置を施すこと．

ロ　第145条第1項の規定に準じて施設すること．

ハ　電線は，110-1表の左欄に掲げるものであること．

ニ　電線の種類に応じ，電線相互の間隔，電線とその低圧屋側電線路を施設する造営材との離隔距離は，110-1表に規定する値以上とし，支持点間の距離は，110-1表に規定する値以下であること．

110-1 表

電線の種類		電線相互の間隔	電線と造営材との離隔距離	支持点間の距離
引込用ビニル絶縁電線又は引込用ポリエチレン絶縁電線	直径2 mmの軟銅線と同等以上の強さ及び太さのもの	−	3 cm	2 m
			30 cm	15 m
屋外用ビニル絶縁電線 上記以外の絶縁電線	引張強さ1.38 kN以上のもの又は直径2 mm以上の硬銅線	20 cm	30 cm	15 m
	直径2 mmの軟銅線と同等以上の強さ及び太さのもの	110-2表に規定する値		2 m

110-2 表

施設場所の区分	使用電圧の区分	電線相互の間隔	電線と造営材との離隔距離
雨露にさらされない場所	–	6 cm	2.5 cm
雨露にさらされる場所	300 V 以下	6 cm	2.5 cm
	300 V 超過	12 cm	4.5 cm

　ホ　電線に，引込用ビニル絶縁電線又は引込用ポリエチレン絶縁電線を使用する場合は，次によること.
　（イ）　使用電圧は，300 V 以下であること.
　（ロ）　電線を損傷するおそれがないように施設すること.
　（ハ）　電線をバインド線によりがいしに取り付ける場合は，バインドするそれぞれの線心がいしの異なる溝に入れ，かつ，異なるバインド線により線心相互及びバインド線相互が接触しないように堅ろうに施設すること.
　（ニ）　電線を接続する場合は，それぞれの線心の接続点は，5 cm 以上離れていること.
　ヘ　がいしは，絶縁性，難燃性及び耐水性のあるものであること.
　ト　第3項に規定する場合を除き，低圧屋側電線路の電線が，他の工作物(当該低圧屋側電線路を施設する造営材，架空電線，屋側に施設される高圧又は特別高圧の電線及び屋上電線を除く. 以下この条において同じ.)と接近する場合又は他の工作物の上若しくは下に施設される場合における，低圧屋側電線路の電線と他の工作物との離隔距離は，110-3 表に規定する値以上であること.

110-3 表

区分	低圧屋側電線路の電線の種類	離隔距離
上部造営材の上方	高圧絶縁電線又は特別高圧絶縁電線	1 m
	その他	2 m
その他	高圧絶縁電線又は特別高圧絶縁電線	0.3 m
	その他	0.6 m

　チ　電線は，平時吹いている風等により植物に接触しないように施設すること.
二　合成樹脂管工事により，第145条第2項及び第158条の規定に準じて施設すること.
三　金属管工事により，次に適合するように施設すること.
　イ　木造以外の造営物に施設すること.
　ロ　第159条の規定に準じて施設すること.
四　バスダクト工事により，次に適合するように施設すること.
　イ　木造以外の造営物において，展開した場所又は点検できる隠ぺい場所に施設すること.
　ロ　第163条の規定に準じて施設するほか，屋外用のバスダクトであって，ダクト内部に水が浸入してたまらないものを使用すること.
五　ケーブル工事により，次に適合するように施設すること.
　イ　鉛被ケーブル，アルミ被ケーブル又はMIケーブルを使用する場合は，木造以外の造営物に施設すること.
(以降省略)

第3章　電気設備の技術基準の解釈

139

解釈第111条は「高圧屋側電線路の施設」です.　⋮

高圧屋側電線路(高圧引込線の屋側部分を除く. 以下この節において同じ.)は, 次の各号のいずれかに該当する場合に限り, 施設することができる.
一　1構内又は同一基礎構造物及びこれに構築された複数の建物並びに構造的に一体化した1つの建物(以下この条において「1構内等」という.)に施設する電線路の全部又は一部として施設する場合
二　1構内等専用の電線路中, その構内等に施設する部分の全部又は一部として施設する場合
三　屋外に施設された複数の電線路から送受電するように施設する場合
2　高圧屋側電線路は, 次の各号により施設すること.
一　展開した場所に施設すること.
二　第145条第2項の規定に準じて施設すること.
三　電線は, ケーブルであること.
四　ケーブルには, 接触防護措置を施すこと.
五　ケーブルを造営材の側面又は下面に沿って取り付ける場合は, ケーブルの支持点間の距離を2m(垂直に取り付ける場合は, 6m)以下とし, かつ, その被覆を損傷しないように取り付けること.
六　ケーブルをちょう架用線にちょう架して施設する場合は, 第67条(第一号ホを除く.)の規定に準じて施設するとともに, 電線が高圧屋側電線路を施設する造営材に接触しないように施設すること.
七　管その他のケーブルを収める防護装置の金属製部分, 金属製の電線接続箱及びケーブルの被覆に使用する金属体には, これらのものの防食措置を施した部分及び大地との間の電気抵抗値が10Ω以下である部分を除き, A種接地工事(接触防護措置を施す場合は, D種接地工事)を施すこと.　(関連省令第10条, 第11条)
3　高圧屋側電線路の電線と, その高圧屋側電線路を施設する造営物に施設される, 他の低圧又は特別高圧の電線であって屋側に施設されるもの, 管灯回路の配線, 弱電流電線等又は水管, ガス管若しくはこれらに類するものとが接近又は交差する場合における, 高圧屋側電線路の電線とこれらのものとの離隔距離は, 0.15m以上であること.
4　前項の場合を除き, 高圧屋側電線路の電線が他の工作物(その高圧屋側電線路を施設する造営物に施設する他の高圧屋側電線並びに架空電線及び屋上電線を除く. 以下この条において同じ.)と接近する場合における, 高圧屋側電線路の電線とこれらのものとの離隔距離は, 0.3m以上であること.
5　高圧屋側電線路の電線と他の工作物との間に耐火性のある堅ろうな隔壁を設けて施設する場合, 又は高圧屋側電線路の電線を耐火性のある堅ろうな管に収めて施設する場合は, 第3項及び第4項の規定によらないことができる.

解釈第112条は「特別高圧屋側電線路の施設」です.　⋮

特別高圧屋側電線路(特別高圧引込線の屋側部分を除く. 以下この条において同じ.)は, 使用電圧が100 000V以下であって, 前条第1項各号のいずれかに該当する場合に限り, 施設することができる.
(以降省略)

3·3·11　屋上電線路の施設（解釈第113条～第115条）

　ここからは，屋上電線路の施設に関する規定です．低圧，高圧，特別高圧について それぞれ規定されています．電線の仕様，支持点間の距離，離隔距離の数値がポイントとなります．

　解釈第113条が「低圧屋上電線路の施設」です．

低圧屋上電線路(低圧の引込線及び連接引込線の屋上部分を除く．以下この条において同じ．)は，次の各号のいずれかに該当する場合に限り，施設することができる．
一　1構内又は同一基礎構造物及びこれに構築された複数の建物並びに構造的に一体化した1つの建物(以下この条において「1構内等」という．)に施設する電線路の全部又は一部として施設する場合
二　1構内等専用の電線路中，その構内等に施設する部分の全部又は一部として施設する場合
2　低圧屋上電線路は，次の各号のいずれかにより施設すること．
一　電線に絶縁電線を使用し，次に適合するように施設すること．
　イ　展開した場所に，危険のおそれがないように施設すること．
　ロ　電線は，引張強さ2.30 kN以上のもの又は直径2.6 mm以上の硬銅線であること．（関連省令第6条）
　ハ　電線は，造営材に堅ろうに取り付けた支持柱又は支持台に絶縁性，難燃性及び耐水性のあるがいしを用いて支持し，かつ，その支持点間の距離は，15 m以下であること．
　ニ　電線とその低圧屋上電線路を施設する造営材との離隔距離は，2 m(電線が高圧絶縁電線又は特別高圧絶縁電線である場合は，1 m)以上であること．
二　電線にケーブルを使用し，次のいずれかに適合するように施設すること．
　イ　電線を展開した場所において，第67条(第五号を除く．)の規定に準じて施設するほか，造営材に堅ろうに取り付けた支持柱又は支持台により支持し，造営材との離隔距離を1 m以上として施設すること．
　ロ　電線を造営材に堅ろうに取り付けた堅ろうな管又はトラフに収め，かつ，トラフには取扱者以外の者が容易に開けることができないような構造を有する鉄製又は鉄筋コンクリート製その他の堅ろうなふたを設けるほか，第164条第1項第四号及び第五号の規定に準じて施設すること．
　ハ　電線を造営材に堅ろうに取り付けたラックに施設し，かつ，電線に簡易接触防護措置を施すほか，第164条第1項第二号，第四号及び第五号の規定に準じて施設すること．
三　バスダクト工事により，次に適合するように施設すること．
　イ　日本電気技術規格委員会規格 JESC E6001(2011)「バスダクト工事による低圧屋上電線路の施設」の「3. 技術的規定」によること．
　ロ　第163条の規定に準じて施設すること．
3　低圧屋上電線路の電線が，他の工作物と接近又は交差する場合における，相互の離隔距離は，113-1表に規定する値以上であること．

113-1 表

電線の種類	他の工作物の種類			
	屋側に施設される低圧電線，他の低圧屋上電線路の電線		屋側に施設される高圧又は特別高圧の電線，弱電流電線等，アンテナ又は水管，ガス管若しくはこれらに類するもの	左記以外のもの(当該低圧屋上電線路を施設する造営材，架空電線及び高圧の屋上電線路の電線を除く.)
	絶縁電線，多心型電線若しくはケーブルであって低圧防護具により防護したもの，高圧絶縁電線，特別高圧絶縁電線又はケーブル	その他		
バスダクト	0.3 m			
高圧絶縁電線，特別高圧絶縁電線又はケーブル	0.3 m			
絶縁電線又は多心型電線であって低圧防護具により防護したもの	0.3 m			0.6 m
上記以外のもの	0.3 m	1 m		0.6 m

4　低圧屋上電線路の電線は，平時吹いている風等により植物と接触しないように施設すること.

　解釈第114条は，「高圧屋上電線路の施設」です.　　　　　　　　　⋮

高圧屋上電線路(高圧の引込線の屋上部分を除く. 以下この条において同じ.)は，次の各号のいずれかに該当する場合に限り，施設することができる.
一　1構内又は同一基礎構造物及びこれに構築された複数の建物並びに構造的に一体化した1つの建物(以下この条において「1構内等」という.)に施設する電線路の全部又は一部として施設する場合
二　1構内等専用の電線路中その構内等に施設する部分の全部又は一部として施設する場合
三　屋外に施設された複数の電線路から送受電するように施設する場合
2　高圧屋上電線路は，次の各号により施設すること.
一　電線は，ケーブルであること.
二　次のいずれかによること.
　イ　電線を展開した場所において，第67条(第一号ロ，ハ及びニを除く.)の規定に準じて施設するほか，造営材に堅ろうに取り付けた支持柱又は支持台により支持し，造営材との離隔距離を1.2 m以上として施設すること.
　ロ　電線を造営材に堅ろうに取り付けた堅ろうな管又はトラフに収め，かつ，トラフには取扱者以外の者が容易に開けることができないような構造を有する鉄製又は鉄筋コンクリート製その他の堅ろうなふたを設けるほか，第111条第2項第七号の規定に準じて施設すること.
3　高圧屋上電線路の電線が他の工作物(架空電線を除く.)と接近し，又は交差する場合における，高圧屋上電線路の電線とこれらのものとの離隔距離は，0.6 m以上であること. ただし，前項第二号ロの規定により施設する場合であって，第124条及び第125条(第3項及び第4項を除く.)の規定に準じて施設する場合は，この限りでない.
4　高圧屋上電線路の電線は，平時吹いている風等により植物と接触しないように施設すること.

　解釈第115条は，「特別高圧屋上電線路の施設」です.　　　　　　　⋮

特別高圧屋上電線路は，特別高圧の引込線の屋上部分を除き，施設しないこと．

3・3・12　架空引込線等の施設（解釈第116条～第118条）

ここからは，引込線の施設に関する規定です．低圧，高圧，特別高圧について
それぞれ規定されています．

解釈第116条が，「低圧架空引込線等の施設」です．解釈第68条（低高圧架
空電線の高さ）と混同しないように注意して下さい．

解釈第68条も見て
ね

低圧架空引込線は，次の各号により施設すること．
一　電線は，絶縁電線又はケーブルであること．
二　電線は，ケーブルである場合を除き，引張強さ2.30 kN以上のもの又は直径2.6 mm以上の硬銅線であ
ること．ただし，径間が15 m以下の場合に限り，引張強さ1.38 kN以上のもの又は直径2 mm以上の硬銅線
を使用することができる．
三　電線が屋外用ビニル絶縁電線である場合は，人が通る場所から手を伸ばしても触れることのない範囲に施
設すること．
四　電線が屋外用ビニル絶縁電線以外の絶縁電線である場合は，人が通る場所から容易に触れることのない範
囲に施設すること．
五　電線がケーブルである場合は，第67条（第五号を除く．）の規定に準じて施設すること．ただし，ケーブル
の長さが1 m以下の場合は，この限りでない．
六　電線の高さは，116-1表に規定する値以上であること．

116-1 表

区分		高さ
道路（歩行の用にのみ供される部分を除く．）を横断する場合	技術上やむを得ない場合において交通に支障のないとき	路面上3 m
	その他の場合	路面上5 m
鉄道又は軌道を横断する場合		レール面上5.5 m
横断歩道橋の上に施設する場合		横断歩道橋の路面上3 m
上記以外の場合	技術上やむを得ない場合において交通に支障のないとき	地表上2.5 m
	その他の場合	地表上4 m

七　電線が，工作物又は植物と接近又は交差する場合は，低圧架空電線に係る第71条から第79条までの規定
に準じて施設すること．ただし，電線と低圧架空引込線を直接引き込んだ造営物との離隔距離は，危険のおそ
れがない場合に限り，第71条第1項第二号及び第78条第1項の規定によらないことができる．
八　電線が，低圧架空引込線を直接引き込んだ造営物以外の工作物（道路，横断歩道橋，鉄道，軌道，索道，
電車線及び架空電線を除く．以下この項において「他の工作物」という．）と接近又は交差する場合において，
技術上やむを得ない場合は，第七号において準用する第71条から第78条（第71条第3項及び第78条第4項
を除く．）の規定によらず，次により施設することができる．

第3章　電気設備の技術基準の解釈

　　イ　電線と他の工作物との離隔距離は，116-2 表に規定する値以上であること．ただし，低圧架空引込線の需要場所の取付け点付近に限り，日本電気技術規格委員会規格 JESC E2005(2002)「低圧引込線と他物との離隔距離の特例」の「2．技術的規定」による場合は，同表によらないことができる．

116-2 表

区分	低圧引込線の電線の種類	離隔距離
造営物の上部造営材の上方	高圧絶縁電線，特別高圧絶縁電線又はケーブル	<u>0.5 m</u>
	屋外用ビニル絶縁電線以外の低圧絶縁電線	<u>1 m</u>
	その他	<u>2 m</u>
その他	高圧絶縁電線，特別高圧絶縁電線又はケーブル	<u>0.15 m</u>
	その他	<u>0.3 m</u>

　　ロ　危険のおそれがないように施設すること．
　2　低圧引込線の屋側部分又は屋上部分は，第 110 条第 2 項(第一号チを除く.)及び第 3 項の規定に準じて施設すること．
　3　第 82 条第 2 項又は第 3 項に規定する低圧架空電線に直接接続する架空引込線は，第 1 項の規定にかかわらず，第 82 条第 2 項又は第 3 項の規定に準じて施設することができる．
　4　低圧連接引込線は，次の各号により施設すること．
一　第 1 項から第 3 項までの規定に準じて施設すること．
二　引込線から分岐する点から 100 m を超える地域にわたらないこと．
三　幅 5 m を超える道路を横断しないこと．
四　屋内を通過しないこと．

　　解釈第 117 条は，「高圧架空引込線等の施設」です．　　　　　　　　⋮

高圧架空引込線は，次の各号により施設すること．
一　電線は，次のいずれかのものであること．
　　イ　<u>引張強さ 8.01 kN 以上のもの又は直径 5 mm 以上の硬銅線を使用する，高圧絶縁電線又は特別高圧絶縁電線</u>
　　ロ　<u>引下げ用高圧絶縁電線</u>
　　ハ　<u>ケーブル</u>
二　<u>電線が絶縁電線である場合は，がいし引き工事により施設すること．</u>
三　電線がケーブルである場合は，第 67 条の規定に準じて施設すること．
四　電線の高さは，第 68 条第 1 項の規定に準じること．ただし，次に適合する場合は，地表上 3.5 m 以上とすることができる．
　　イ　次の場合以外であること．
　　　（イ）　道路を横断する場合
　　　（ロ）　鉄道又は軌道を横断する場合
　　　（ハ）　横断歩道橋の上に施設する場合
　　ロ　電線がケーブル以外のものであるときは，その電線の下方に危険である旨の表示をすること．
五　電線が，工作物又は植物と接近又は交差する場合は，高圧架空電線に係る第 71 条から第 79 条までの規定に準じて施設すること．ただし，電線と高圧架空引込線を直接引き込んだ造営物との離隔距離は，危険のおそ

れがない場合に限り，第71条第1項第二号及び第78条第1項の規定によらないことができる．
　2　高圧引込線の屋側部分又は屋上部分は，第111条第2項から第5項までの規定に準じて施設すること．

　解釈第118条は，「特別高圧架空引込線等の施設」です．

特別高圧架空引込線は，次の各号により施設すること．
一　変電所に準ずる場所又は開閉所に準ずる場所に引き込む特別高圧架空引込線は，次によること．
　イ　次のいずれかによること．
　　(イ)　電線にケーブルを使用し，第86条の規定に準じて施設すること．
　　(ロ)　電線に，引張強さ8.71 kN以上のより線又は断面積が22 mm²以上の硬銅より線を使用し，第66条第1項の規定に準じて施設すること．
　ロ　電線と支持物等との離隔距離は，第89条の規定に準じること．
二　第一号に規定する場所以外の場所に引き込む特別高圧架空引込線は，次によること．
　イ　使用電圧は，100 000 V以下であること．
　ロ　電線にケーブルを使用し，第86条の規定に準じて施設すること．
三　電線の高さは，第87条の規定に準じること．ただし，次に適合する場合は，同条第1項の規定にかかわらず，電線の高さを地表上4 m以上とすることができる．
　イ　使用電圧が，35 000 V以下であること．
　ロ　電線が，ケーブルであること．
　ハ　次の場合以外であること．
　　(イ)　道路を横断する場合
　　(ロ)　鉄道又は軌道を横断する場合
　　(ハ)　横断歩道橋の上に施設される場合
(四，五　省略)
　2　特別高圧引込線の屋側部分又は屋上部分は，次の各号により施設すること．
一　使用電圧は，100 000 V以下であること．
二　第112条第2項の規定に準じて施設すること．
　3　第108条の規定により施設する特別高圧架空電線路の電線に接続する特別高圧引込線は，第1項及び第2項の規定によらず，前条の規定に準じて施設することができる．

3・3・13　地中電線路(解釈第120条〜125条)

　この項目では，地中電線路に関するものを扱います．
　解釈第120条は，「地中電線路の施設」です．電線共同溝とは，電線以外に水道やガス管等を一緒に収めるトンネルです．また，キャブとは「cable box」から来ている用語です．

地中の深さ，離隔距離に目を通してね．

地中電線路は，電線にケーブルを使用し，かつ，管路式，暗きょ式又は直接埋設式により施設すること．なお，管路式には電線共同溝(C.C.BOX)方式を，暗きょ式にはキャブ(電力，通信等のケーブルを収納するために道路下に設けるふた掛け式のU字構造物)によるものを，それぞれ含むものとする．
　2　地中電線路を管路式により施設する場合は，次の各号によること．

145

一　電線を収める管は，これに加わる車両その他の重量物の圧力に耐えるものであること．
二　高圧又は特別高圧の地中電線路には，次により表示を施すこと．ただし，需要場所に施設する高圧地中電線路であって，その長さが15 m以下のものにあってはこの限りでない．
　イ　物件の名称，管理者名及び電圧(需要場所に施設する場合にあっては，物件の名称及び管理者名を除く.)を表示すること．
　ロ　おおむね2 mの間隔で表示すること．ただし，他人が立ち入らない場所又は当該電線路の位置が十分に認知できる場合は，この限りでない．
3　地中電線路を暗きょ式により施設する場合は，次の各号によること．
一　暗きょは，車両その他の重量物の圧力に耐えるものであること．
二　次のいずれかにより，防火措置を施すこと．
　イ　次のいずれかにより，地中電線に耐燃措置を施すこと．
((イ)(ロ)(ハ)内容省略)
　ロ　暗きょ内に自動消火設備を施設すること．
4　地中電線路を直接埋設式により施設する場合は，次の各号によること．
一　地中電線の埋設深さは，車両その他の重量物の圧力を受けるおそれがある場所においては1.2 m以上，その他の場所においては0.6 m以上であること．ただし，使用するケーブルの種類，施設条件等を考慮し，これに加わる圧力に耐えるよう施設する場合はこの限りでない．
二　地中電線を衝撃から防護するため，次のいずれかにより施設すること．
　イ　地中電線を，堅ろうなトラフその他の防護物に収めること．
　ロ　低圧又は高圧の地中電線を，車両その他の重量物の圧力を受けるおそれがない場所に施設する場合は，地中電線の上部を堅ろうな板又はといで覆うこと．
　ハ　地中電線に，第6項に規定するがい装を有するケーブルを使用すること．さらに，地中電線の使用電圧が特別高圧である場合は，堅ろうな板又はといで地中電線の上部及び側部を覆うこと．
　ニ　地中電線に，パイプ型圧力ケーブルを使用し，かつ，地中電線の上部を堅ろうな板又はといで覆うこと．
三　第2項第二号の規定に準じ，表示を施すこと．
(以降省略)

　解釈第121条は，「地中箱の施設」です．　　　　　　　　　⋮

地中電線路に使用する地中箱は，次の各号によること．
一　地中箱は，車両その他の重量物の圧力に耐える構造であること．
二　爆発性又は燃焼性のガスが侵入し，爆発又は燃焼するおそれがある場所に設ける地中箱で，その大きさが1 m³以上のものには，通風装置その他ガスを放散させるための適当な装置を設けること．
三　地中箱のふたは，取扱者以外の者が容易に開けることができないように施設すること．

　解釈第123条は，「地中電線の被覆金属体等の接地」です．　　　　⋮

地中電線路の次の各号に掲げるものには，D種接地工事を施すこと．
一　管，暗きょその他の地中電線を収める防護装置の金属製部分
二　金属製の電線接続箱
三　地中電線の被覆に使用する金属体
2　次の各号に掲げるものについては，前項の規定によらないことができる．
一　ケーブルを支持する金物類
二　前項各号に掲げるもののうち，防食措置を施した部分
三　地中電線を管路式により施設した部分における，金属製の管路

解釈第 124 条は，「地中弱電流電線への誘導障害の防止」です．

地中電線路は，地中弱電流電線路に対して漏えい電流又は誘導作用により通信上の障害を及ぼさないように地中弱電流電線路から十分に離すなど，適当な方法で施設すること．

解釈第 125 条は，「地中電線と他の地中電線等との接近又は交差」です．

低圧地中電線と高圧地中電線とが接近又は交差する場合，又は低圧若しくは高圧の地中電線と特別高圧地中電線とが接近又は交差する場合は，次の各号のいずれかによること．ただし，地中箱内についてはこの限りでない．
一　低圧地中電線と高圧地中電線との離隔距離が，0.15 m 以上であること．
二　低圧又は高圧の地中電線と特別高圧地中電線との離隔距離が，0.3 m 以上であること．
三　暗きょ内に施設し，地中電線相互の離隔距離が，0.1 m 以上であること(第 120 条第 3 項第二号イに規定する耐燃措置を施した使用電圧が 170 000 V 未満の地中電線の場合に限る．)．
四　地中電線相互の間に堅ろうな耐火性の隔壁を設けること．
五　いずれかの地中電線が，次のいずれかに該当するものである場合は，地中電線相互の離隔距離が，0 m 以上であること．
　イ　不燃性の被覆を有すること．
　ロ　堅ろうな不燃性の管に収められていること．
六　それぞれの地中電線が，次のいずれかに該当するものである場合は，地中電線相互の離隔距離が，0 m 以上であること．
　イ　自消性のある難燃性の被覆を有すること．
　ロ　堅ろうな自消性のある難燃性の管に収められていること．
2　地中電線が，地中弱電流電線等と接近又は交差して施設される場合は，次の各号のいずれかによること．
一　地中電線と地中弱電流電線等との離隔距離が，125-1 表に規定する値以上であること．

125-1 表

地中電線の使用電圧の区分	離隔距離
低圧又は高圧	0.3 m
特別高圧	0.6 m

二　地中電線と地中弱電流電線等との間に堅ろうな耐火性の隔壁を設けること．
三　地中電線を堅ろうな不燃性の管又は自消性のある難燃性の管に収め，当該管が地中弱電流電線等と直接接触しないように施設すること．
四　地中弱電流電線等の管理者の承諾を得た場合は，次のいずれかによること．
　イ　地中弱電流電線等が，有線電気通信設備令施行規則(昭和 46 年郵政省令第 2 号)に適合した難燃性の防護被覆を使用したものである場合は，次のいずれかによること．
　　(イ)　地中電線が地中弱電流電線等と直接接触しないように施設すること．
　　(ロ)　地中電線の電圧が 222 V(使用電圧が 200 V)以下である場合は，地中電線と地中弱電流電線等との離隔距離が，0 m 以上であること．
　ロ　地中弱電流電線等が，光ファイバケーブルである場合は，地中電線と地中弱電流電線等との離隔距離が，0 m 以上であること．
　ハ　地中電線の使用電圧が 170 000 V 未満である場合は，地中電線と地中弱電流電線等との離隔距離が，0.1 m 以上であること．
五　地中弱電流電線等が電力保安通信線である場合は，次のいずれかによること．
　イ　地中電線の使用電圧が低圧である場合は，地中電線と電力保安通信線との離隔距離が，0 m 以上であること．

ロ　地中電線の使用電圧が高圧又は特別高圧である場合は，次のいずれかによること．

（イ）　電力保安通信線が，不燃性の被覆若しくは自消性のある難燃性の被覆を有する光ファイバケーブル，又は不燃性の管若しくは自消性のある難燃性の管に収めた光ファイバケーブルである場合は，地中電線と電力保安通信線との離隔距離が，0 m 以上であること．

（ロ）　地中電線が電力保安通信線に直接接触しないように施設すること．

3　特別高圧地中電線が，ガス管，石油パイプその他の可燃性若しくは有毒性の流体を内包する管（以下この条において「ガス管等」という．）と接近又は交差して施設される場合は，次の各号のいずれかによること．

一　地中電線とガス管等との離隔距離が，1 m 以上であること．

二　地中電線とガス管等との間に堅ろうな耐火性の隔壁を設けること．

三　地中電線を堅ろうな不燃性の管又は自消性のある難燃性の管に収め，当該管がガス管等と直接接触しないように施設すること．

4　特別高圧地中電線が，水道管その他のガス管等以外の管（以下この条において「水道管等」という．）と接近又は交差して施設される場合は，次の各号のいずれかによること．

一　地中電線と水道管等との離隔距離が，0.3 m 以上であること．

二　地中電線と水道管等との間に堅ろうな耐火性の隔壁を設けること．

三　地中電線を堅ろうな不燃性の管又は自消性のある難燃性の管に収める場合は，当該管と水道管等との離隔距離が，0 m 以上であること．

四　水道管等が不燃性の管又は不燃性の被覆を有する管である場合は，特別高圧地中電線と水道管等との離隔距離が，0 m 以上であること．

（以降省略）

● 試験の直前 ● CHECK!

- □ **用語の定義**＞＞表 3.16
- □ **電磁誘導作用による人の健康影響の防止**＞＞200 μT 以下
- □ **通信障害の防止**＞＞36.5 dB 以下，離隔距離 2 m 以下
- □ **架空電線路の支持物等**＞＞地表 1.8 m 以上，防護具，根入れ，支線
- □ **風圧荷重**＞＞甲種，乙種，丙種
- □ **低高圧架空電線路の施設**＞＞B 種接地工事，硬銅線，安全率，高さ
- □ **低高圧架空電線との接近又は交差**＞＞離隔距離
- □ **低高圧架空電線等の併架**
- □ **低高圧架空電線と架空弱電流電線等との共架**
- □ **低圧架空電線路の施設の特例**
- □ **屋側電線路の施設**＞＞造営材との離隔距離
- □ **屋上電線路の施設**
- □ **架空引込線等の施設**＞＞高さ
- □ **地中電線路**＞＞防火措置，自動消火設備，埋設深さ（0.6，1.2 m）

問題 1

次の文章は，「電気設備技術基準の解釈」における，第1次接近状態及び第2次接近状態に関する記述である．

1．「第1次接近状態」とは，架空電線が他の工作物と接近（併行する場合を含み，交さする場合及び同一支持物に施設される場合を除く．以下同じ．）する場合において，当該架空電線が他の工作物の上方又は側方において水平距離で架空電線路の支持物の地表上の高さに相当する距離以内に施設されること（水平距離で │(ア)│ 〔m〕未満に施設されることを除く．）により，架空電線路の電線の │(イ)│，支持物の │(ウ)│ 等の際に，当該電線が他の工作物 │(エ)│ おそれがある状態をいう．

2．「第2次接近状態」とは，架空電線が他の工作物と接近する場合において，当該架空電線が他の工作物の上方又は側方において水平距離で │(ア)│ 〔m〕未満に施設される状態をいう．

上記の記述中の空白箇所(ア)，(イ)，(ウ)及び(エ)に当てはまる語句又は数値として，正しいものを組み合わせたのは次のうちどれか．

	(ア)	(イ)	(ウ)	(エ)
(1)	1.2	振動	傾斜	を損壊させる
(2)	2	振動	倒壊	に接触する
(3)	3	切断	倒壊	を損壊させる
(4)	3	切断	倒壊	に接触する
(5)	1.2	振動	傾斜	に接触する

《H21-7》

解説

解釈第49条(電線路に係る用語の定義)からの出題です．

1．用語の定義における第1次接近状態と表現方法が少し違いますが，内容は全く同じです．

2．用語の定義における第2次接近状態の内容とほぼ同じです．

問題 2

次の文章は，「電気設備技術基準の解釈」における架空弱電流電線路への誘導作用による通信障害の防止に関する記述の一部である．

1　低圧又は高圧の架空電線路（き電線路を除く．）と架空弱電流電線路とが │(ア)│ する場合は，誘導作用により通信上の障害を及ぼさないように，次により施設すること．

a　架空電線と架空弱電流電線との離隔距離は，│(イ)│ 以上とすること．

b　上記aの規定により施設してもなお架空弱電流電線路に対して誘導作用により通信上の障害を及ぼすおそれがあるときは，更に次に掲げるものその他の対策のうち1つ以上を施すこと．

①　架空電線と架空弱電流電線との離隔距離を増加すること．

149

②　架空電線路が交流架空電線路である場合は，架空電線を適当な距離で ［(ウ)］ すること．

③　架空電線と架空弱電流電線との間に，引張強さ 5.26 kN 以上の金属線又は直径 4 mm 以上の硬銅線を 2 条以上施設し，これに ［(エ)］ 接地工事を施すこと．

④　架空電線路が中性点接地式高圧架空電線路である場合は，地絡電流を制限するか，又は 2 以上の接地箇所がある場合において，その接地箇所を変更する等の方法を講じること．

2　次のいずれかに該当する場合は，上記 1 の規定によらないことができる．

　a　低圧又は高圧の架空電線が，ケーブルである場合

　b　架空弱電流電線が，通信用ケーブルである場合

　c　架空弱電流電線路の管理者の承諾を得た場合

3　中性点接地式高圧架空電線路は，架空弱電流電線路と ［(ア)］ しない場合においても，大地に流れる電流の ［(オ)］ 作用により通信上の障害を及ぼすおそれがあるときは，上記 1 の b の①から④までに掲げるものその他の対策のうち 1 つ以上を施すこと．

上記の記述中の空白箇所(ア)，(イ)，(ウ)，(エ)及び(オ)に当てはまる組合せとして，正しいものを次の(1)～(5)のうちから一つ選べ．

	(ア)	(イ)	(ウ)	(エ)	(オ)
(1)	並行	3 m	遮へい	D 種	電磁誘導
(2)	接近又は交差	2 m	遮へい	A 種	静電誘導
(3)	並行	2 m	ねん架	D 種	電磁誘導
(4)	接近又は交差	3 m	ねん架	A 種	電磁誘導
(5)	並行	3 m	ねん架	A 種	静電誘導

《H29-8》

解説

解釈第 52 条(架空弱電流電線路への誘導作用による通信障害の防止)の第 1 号から第 3 号までの規定がそのまま出題されています．

問題 3

架空電線路の支持物に，取扱者が昇降に使用する足場金具等を地表上 1.8 〔m〕 未満に施設することができる場合として，「電気設備技術基準の解釈」に基づき，不適切なものを次の(1)～(5)のうちから一つ選べ．

(1)　監視装置を施設する場合

(2)　足場金具等が内部に格納できる構造である場合

(3)　支持物に昇塔防止のための装置を施設する場合

(4)　支持物の周囲に取扱者以外の者が立ち入らないように，さく，へい等を施設する場合

(5)　支持物を山地等であって人が容易に立ち入るおそれがない場所に施設する場合

《H24-7》

解説

解釈第 53 条(架空電線路の支持物の昇塔防止)からの出題です. (2)～(5)が
規定の内容そのものとなっています.

問題 4

　鋼心アルミより線(ACSR)を使用する 6600 V 高圧架空電線路がある. この電線路の電線の風圧
荷重について「電気設備技術基準の解釈」に基づき, 次の(a)及び(b)の間に答えよ.
　なお, 下記の条件に基づくものとする.
① 氷雪が多く, 海岸地その他の低温季に最大風圧を生じる地方で, 人家が多く連なっている場
　所以外の場所とする.
② 電線構造は図のとおりであり, 各素線, 鋼線ともに全てが同じ直径とする.
③ 電線被覆の絶縁体の厚さは一様とする.
④ 甲種風圧荷重は 980 Pa, 乙種風圧荷重の計算に使う氷雪の厚さは 6 mm とする.

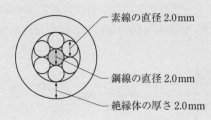

素線の直径 2.0 mm
鋼線の直径 2.0 mm
絶縁体の厚さ 2.0 mm

(a)　高温季において適用する風圧荷重(電線 1 条, 長さ 1 m 当たり)の値〔N〕として, 最も近い
　ものを次の(1)～(5)のうちから一つ選べ.
　(1)　4.9　(2)　5.9　(3)　7.9　(4)　9.8　(5)　21.6
(b)　低温季において適用する風圧荷重(電線 1 条, 長さ 1 m 当たり)の値〔N〕として, 最も近いも
　のを次の(1)～(5)のうちから一つ選べ.
　(1)　4.9　(2)　8.9　(3)　10.8　(4)　17.7　(5)　21.6

《H26-11》

解説

　解釈第 58 条(架空電線路の強度検討に用いる荷重)の規定による計算問題で
す.
(a)　高温季は, 甲種風圧荷重が適用されます. 問題の図から電線の直径は
10.0 mm となります. そこで, 下図の長方形(投影面積 S)について計算を進
めます.
投影面積 S_1〔m²〕は,
$$S_1 = 10.0 \times 10^{-3} \times 1 = 1.0 \times 10^{-2} \text{〔m}^2\text{〕}$$
甲種風圧荷重 W_1〔N〕は, これに圧力 980〔Pa〕を掛けて
$$W_1 = 980 \times S_1 = 980 \times 1.0 \times 10^{-2} = 9.8 \text{〔N〕}$$

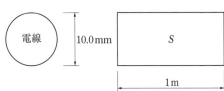

電線
10.0 mm
S
1 m

第3章
電気設備の技術基準
の解釈

151

（b）「雪氷が多く，海岸地その他の低温季に最大風圧を生じる地方で，人家が多く連なっている場所以外の場所」の低温季という条件です．この場合は，甲種風圧荷重又は乙種風圧荷重のいずれか大きいものをとることになります．雪氷が厚さ6〔mm〕で電線の周囲を包みますから，その直径は12〔mm〕増えて22.0〔mm〕となります．（a）と同様に考えてその投影面積は S_2〔m²〕は，

$$S_2 = 22.0 \times 10^{-3} \times 1 = 2.2 \times 10^{-2} \text{〔m}^2\text{〕}$$

乙種風圧荷重は乙種風圧荷重の0.5倍を基礎として計算されますから，その値 W_2〔N〕は，

$$W_2 = 980 \times 0.5 \times S_2 = 980 \times 0.5 \times 2.2 \times 10^{-2} ≒ 10.8 \text{〔N〕}$$

問題5 □ □ ✓

　図のように既設の高圧架空電線路から，電線に硬銅より線を使用した電線路を高低差なく径間40 m 延長することにした．

　新設支持物にA種鉄筋コンクリート柱を使用し，引留支持物とするため支線を電線路の延長方向10 m の地点に図のように設ける．電線と支線の支持物への取付け高さはともに10 m であるとき，次の（a）及び（b）の問に答えよ．

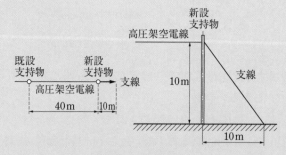

（a）　電線の水平張力を13 kN として，その張力を支線で全て支えるものとする．支線の安全率を1.5としたとき，支線に要求される引張強さの最小の値〔kN〕として，最も近いものを次の（1）～（5）のうちから一つ選べ．

　　（1）　6.5　　　（2）　10.7　　　（3）　19.5　　　（4）　27.6　　　（5）　40.5

（b）　電線の引張強さを28.6 kN，電線の重量と風圧荷重との合成荷重を18 N/m とし，高圧架空電線の引張強さに対する安全率を2.2としたとき，この延長した電線の弛度（たるみ）の値〔m〕は，いくら以上としなければならないか．最も近いものを次の（1）～（5）のうちから一つ選べ．

　　（1）　0.14　　　（2）　0.28　　　（3）　0.49　　　（4）　0.94　　　（5）　1.97

《H27-11》

解 説

　（a）　解釈第61条（支線の施設方法及び支柱による代用）と第62条（架空電線路の支持物における支線の施設）の条件に合わせた問題となっています．ただし，この問題についてはその規定の内容を記憶しておく必要はありません．

まずは，下図を見て下さい．支持物(例えば電柱)に電線1と電線2がそれぞれ高さh_1〔m〕，h_2〔m〕に固定され，その張力をそれぞれT_1〔N〕，T_2〔N〕とします．電線と逆側に支線を張ります．その支線の固定点の高さをh_3〔m〕とし，張力をT_3〔N〕とします．支持物が倒れないようにする為には電線と支線の力のモーメント〔張力×高さ〕が釣り合えばよいわけです．つまり

$$T_1 h_1 + T_2 h_2 = T_3 cos\theta \cdot h_3$$

となります．

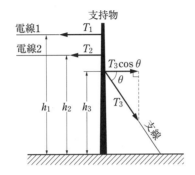

この考え方に問題の条件を当てはめます．問題図の条件から，$\theta = 45°$となりますから

$$cos\theta = \frac{1}{\sqrt{2}}$$

支線の張力をT〔kN〕とすると力のモーメントの式は

$$13 \times 10 = T \times \frac{1}{\sqrt{2}} \times 10 \quad \Leftrightarrow \quad T = 13\sqrt{2}$$

安全率は1.5ですから支線に要求される引張強さの最低値T'は

$$T' = 13\sqrt{2} \times 1.5 \fallingdotseq 27.6 \text{〔kN〕}$$

(b) 右図において，径間距離をS〔m〕，電線の合成荷重をW〔N〕，水平張力をT〔N〕とすると，弛度D〔m〕は

$$D = \frac{WS^2}{8T}$$

で計算できます．

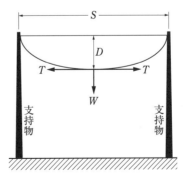

問題の設定は解釈第66条(低高圧架空電線の引張強さに対する安全率)に基づくもので，安全率として2.2が与えられていますから，計算に必要な水平張力は，

$$T = \frac{28.6}{2.2} = 13.0 \text{〔kN〕}$$

よって弛度は，

$$D = \frac{WS^2}{8T} = \frac{18 \times 40^2}{8 \times (13.0 \times 10^3)} \fallingdotseq 0.28 \, [\mathrm{m}]$$

参考ですが，電線の実長 L〔m〕は，次式で計算できます．

$$L = S + \frac{8D^2}{3S}$$

問題 6

　次の文章は，「電気設備技術基準の解釈」に基づく，高圧架空電線路の電線の断線，支持物の倒壊等による危険を防止するため必要な場合に行う，高圧保安工事に関する記述の一部である．

a．電線は，ケーブルである場合を除き，引張強さ [(ア)] 〔kN〕以上のもの又は直径 5〔mm〕以上の [(イ)] であること．

b．木柱の [(ウ)] 荷重に対する安全率は，1.5 以上であること．

c．径間は，電線に引張強さ [(ア)] 〔kN〕のもの又は直径 5〔mm〕の [(イ)] を使用し，支持物にB種鉄筋コンクリート柱又はB種鉄柱を使用する場合の径間は [(エ)] 〔m〕以下であること．

　上記の記述中の空白箇所(ア)，(イ)，(ウ)及び(エ)に当てはまる組合せとして，正しいものを次の(1)〜(5)のうちから一つ選べ．

	(ア)	(イ)	(ウ)	(エ)
(1)	8.71	硬銅線	垂　直	100
(2)	8.01	硬銅線	風　圧	150
(3)	8.01	高圧絶縁電線	垂　直	400
(4)	8.71	高圧絶縁電線	風　圧	150
(5)	8.01	硬銅線	風　圧	100

《H24-8》

解　説

　解釈第70条(低圧保安工事及び高圧保安工事)第2項の規定がほぼそのまま出題されています．

問題 7

　次の文章は，低高圧架空電線の高さ及び建造物等との離隔距離に関する記述である．その記述内容として，「電気設備技術基準の解釈」に基づき，不適切なものを次の(1)〜(5)のうちから一つ選べ．

(1)　高圧架空電線を車両の往来が多い道路の路面上 7 m の高さに施設した．

(2)　低圧架空電線にケーブルを使用し，車両の往来が多い道路の路面上 5 m の高さに施設した．

(3)　建造物の屋根(上部造営材)から 1.2 m 上方に低圧架空電線を施設するために，電線にケーブルを使用した．

(4)　高圧架空電線の水面上の高さは，船舶の航行等に危険を及ぼさないようにした．

(5)　高圧架空電線を，平時吹いている風等により，植物に接触しないように施設した．

《H27-7》

解説

　(1)(2)　解釈第 68 条(低高圧架空電線の高さ)第 1 項で，道路(車両の往来がまれであるもの及び歩行の用にのみ供される部分を除く．)を横断する場合は，路面上 6 m 以上と規定されています．

(3)　解釈第 71 条(低高圧架空電線と建造物との接近)第 1 項で，ケーブル使用で上部造営材の上方 1 m と規定されています．

(4)　解釈第 68 条(低高圧架空電線の高さ)第 2 項に規定されています．

(5)　解釈第 79 条(低高圧架空電線と植物との接近)第 1 項で規定されています．

問題 8

　次の文章は，「電気設備技術基準の解釈」における，高圧屋側電線路を施設する場合の記述の一部である．

　高圧屋側電線路は，次により施設すること．

a．　(ア)　場所に施設すること．

b．　電線は，(イ)であること．

c．　(イ)には，接触防護措置を施すこと．

d．　(イ)を造営材の側面又は下面に沿って取り付ける場合は，(イ)の支持点間の距離を(ウ)　m(垂直に取り付ける場合は，(エ)m)以下とし，かつ，その被覆を損傷しないように取り付けること．

　上記の記述中の空白箇所(ア)，(イ)，(ウ)及び(エ)に当てはまる組合せとして，正しいものを次の(1)～(5)のうちから一つ選べ．

	(ア)	(イ)	(ウ)	(エ)
(1)	点検できる隠蔽	ケーブル	1.5	5
(2)	展開した	ケーブル	2	6
(3)	展開した	絶縁電線	2.5	6
(4)	点検できる隠蔽	絶縁電線	1.5	4
(5)	展開した	ケーブル	2	10

《H26-9》

解説

解釈第 111 条(高圧屋側電線路の施設)第 2 項の規定の一部です．

問題 9

　次の文章は，「電気設備技術基準の解釈」における，低圧架空引込線の施設に関する記述の一部である．

a．電線は，ケーブルである場合を除き，引張強さ [ア] 〔kN〕以上のもの又は直径2.6〔mm〕以上の硬銅線とする．ただし，径間が [イ] 〔m〕以下の場合に限り，引張強さ1.38〔kN〕以上のもの又は直径2〔mm〕以上の硬銅線を使用することができる．

b．電線の高さは，次によること．

　① 道路(車道と歩道の区別がある道路にあっては，車道)を横断する場合は，路面上 [ウ] 〔m〕(技術上やむを得ない場合において交通に支障のないときは [エ] 〔m〕)以上

　② 鉄道又は軌道を横断する場合は，レール面上 [オ] 〔m〕以上

	(ア)	(イ)	(ウ)	(エ)	(オ)
(1)	2.30	20	5	4	5.5
(2)	2.00	15	4	3	5
(3)	2.30	15	5	3	5.5
(4)	2.35	15	5	4	6
(5)	2.00	20	4	3	5

　上記の記述中の空白箇所(ア)，(イ)，(ウ)，(エ)及び(オ)に当てはまる組合せとして，正しいものを次の(1)～(5)のうちから一つ選べ．

《H23-7》

解 説

　解釈第116条(低圧架空引込線等の施設)第1項からの出題です．

a．第2号の規定そのものです．

b．116-1表の一部です．

問題10

　次の文章は，「電気設備技術基準の解釈」に基づく高圧架空引込線の施設に関する記述の一部である．

a　電線は，次のいずれかのものであること．

　① 引張強さ8.01 kN以上のもの又は直径 [ア] mm以上の硬銅線を使用する，高圧絶縁電線又は特別高圧絶縁電線

　② [イ] 用高圧絶縁電線

　③ ケーブル

b　電線が絶縁電線である場合は，がいし引き工事により施設すること．

c　電線の高さは，「低高圧架空電線の高さ」の規定に準じること．ただし，次に適合する場合は，地表上 [ウ] m以上とすることができる．

　① 次の場合以外であること．

　　・道路を横断する場合

　　・鉄道又は軌道を横断する場合

　　・横断歩道橋の上に施設する場合

　② 電線がケーブル以外のものであるときは，その電線の [エ] に危険である旨の表示をする

こと.

　上記の記述中の空白箇所(ア)，(イ)，(ウ)及び(エ)に当てはまる組合せとして，正しいものを次の(1)～(5)のうちから一つ選べ.

	(ア)	(イ)	(ウ)	(エ)
(1)	5	引下げ	2.5	下方
(2)	4	引下げ	3.5	近傍
(3)	4	引上げ	2.5	近傍
(4)	5	引上げ	5	下方
(5)	5	引下げ	3.5	下方

《H28-7》

解説

　解釈第117条(高圧架空引込線等の施設)第1項からの出題です.

a　第1号の規定です.

c　第4号の規定です.

問題11

　次の文章は，地中電線路の施設に関する工事例である.「電気設備技術基準の解釈」に基づき，不適切なものを次の(1)～(5)のうちから一つ選べ.

(1)　電線にケーブルを使用し，かつ，暗きょ式により地中電線路を施設した.

(2)　地中電線路を管路式により施設し，電線を収める管には，これに加わる車両その他の重量物の圧力に耐える管を使用した.

(3)　地中電線路を暗きょ式により施設し，地中電線に耐燃措置を施した.

(4)　地中電線路を直接埋設式により施設し，衝撃から防護するため，地中電線を堅ろうなトラフ内に収めた.

(5)　高圧地中電線路を公道の下に管路式により埋設し，埋設表示は，物件の名称，管理者名及び電圧を，10〔m〕の間隔で表示した.

《H25-7》

解説

　解釈第120条(地中電線路の施設)からの出題です.

(1)　第1項に規定されています.

(2)　第2項第1号に規定されています.

(3)　第3項第2号に規定されています.

(4)　第4項第2号に規定されています.

(5)　第2項第2号に，物件の名称，管理者名及び電圧を，おおむね2m間隔で表示することと規定されています.

第3章　電気設備の技術基準の解釈

問題 12

　次の文章は，「電気設備技術基準の解釈」における地中電線と他の地中電線等との接近又は交差に関する記述の一部である．

　低圧地中電線と高圧地中電線とが接近又は交差する場合，又は低圧若しくは高圧の地中電線と特別高圧地中電線とが接近又は交差する場合は，次の各号のいずれかによること．ただし，地中箱内についてはこの限りでない．

a　地中電線相互の離隔距離が，次に規定する値以上であること．

　①　低圧地中電線と高圧地中電線との離隔距離は，　(ア)　m

　②　低圧又は高圧の地中電線と特別高圧地中電線との離隔距離は，　(イ)　m

b　地中電線相互の間に堅ろうな　(ウ)　の隔壁を設けること．

c　(エ)　の地中電線が，次のいずれかに該当するものであること．

　①　不燃性の被覆を有すること．

　②　堅ろうな不燃性の管に収められていること．

d　(オ)　の地中電線が，次のいずれかに該当するものであること．

　①　自消性のある難燃性の被覆を有すること．

　②　堅ろうな自消性のある難燃性の管に収められていること．

　上記の記述中の空白箇所(ア)，(イ)，(ウ)，(エ)及び(オ)に当てはまる組合せとして，正しいものを次の(1)～(5)のうちから一つ選べ．

	(ア)	(イ)	(ウ)	(エ)	(オ)
(1)	0.15	0.3	耐火性	いずれか	それぞれ
(2)	0.15	0.3	耐火性	それぞれ	いずれか
(3)	0.1	0.2	耐圧性	いずれか	それぞれ
(4)	0.1	0.2	耐圧性	それぞれ	いずれか
(5)	0.1	0.3	耐火性	いずれか	それぞれ

《H28-8》

解説

　解釈第125条(地中電線と他の地中電線等との接近又は交差)第1項からの出題です．

a－①　第1号の規定です．

a－②　第2号の規定です

b　　　第4号の規定です

c　　　第5号の規定です

d　　　第6号の規定です

3·4 電気使用場所の施設および小出力発電設備　重要知識

3·4·1　電気使用場所の施設および小出力発電設備に係る用語の定義 (解釈第142条)

　ここからは，電気使用場所の施設および小出力発電設備に係る用語についての解説です．満遍なく出題されているため範囲の広い項目と感じるかもしれません．後半の国家試験問題を参考にして学習を進めて下さい．まずは用語の定義から始めます（表3.17）.

この項目は覚える事が多くて大変だ！

第3章　の電気設備の技術基準の解釈

表 3.17　用語の定義

用語	定義
低圧幹線	第147条の規定により施設した開閉器または変電所に準ずる場所に施設した低圧開閉器を起点とする．電気使用場所に施設する低圧の電路であって，当該電路に，電気機械器具（配線器具を除く．以下この条において同じ.）に至る低圧電路であって過電流遮断器を施設するものを接続するもの
低圧分岐回路	低圧幹線から分岐して電気機械器具に至る低圧電路
低圧配線	低圧の屋内配線，屋側配線および屋外配線
屋内電線	屋内に施設する電線路の電線および屋内配線
電球線	電気使用場所に施設する電線のうち，造営物に固定しない白熱電灯に至るものであって，造営物に固定しないものをいい，電気機械器具内の電線を除く.
移動電線	電気使用場所に施設する電線のうち，造営物に固定しないものをいい，電球線および電気機械器具内の電線を除く.
接触電線	電線に接触してしゅう動する集電装置を介して，移動起重機，オートクリーナその他の移動して使用する電気機械器具に電気の供給を行うための電線
防湿コード	外部編組に防湿剤を施したゴムコード
電気使用機械器具	電気を使用する電気機械器具をいい，発電機，変圧器，蓄電池その他これに類するものを除く.
家庭用電気機械器具	小型電動機，電熱器，ラジオ受信機，電気スタンド，電気用品安全法の適用を受ける装飾用電灯器具その他の電気機械器具であって，主として住宅その他これに類する場所で使用するものをいい，白熱電灯および放電灯を除く.
配線器具	開閉器，遮断器，接続器その他これらに類する器具
白熱電灯	白熱電球を使用する電灯のうち，電気スタンド，携帯灯および電気用品安全法の適用

	を受ける装飾用電灯器具以外のもの
放電灯	放電管，放電灯用安定器，放電灯用変圧器および放電管の点灯に必要な附属品ならびに管灯回路の配線をいい，電気スタンドその他これに類する放電灯器具を除く．

3·4·2　電路の対地電圧の制限（解釈第143条）

　家庭用の電圧は原則として対地電圧150 V以下です．200 Vで利用されている家電は，その殆どのものが単相三線式で，これも対地電圧は150 V以下の範囲となります．例外がありますので一通り目を通しておいて下さい．

> 太陽光発電設備等の例外規定に気をつけてね．

住宅の屋内電路(電気機械器具内の電路を除く．以下この項において同じ．)の**対地電圧は，150 V以下である**こと．ただし，次の各号のいずれかに該当する場合は，この限りでない．
一　定格消費電力が2 kW以上の電気機械器具及びこれに電気を供給する屋内配線を次により施設する場合
　イ　屋内配線は，当該電気機械器具のみに電気を供給するものであること．
　ロ　電気機械器具の使用電圧及びこれに電気を供給する屋内配線の対地電圧は，300 V以下であること．
　ハ　屋内配線には，簡易接触防護措置を施すこと．
　ニ　電気機械器具には，簡易接触防護措置を施すこと．ただし，次のいずれかに該当する場合は，この限りでない．
　　(イ)　電気機械器具のうち簡易接触防護措置を施さない部分が，絶縁性のある材料で堅ろうに作られたものである場合
　　(ロ)　電気機械器具を，乾燥した木製の床その他これに類する絶縁性のものの上でのみ取り扱うように施設する場合
　ホ　電気機械器具は，屋内配線と直接接続して施設すること．
　ヘ　電気機械器具に電気を供給する電路には，専用の開閉器及び過電流遮断器を施設すること．ただし，過電流遮断器が開閉機能を有するものである場合は，過電流遮断器のみとすることができる．
　ト　電気機械器具に電気を供給する電路には，電路に地絡が生じたときに自動的に電路を遮断する装置を施設すること．ただし，次に適合する場合は，この限りでない．
　　(イ)　電気機械器具に電気を供給する電路の電源側に，次に適合する変圧器を施設すること．
　　(1)　絶縁変圧器であること．
　　(2)　定格容量は3 kVA以下であること．
　　(3)　1次電圧は低圧であり，かつ，2次電圧は300 V以下であること．
　　(ロ)　(イ)の規定により施設する変圧器には，簡易接触防護措置を施すこと．
　　(ハ)　(イ)の規定により施設する変圧器の負荷側の電路は，非接地であること．
二　当該住宅以外の場所に電気を供給するための屋内配線を次により施設する場合
　イ　屋内配線の対地電圧は，300 V以下であること．
　ロ　人が触れるおそれがない隠ぺい場所に合成樹脂管工事，金属管工事又はケーブル工事により施設すること．
三　**太陽電池モジュール**に接続する負荷側の屋内配線(複数の太陽電池モジュールを施設する場合にあっては，その集合体に接続する負荷側の配線)を次により施設する場合
　イ　屋内配線の対地電圧は，**直流450 V以下**であること．
　ロ　電路に地絡が生じたときに自動的に電路を遮断する装置を施設すること．ただし，次に適合する場合は，この限りでない．
　　(イ)　直流電路が，非接地であること．
　　(ロ)　直流電路に接続する逆変換装置の交流側に絶縁変圧器を施設すること．

（ハ）　太陽電池モジュールの合計出力が，20 kW 未満であること．ただし，屋内電路の対地電圧が 300 V を超える場合にあっては，太陽電池モジュールの合計出力は 10 kW 以下とし，かつ，直流電路に機械器具（太陽電池モジュール，第 200 条第 2 項第一号ロ及びハの器具，直流変換装置，逆変換装置並びに避雷器を除く．）を施設しないこと．

ハ　屋内配線は，次のいずれかによること．

（イ）　人が触れるおそれのない隠ぺい場所に，合成樹脂管工事，金属管工事又はケーブル工事により施設すること．

（ロ）　ケーブル工事により施設し，電線に接触防護措置を施すこと．

四　**燃料電池発電設備又は常用電源として用いる蓄電池**に接続する負荷側の屋内配線を次により施設する場合

イ　直流電路を構成する燃料電池発電設備にあっては，当該直流電路に接続される個々の燃料電池発電設備の出力がそれぞれ **10 kW 未満**であること．

ロ　直流電路を構成する蓄電池にあっては，当該直流電路に接続される個々の蓄電池の出力がそれぞれ 10 kW 未満であること．

ハ　屋内配線の対地電圧は，**直流 450 V 以下**であること．

ニ　電路に地絡が生じたときに自動的に電路を遮断する装置を施設すること．ただし，次に適合する場合は，この限りでない．

（イ）　直流電路が，非接地であること．

（ロ）　直流電路に接続する逆変換装置の交流側に絶縁変圧器を施設すること．

ホ　屋内配線は，次のいずれかによること．

（イ）　人が触れるおそれのない隠ぺい場所に，合成樹脂管工事，金属管工事又はケーブル工事により施設すること．

（ロ）　ケーブル工事により施設し，電線に接触防護措置を施すこと．

五　第 132 条第 3 項の規定により，屋内に電線路を施設する場合

2　住宅以外の場所の屋内に施設する家庭用電気機械器具に電気を供給する屋内電路の対地電圧は，150 V 以下であること．ただし，家庭用電気機械器具並びにこれに電気を供給する屋内配線及びこれに施設する配線器具を，次の各号のいずれかにより施設する場合は，300 V 以下とすることができる．

一　前項第一号ロからホまでの規定に準じて施設すること．

二　簡易接触防護措置を施すこと．ただし，取扱者以外の者が立ち入らない場所にあっては，この限りでない．

3　白熱電灯（第 183 条に規定する特別低電圧照明回路の白熱電灯を除く．）に電気を供給する電路の対地電圧は，150 V 以下であること．ただし，住宅以外の場所において，次の各号により白熱電灯を施設する場合は，300 V 以下とすることができる．

一　白熱電灯及びこれに附属する電線には，接触防護措置を施すこと．

二　白熱電灯（機械装置に附属するものを除く．）は，屋内配線と直接接続して施設すること．

三　白熱電灯の電球受口は，キーその他の点滅機構のないものであること．

3・4・3　裸電線の使用制限（解釈第 144 条）

裸電線は，原則として使用できません．

接触電線？例えば電車の架線のことだね．

電気使用場所に施設する電線には，裸電線を使用しないこと．ただし，次の各号のいずれかに該当する場合は，この限りでない．

一　がいし引き工事による低圧電線であって次に掲げるものを，第 157 条の規定により展開した場所に施設する場合

イ　電気炉用電線

第 3 章　電気設備の技術基準の解釈

　ロ　電線の被覆絶縁物が腐食する場所に施設するもの
　ハ　取扱者以外の者が出入りできないように措置した場所に施設するもの
二　バスダクト工事による低圧電線を，第163条の規定により施設する場合
三　ライティングダクト工事による低圧電線を，第165条第3項の規定により施設する場合
四　接触電線を第173条，第174条又は第189条の規定により施設する場合
五　特別低電圧照明回路を第183条の規定により施設する場合
六　電気さくの電線を第192条の規定により施設する場合

3・4・4　メタルラス張り等の木造造営物における施設（解釈第145条）

　メタルラスとは，壁の内部にある建築構造物で金属製の網状のものです．そこに誤って電気が流れないように規定する条文です．

壁の中に電気がながれないように．

　メタルラス張り，ワイヤラス張り又は金属板張りの木造の造営物に，がいし引き工事により屋内配線，屋側配線又は屋外配線（この条においては，いずれも管灯回路の配線を含む．）を施設する場合は，次の各号によること．
一　電線を施設する部分のメタルラス，ワイヤラス又は金属板の上面を木板，合成樹脂板その他絶縁性及び耐久性のあるもので覆い施設すること．
二　電線がメタルラス張り，ワイヤラス張り又は金属板張りの造営材を貫通する場合は，その貫通する部分の電線を電線ごとにそれぞれ別個の難燃性及び耐水性のある堅ろうな絶縁管に収めて施設すること．
2　メタルラス張り，ワイヤラス張り又は金属板張りの木造の造営物に，合成樹脂管工事，金属管工事，金属可とう電線管工事，金属線ぴ工事，金属ダクト工事，バスダクト工事又はケーブル工事により，屋内配線，屋側配線又は屋外配線を施設する場合，又はライティングダクト工事により低圧屋内配線を施設する場合は，次の各号によること．
一　メタルラス，ワイヤラス又は金属板と次に掲げるものとは，電気的に接続しないように施設すること．
　イ　金属管工事に使用する金属管，金属可とう電線管工事に使用する可とう電線管，金属線ぴ工事に使用する金属線ぴ又は合成樹脂管工事に使用する粉じん防爆型フレキシブルフィッチング
　ロ　合成樹脂管工事に使用する合成樹脂管，金属管工事に使用する金属管又は金属可とう電線管工事に使用する可とう電線管に接続する金属製のプルボックス
　ハ　金属管工事に使用する金属管，金属可とう電線管工事に使用する可とう電線管又は金属線ぴ工事に使用する金属線ぴに接続する金属製の附属品
　ニ　金属ダクト工事，バスダクト工事又はライティングダクト工事に使用するダクト
　ホ　ケーブル工事に使用する管その他の電線を収める防護装置の金属製部分又は金属製の電線接続箱
　ヘ　ケーブルの被覆に使用する金属体
二　金属管工事，金属可とう電線管工事，金属ダクト工事，バスダクト工事又はケーブル工事により施設する電線が，メタルラス張り，ワイヤラス張り又は金属板張りの造営材を貫通する場合は，その部分のメタルラス，ワイヤラス又は金属板を十分に切り開き，かつ，その部分の金属管，可とう電線管，金属ダクト，バスダクト又はケーブルに，耐久性のある絶縁管をはめる，又は耐久性のある絶縁テープを巻くことにより，メタルラス，ワイヤラス又は金属板と電気的に接続しないように施設すること．
3　メタルラス張り，ワイヤラス張り又は金属板張りの木造の造営物に，電気機械器具を施設する場合は，メタルラス，ワイヤラス又は金属板と電気機械器具の金属製部分とは，電気的に接続しないように施設すること．

3・4・5　低圧配線に関する規定

ここからは低圧配線に関する規定です.

　解釈第 146 条は「低圧配線に使用する電線」です. 低圧配線に仕様する電線は，直径が 1.6 mm 以上のものです. 電線の許容電流と同一管内に複数の電線を収めた場合の電流減少係数は暗記した方が良いでしょう. 許容電流の補正係数の計算式についてはその使い方が理解するようにしてください.

> 国家試験問題を参考に内容を理解してね.

低圧配線は，直径 1.6 mm の軟銅線若しくはこれと同等以上の強さ及び太さのもの又は断面積が 1 mm² 以上の MI ケーブルであること. ただし，配線の使用電圧が 300 V 以下の場合において次の各号のいずれかに該当する場合は，この限りでない.
一　電光サイン装置，出退表示灯その他これらに類する装置又は制御回路等(自動制御回路，遠方操作回路，遠方監視装置の信号回路その他これらに類する電気回路をいう. 以下この条において同じ.)の配線に直径1.2 mm 以上の軟銅線を使用し，これを合成樹脂管工事，金属管工事，金属線ぴ工事，金属ダクト工事，フロアダクト工事又はセルラダクト工事により施設する場合
二　電光サイン装置，出退表示灯その他これらに類する装置又は制御回路等の配線に断面積 0.75 mm² 以上の多心ケーブル又は多心キャブタイヤケーブルを使用し，かつ，過電流を生じた場合に自動的にこれを電路から遮断する装置を設ける場合
三　第 172 条第 1 項の規定により断面積 0.75 mm² 以上のコード又はキャブタイヤケーブルを使用する場合
四　第 172 条第 3 項の規定によりエレベータ用ケーブルを使用する場合
2　低圧配線に使用する，600 V ビニル絶縁電線，600 V ポリエチレン絶縁電線，600 V ふっ素樹脂絶縁電線及び 600 V ゴム絶縁電線の許容電流は，次の各号によること. ただし，短時間の許容電流についてはこの限りでない.
一　単線にあっては 146-1 表に，成形単線又はより線にあっては 146-2 表にそれぞれ規定する許容電流に，第二号に規定する係数を乗じた値であること.

146-1 表

導体の直径(mm)	許容電流(A)		
	軟銅線又は硬銅線	硬アルミ線，半硬アルミ線又は軟アルミ線	イ号アルミ合金線又は高力アルミ合金線
1.0 以上 1.2 未満	16	12	12
1.2 以上 1.6 未満	19	15	14
1.6 以上 2.0 未満	27	21	19
2.0 以上 2.6 未満	35	27	25
2.6 以上 3.2 未満	48	37	35
3.2 以上 4.0 未満	62	48	45
4.0 以上 5.0 未満	81	63	58
5.0	107	83	77

146-2 表

導体の公称断面積 (mm²)	許容電流(A)		
	軟銅線又は硬銅線	硬アルミ線, 半硬アルミ線又は軟アルミ線	イ号アルミ合金線又は高力アルミ合金線
0.9 以上 1.25 未満	17	13	12
1.25 以上 2 未満	19	15	14
2 以上 3.5 未満	<u>27</u>	21	19
3.5 以上 5.5 未満	<u>37</u>	29	27
5.5 以上 8 未満	<u>49</u>	38	35
8 以上 14 未満	<u>61</u>	48	44
14 以上 22 未満	88	69	63
22 以上 30 未満	115	90	83
以下省略			

二　第一号の規定における係数は，次によること．

　イ　146-3 表に規定する許容電流補正係数の計算式により計算した値であること．

146-3 表

絶縁体の材料及び施設場所の区分	許容電流補正係数の計算式
ビニル混合物(耐熱性を有するものを除く．)及び天然ゴム混合物	$\sqrt{\dfrac{60-\theta}{30}}$
ビニル混合物(耐熱性を有するものに限る．)，ポリエチレン混合物(架橋したものを除く．)及びスチレンブタジエンゴム混合物	$\sqrt{\dfrac{75-\theta}{30}}$
エチレンプロピレンゴム混合物	$\sqrt{\dfrac{80-\theta}{30}}$
ポリエチレン混合物(架橋したものに限る．)	$\sqrt{\dfrac{90-\theta}{30}}$
以下省略	

(備考) θ は，周囲温度(単位：℃)．ただし，30 ℃以下の場合は 30 とする．

　ロ　絶縁電線を，合成樹脂管，金属管，金属可とう電線管又は金属線ぴに収めて使用する場合は，イの規定により計算した値に，更に 146-4 表に規定する電流減少係数を乗じた値であること．ただし，第148条第1項第五号ただし書並びに第149条第2項第一号ロ及び第二号イに規定する場合においては，この限りでない．

146-4 表

同一管内の電線数	電流減少係数
3 以下	<u>0.70</u>
4	<u>0.63</u>
5 又は 6	<u>0.56</u>
7 以上 15 以下	0.49
16 以上 40 以下	0.43
41 以上 60 以下	0.39
61 以上	0.34

解釈第 147 条は「低圧屋内電路の引込口における開閉器の施設」です．低圧屋内電路の開閉器（ブレーカ）に関する規定です．

低圧屋内電路（第 178 条に規定する火薬庫に施設するものを除く．以下この条において同じ．）には，**引込口に近い箇所であって，容易に開閉することができる箇所に開閉器を施設すること**．ただし，次の各号のいずれかに該当する場合は，この限りでない．
一　<u>低圧屋内電路の使用電圧が 300 V 以下であって，他の屋内電路（定格電流が 15 A 以下の過電流遮断器又は定格電流が 15 A を超え 20 A 以下の配線用遮断器で保護されているものに限る．）に接続する長さ 15 m 以下の電路から電気の供給を受ける場合</u>
二　低圧屋内電路に接続する電源側の電路（当該電路に架空部分又は屋上部分がある場合は，その架空部分又は屋上部分より負荷側にある部分に限る．）に，当該低圧屋内電路に専用の開閉器を，これと同一の構内であって容易に開閉することができる箇所に施設する場合

解釈第 148 条は「低圧幹線の施設」です．

低圧幹線は，次の各号によること．
一　損傷を受けるおそれがない場所に施設すること．
二　電線の許容電流は，低圧幹線の各部分ごとに，その部分を通じて供給される電気使用機械器具の定格電流の合計値以上であること．ただし，当該低圧幹線に接続する負荷のうち，電動機又はこれに類する起動電流が大きい電気機械器具（以下この条において「電動機等」という．）の定格電流の合計が，他の電気使用機械器具の定格電流の合計より大きい場合は，他の電気使用機械器具の定格電流の合計に次の値を加えた値以上であること．
　　イ　<u>電動機等の定格電流の合計が **50 A 以下の場合は，その定格電流の合計の 1.25 倍**</u>
　　ロ　<u>電動機等の定格電流の合計が **50 A を超える場合は，その定格電流の合計の 1.1 倍**</u>
三　前号の規定における電流値は，需要率，力率等が明らかな場合には，これらによって適当に修正した値とすることができる．
四　低圧幹線の電源側電路には，当該低圧幹線を保護する過電流遮断器を施設すること．ただし，次のいずれかに該当する場合は，この限りでない．
　　イ　<u>低圧幹線の許容電流が，当該低圧幹線の電源側に接続する他の低圧幹線を保護する過電流遮断器の**定格電流の 55 % 以上**である場合</u>
　　ロ　過電流遮断器に直接接続する低圧幹線又はイに掲げる低圧幹線に接続する長さ **8 m 以下**の<u>低圧幹線</u>であって，当該低圧幹線の許容電流が，当該低圧幹線の電源側に接続する他の<u>低圧幹線を保護する過電流遮断器</u>

の定格電流の 35 % 以上である場合

ハ　過電流遮断器に直接接続する低圧幹線又はイ若しくはロに掲げる低圧幹線に接続する長さ **3 m 以下**の低圧幹線であって，当該低圧幹線の負荷側に他の低圧幹線を接続しない場合

ニ　低圧幹線に電気を供給する電源が太陽電池のみであって，当該低圧幹線の許容電流が，当該低圧幹線を通過する最大短絡電流以上である場合

五　前号の規定における「当該低圧幹線を保護する過電流遮断器」は，その定格電流が，当該低圧幹線の許容電流以下のものであること．ただし，低圧幹線に電動機等が接続される場合の定格電流は，次のいずれかによることができる．

イ　**電動機等の定格電流の合計の 3 倍**に，他の電気使用機械器具の定格電流の合計を加えた値以下であること．

ロ　イの規定による値が当該低圧幹線の許容電流を 2.5 倍した値を超える場合は，その許容電流を **2.5 倍した値以下**であること．

ハ　当該低圧幹線の**許容電流が 100 A を超える場合**であって，イ又はロの規定による値が過電流遮断器の標準定格に該当しないときは，イ又はロの規定による値の直近上位の標準定格であること．

六　第四号の規定により施設する過電流遮断器は，各極(多線式電路の中性極を除く．)に施設すること．ただし，対地電圧が 150 V 以下の低圧屋内電路の接地側電線以外の電線に施設した過電流遮断器が動作した場合において，各極が同時に遮断されるときは，当該電路の接地側電線に過電流遮断器を施設しないことができる．

2　低圧幹線に施設する開閉器は，次の各号に適合する場合には，中性線又は接地側電線の極にこれを施設しないことができる．

一　開閉器は，前条の規定により施設する以外のものであること．

二　低圧幹線は，次に適合する低圧電路に接続するものであること．

イ　第 19 条又は第 24 条第 1 項の規定により接地工事を施した低圧電路であること．

ロ　低圧電路は，次のいずれかに適合するものであること．

(イ)　電路に**地絡を生じたときに自動的に電路を遮断する装置を施設**すること．

(ロ)　イの規定による**接地工事の接地抵抗値が，3 Ω 以下**であること．

三　中性線又は接地側電線の極の電線は，開閉器の施設箇所において，電気的に完全に接続され，かつ，容易に取り外すことができること．

　例えば，電動機の電流の合計(I_M)を 50 A，他の電気使用機械器具の電流の合計(I_H)を 47 A とします．$I_M \leqq 50$ A，$I_M > I_H$ ですから，幹線の許容電流は，$50 \times 1.25 + 47 = 109.5$〔A〕ということになります．

　解釈第 149 条は「低圧分岐回路等の施設」です．解釈第 148 条は低圧幹線についての規定でしたがこちらは，そこから分岐された配線に関する規定です．

過電流遮断器は必須

低圧分岐回路には，次の各号により過電流遮断器及び開閉器を施設すること．

一　低圧幹線との分岐点から電線の長さが **3 m 以下**の箇所に，**過電流遮断器を施設**すること．ただし，分岐点から過電流遮断器までの電線が，次のいずれかに該当する場合は，分岐点から 3 m を超える箇所に施設することができる．

イ　電線の許容電流が，その電線に接続する低圧幹線を保護する**過電流遮断器の定格電流の 55 % 以上**である場合

ロ　**電線の長さが 8 m 以下**であり，かつ，電線の許容電流がその電線に接続する低圧幹線を保護する過電流遮断器の**定格電流の 35 % 以上**である場合

(二　三　省略)

2　低圧分岐回路は，次の各号により施設すること．

一　第二号及び第三号に規定するものを除き，次によること．

　イ　第1項第一号の規定により施設する**過電流遮断器の定格電流は，50 A 以下**であること．
　ロ　電線は，太さが149-1 表の中欄に規定する値の軟銅線若しくはこれと同等以上の許容電流のあるもの又は太さが同表の右欄に規定する値以上の MI ケーブルであること．

149-1 表

分岐回路を保護する過電流遮断器の種類	軟銅線の太さ	MI ケーブルの太さ
定格電流が 15 A 以下のもの	直径 1.6 mm	断面積 1 mm^2
定格電流が 15 A を超え 20 A 以下の配線用遮断器		
定格電流が 15 A を超え 20 A 以下のもの(配線用遮断器を除く．)	直径 2 mm	断面積 1.5 mm^2
定格電流が 20 A を超え 30 A 以下のもの	直径 2.6 mm	断面積 2.5 mm^2
定格電流が 30 A を超え 40 A 以下のもの	断面積 8 mm^2	断面積 6 mm^2
定格電流が 40 A を超え 50 A 以下のもの	断面積 14 mm^2	断面積 10 mm^2

以降省略

　過電流遮断器の定格電流の 55 ％ 以上の容量のある分岐回路の配線にはブレーカが必要無いと解釈するのは誤りです．3 m を超えても良い条件のひとつであって省略の条件ではありません．

配線器具とは，スイッチとかコンセントなんかのことだよ

第3章　電気設備の技術基準の解釈

　解釈第 150 条は「配線器具の施設」です．

低圧用の配線器具は，次の各号により施設すること．
一　**充電部分が露出しないように施設**すること．ただし，取扱者以外の者が出入りできないように措置した場所に施設する場合は，この限りでない．
二　湿気の多い場所又は水気のある場所に施設する場合は，防湿装置を施すこと．
三　配線器具に電線を接続する場合は，**ねじ止めその他これと同等以上の効力のある方法により，堅ろうに，かつ，電気的に完全に接続するとともに，接続点に張力が加わらないように**すること．
四　屋外において電気機械器具に施設する開閉器，接続器，点滅器その他の器具は，損傷を受けるおそれがある場合には，これに堅ろうな防護装置を施すこと．
2　低圧用の非包装ヒューズは，不燃性のもので製作した箱又は内面全てに不燃性のものを張った箱の内部に施設すること．ただし，使用電圧が 300 V 以下の低圧配線において，次の各号に適合する器具又は電気用品安全法の適用を受ける器具に収めて施設する場合は，この限りでない．
一　極相互の間に，開閉したとき又はヒューズが溶断したときに生じるアークが他の極に及ばないような絶縁性の隔壁を設けること．
二　カバーは，耐アーク性の合成樹脂で製作したものであり，かつ，振動により外れないものであること．
三　完成品は，日本工業規格 JIS C 8308(1988)「カバー付きナイフスイッチ」の「3.1 温度上昇」，「3.6 短絡遮断」，「3.7 耐熱」及び「3.9 カバーの強度」に適合するものであること．

電気機械器具とは，電灯なんかの装置のことだよ

　解釈第 151 条は「電気機械器具の施設」です．

電気機械器具(配線器具を除く. 以下この条において同じ.)は, その**充電部分が露出しないように施設**すること. ただし, 次の各号のいずれかに該当するものについては, この限りでない.

一　第183条に規定する特別低電圧照明回路の白熱電灯

二　管灯回路の配線

三　電気こんろ等その充電部分を露出して電気を使用することがやむを得ない電熱器であって, その露出する部分の対地電圧が150 V以下のもののその露出する部分

四　電気炉, 電気溶接器, 電動機, 電解槽又は電撃殺虫器であって, その充電部分の一部を露出して電気を使用することがやむを得ないもののその露出する部分

五　次に掲げるもの以外の電気機械器具であって, 取扱者以外の者が出入りできないように措置した場所に施設するもの

　　イ　白熱電灯

　　ロ　放電灯

　　ハ　家庭用電気機械器具

2　通電部分に人が立ち入る電気機械器具は, 施設しないこと. ただし, 第198条の規定により施設する場合は, この限りでない.

3　屋外に施設する電気機械器具(管灯回路の配線を除く.)内の配線のうち, 人が接触するおそれ又は損傷を受けるおそれがある部分は, 第159条の規定に準ずる金属管工事又は第164条(第3項を除く.)の規定に準ずるケーブル工事(電線を金属製の管その他の防護装置に収める場合に限る.)により施設すること.

4　電気機械器具に電線を接続する場合は, ねじ止めその他これと同等以上の効力のある方法により, 堅ろうに, かつ, 電気的に完全に接続するとともに, 接続点に張力が加わらないようにすること.

解釈第152条は「電熱装置の施設」です. 凍結防止装置等に関する規定で,

> 電車の線路のポイントなんかの凍結防止の装置だね

電熱装置は, **発熱体を機械器具の内部に安全に施設できる構造**のものであること. ただし, 次の各号のいずれかに該当する場合は, この限りでない.

一　第195条(第3項を除く.), 第196条又は第197条の規定により施設する場合

二　転てつ装置等の積雪又は氷結を防止するために鉄道の専用敷地内に施設する場合

三　発電用のダム, 水路等の屋外施設の積雪又は氷結を防止するために, ダム, 水路等の維持及び運用に携わる者以外の者が容易に立ち入るおそれのない場所に施設する場合

2　電熱装置に接続する電線は, 熱のため電線の被覆を損傷しないように施設すること. (関連省令第57条第1項)

解釈第153条は「電動機の過負荷保護装置の施設」です. 過電流遮断機はヒューズを含むものとなります. 配線用遮断器はヒューズを含みません.

> 配線用遮断器は, NFB(ノーヒューズブレーカ)って言うんだよ

屋内に施設する電動機には, 電動機が焼損するおそれがある**過電流を生じた場合に自動的にこれを阻止し, 又はこれを警報する装置を設ける**こと. ただし, 次の各号のいずれかに該当する場合はこの限りでない.

一　電動機を運転中, 常時, 取扱者が監視できる位置に施設する場合

二　電動機の構造上又は負荷の性質上, その電動機の巻線に当該電動機を焼損する過電流を生じるおそれがない場合

三　電動機が単相のものであって, その電源側回路に施設する**過電流遮断器の定格電流が15 A(配線用遮断器**

四 電動機の出力が 0.2 kW 以下の場合

ここからは低圧配線のうち屋内配線についての規定を見ていきます．

解釈第 156 条は「低圧屋内配線の施設場所による工事の種類」です．施設場所ごとに許される工事の種類が決まっています．合成樹脂管工事，金属管工事，金属可とう電線管工事，ケーブル工事は，場所を選びません．まずはこの 4 種類を記憶して下さい．それぞれの工事の詳細は解釈第 157 条以降に規定されています．

どこでも使える工事 4 種類を覚えてね．

表 3.18　低圧屋内配線の施設場所による工事の種類

施設場所の区分		使用電圧の区分	工事の種類											
			がいし引き工事	合成樹脂管工事	金属管工事	金属可とう電線管工事	金属線ぴ工事	金属ダクト工事	バスダクト工事	ケーブル工事	フロアダクト工事	セルラダクト工事	ライティングダクト工事	平形保護層工事
展開した場所	乾燥した場所	300 V 以下	○	○	○	○	○	○	○	○			○	
		300 V 超過	○	○	○	○		○	○	○				
	湿気の多い場所または水気のある場所	300 V 以下	○	○	○	○			○	○				
		300 V 超過	○	○	○	○			○	○				
点検できる隠ぺい場所	乾燥した場所	300 V 以下	○	○	○	○	○	○	○	○		○	○	○
		300 V 超過	○	○	○	○		○	○	○				
	湿気の多い場所または水気のある場所	－		○	○	○				○				
点検できない隠ぺい場所	乾燥した場所	300 V 以下		○	○	○				○	○	○		
		300 V 超過		○	○	○				○				
	湿気の多い場所または水気のある場所	－		○	○	○				○				

（備考）○は，使用できることを示す．

解釈第 157 条は「がいし引き工事」です．電線の離隔距離についての規定です．かつては，一般の住宅にもノップ碍子を利用した配線が良く見られました．

碍子の素材は磁器以外に合成樹脂のものもあるよ

がいし引き工事による低圧屋内配線は，次の各号によること．
一　電線は，第 144 条第一号イからハまでに掲げるものを除き，絶縁電線（屋外用ビニル絶縁電線，引込用ビ

第 3 章 電気設備の技術基準 の解釈

ニル絶縁電線及び引込用ポリエチレン絶縁電線を除く．)であること．
二　電線相互の間隔は，**6 cm 以上であること．**
三　電線と造営材との離隔距離は，使用電圧が 300 V 以下の場合は 2.5 cm 以上，300 V を超える場合は 4.5 cm(乾燥した場所に施設する場合は，2.5 cm)以上であること．
四　電線の**支持点間の距離**は，次によること．
　イ　電線を造営材の上面又は側面に沿って取り付ける場合は，**2 m 以下であること．**
　ロ　イに規定する以外の場合であって，使用電圧が **300 V を超える**ものにあっては，**6 m 以下であること．**
五　使用電圧が 300 V 以下の場合は，電線に簡易接触防護措置を施すこと．
六　使用電圧が 300 V を超える場合は，電線に接触防護措置を施すこと．
七　電線が造営材を貫通する場合は，その貫通する部分の電線を電線ごとにそれぞれ別個の難燃性及び耐水性のある物で絶縁すること．ただし，使用電圧が 150 V 以下の電線を乾燥した場所に施設する場合であって，貫通する部分の電線に耐久性のある絶縁テープを巻くときはこの限りでない．
八　電線が他の低圧屋内配線又は管灯回路の配線と接近又は交差する場合は，次のいずれかによること．
　イ　他の低圧屋内配線又は管灯回路の配線との離隔距離が，10 cm(がいし引き工事により施設する低圧屋内配線が裸電線である場合は，30 cm)以上であること．
　ロ　他の低圧屋内配線又は管灯回路の配線との間に，絶縁性の隔壁を堅ろうに取り付けること．
　ハ　いずれかの低圧屋内配線又は管灯回路の配線を，十分な長さの難燃性及び耐水性のある堅ろうな絶縁管に収めて施設すること．
　ニ　がいし引き工事により施設する低圧屋内配線と，がいし引き工事により施設する他の低圧屋内配線又は管灯回路の配線とが並行する場合は，相互の**離隔距離が 6 cm 以上であること．**
九　がいしは，絶縁性，難燃性及び耐水性のあるものであること．

　　解釈第 158 条は「合成樹脂管工事」です．使用できる電線や合成樹脂管の素材に関して規定があります．

PF 管とか VE 管とかのお話だね

合成樹脂管工事による低圧屋内配線の電線は，次の各号によること．
一　絶縁電線(屋外用ビニル絶縁電線を除く．)であること．
二　**より線又は直径 3.2 mm(アルミ線にあっては，4 mm)以下の単線であること．**ただし，短小な合成樹脂管に収めるものは，この限りでない．
三　**合成樹脂管内では，電線に接続点を設けないこと．**
2　合成樹脂管工事に使用する合成樹脂管及びボックスその他の附属品(管相互を接続するもの及び管端に接続するものに限り，レジューサーを除く．)は，次の各号に適合するものであること．
一　電気用品安全法の適用を受ける合成樹脂製の電線管及びボックスその他の附属品であること．ただし，附属品のうち金属製のボックス及び第 159 条第 4 項第一号の規定に適合する粉じん防爆型フレキシブルフィッチングにあっては，この限りでない．
二　端口及び内面は，電線の被覆を損傷しないような滑らかなものであること．
三　管(合成樹脂製可とう管及び CD 管を除く．)の**厚さは，2 mm 以上であること．**ただし，次に適合する場合はこの限りでない．
　イ　屋内配線の使用電圧が 300 V 以下であること．
　ロ　展開した場所又は点検できる隠ぺい場所であって，乾燥した場所に施設すること．
　ハ　接触防護措置を施すこと．
3　合成樹脂管工事に使用する合成樹脂管及びボックスその他の附属品は，次の各号により施設すること．
一　重量物の圧力又は著しい機械的衝撃を受けるおそれがないように施設すること．
二　管相互及び管とボックスとは，**管の差込み深さを管の外径の 1.2 倍(接着剤を使用する場合は，0.8 倍)以上とし，**かつ，差込み接続により堅ろうに接続すること．
三　管の**支持点間の距離は 1.5 m 以下とし，**かつ，その支持点は，管端，管とボックスとの接続点及び管相

互の接続点のそれぞれの近くの箇所に設けること.

四　湿気の多い場所又は水気のある場所に施設する場合は，防湿装置を施すこと.

五　合成樹脂管を**金属製のボックスに接続して使用する場合**又は前項第一号ただし書に規定する粉じん防爆型フレキシブルフィッチングを使用する場合は，次によること.（関連省第10条，第11条）

　イ　低圧屋内配線の使用電圧が300 V以下の場合は，ボックス又は粉じん防爆型フレキシブルフィッチングに**D種接地工事を施すこと**.ただし，次のいずれかに該当する場合は，この限りでない.

　　（イ）乾燥した場所に施設する場合

　　（ロ）屋内配線の使用電圧が直流300 V又は交流対地電圧150 V以下の場合において，簡易接触防護措置（金属製のものであって，防護措置を施す設備と電気的に接続するおそれがあるもので防護する方法を除く.）を施すとき

　ロ　低圧屋内配線の使用電圧が300 Vを超える場合は，ボックス又は粉じん防爆型フレキシブルフィッチングにC種接地工事を施すこと.ただし，接触防護措置（金属製のものであって，防護措置を施す設備と電気的に接続するおそれがあるもので防護する方法を除く.）を施す場合は，D種接地工事によることができる.

六　合成樹脂管をプルボックスに接続して使用する場合は，第二号の規定に準じて施設すること.ただし，技術上やむを得ない場合において，管及びプルボックスを乾燥した場所において不燃性の造営材に堅ろうに施設するときは，この限りでない.

七　CD管は，次のいずれかにより施設すること.

　イ　直接コンクリートに埋め込んで施設すること.

　ロ　専用の不燃性又は自消性のある難燃性の管又はダクトに収めて施設すること.

八　合成樹脂製可とう管相互，CD管相互及び合成樹脂製可とう管とCD管とは，直接接続しないこと.

　解釈第159条は「金属管工事」です.使用できる電線の規定は合成樹脂管工事と同じです.

合成樹脂管工事と並行して学習してね.

金属管工事による低圧屋内配線の電線は，次の各号によること.

一　絶縁電線（屋外用ビニル絶縁電線を除く.）であること.

二　**より線又は直径3.2 mm（アルミ線にあっては，4 mm）以下の単線であること**.ただし，短小な金属管に収めるものは，この限りでない.

三　**金属管内では，電線に接続点を設けないこと.**

2　金属管工事に使用する金属管及びボックスその他の附属品（管相互を接続するもの及び管端に接続するものに限り，レジューサーを除く.）は，次の各号に適合するものであること.

一　電気用品安全法の適用を受ける金属製の電線管（可とう電線管を除く.）及びボックスその他の附属品又は黄銅若しくは銅で堅ろうに製作したものであること.ただし，第4項に規定するもの及び絶縁ブッシングにあっては，この限りでない.

二　管の厚さは，次によること.

　イ　**コンクリートに埋め込むものは，1.2 mm以上**

　ロ　イに規定する以外のものであって，**継手のない長さ4 m以下のものを乾燥した展開した場所に施設する場合は，0.5 mm以上**

　ハ　イ及びロに規定するもの以外のものは，1 mm以上

三　端口及び内面は，電線の被覆を損傷しないような滑らかなものであること.

3　金属管工事に使用する金属管及びボックスその他の附属品は，次の各号により施設すること.

一　管相互及び管とボックスその他の附属品とは，ねじ接続その他これと同等以上の効力のある方法により，堅ろうに，かつ，電気的に完全に接続すること.

二　管の端口には，電線の被覆を損傷しないように適当な構造のブッシングを使用すること.ただし，金属管工事からがいし引き工事に移る場合においては，その部分の管の端口には，絶縁ブッシングその他これに類するものを使用すること.

三　湿気の多い場所又は水気のある場所に施設する場合は，防湿装置を施すこと．

四　低圧屋内配線の**使用電圧が300 V以下の場合は，管には，D種接地工事を施す**こと．ただし，次のいずれかに該当する場合は，この限りでない．（関連省令第10条，第11条）

　イ　管の長さ（2本以上の管を接続して使用する場合は，その全長．以下この条において同じ．）が4 m以下のものを乾燥した場所に施設する場合

　ロ　屋内配線の使用電圧が直流300 V又は交流対地電圧150 V以下の場合において，その電線を収める管の長さが8 m以下のものに簡易接触防護措置（金属製のものであって，防護措置を施す管と電気的に接続するおそれがあるもので防護する方法を除く．）を施すとき又は乾燥した場所に施設するとき

五　低圧屋内配線の**使用電圧が300 Vを超える場合は，管には，C種接地工事を施す**こと．ただし，接触防護措置（金属製のものであって，防護措置を施す管と電気的に接続するおそれがあるもので防護する方法を除く．）を施す場合は，D種接地工事によることができる．（関連省令第10条，第11条）

六　金属管を金属製のプルボックスに接続して使用する場合は，第一号の規定に準じて施設すること．ただし，技術上やむを得ない場合において，管及びプルボックスを乾燥した場所において不燃性の造営材に堅ろうに施設し，かつ，管及びプルボックス相互を電気的に完全に接続するときは，この限りでない．

4　金属管工事に使用する金属管の防爆型附属品は，次の各号に適合するものであること．

一　粉じん防爆型フレキシブルフィッチングは，次に適合すること．

　イ　構造は，継目なしの丹銅，リン青銅若しくはステンレスの可とう管に丹銅，黄銅若しくはステンレスの編組被覆を施したもの又は電気用品の技術上の基準を定める省令の解釈別表第二1（1）及び（5）ロに適合する2種金属製可とう電線管に厚さ0.8 mm以上のビニルの被覆を施したものの両端にコネクタ又はユニオンカップリングを堅固に接続し，内面は電線の引入れ又は引換えの際に電線の被覆を損傷しないように滑らかにしたものであること．

　ロ　完成品は，室温において，その外径の10倍の直径を有する円筒のまわりに180度屈曲させた後，直線状に戻し，次に反対方向に180度屈曲させた後，直線状に戻す操作を10回繰り返したとき，ひび，割れその他の異状を生じないものであること．

（二　三　省略）

四　第一号から第三号までに規定するもの以外のものは，次に適合すること．

　イ　材料は，乾式亜鉛めっき法により亜鉛めっきを施した上に透明な塗料を塗るか，又はその他適当な方法によりさび止めを施した鋼又は可鍛鋳鉄であること．

　ロ　内面及び端口は，電線の引入れ又は引換えの際に電線の被覆を損傷しないように滑らかにしたものであること．

　ハ　**電線管との接続部分のねじは，5山以上完全にねじ合わせる**ことができる長さを有するものであること．

（以降省略）

　解釈第160条は「金属可とう電線管工事」です．金属可とう電線管には1種と2種の2種類があります．おおざっぱに言えば，2種の方が1種より丈夫なつくりとなっています．

金属可とう電線管
通称プリカチューブ

金属可とう電線管工事による低圧屋内配線の電線は，次の各号によること．

一　絶縁電線（屋外用ビニル絶縁電線を除く．）であること．

二　**より線又は直径3.2 mm**（アルミ線にあっては，4 mm）**以下の単心のもの**であること．

三　**電線管内では，電線に接続点を設けないこと．**

2　金属可とう電線管工事に使用する電線管及びボックスその他の附属品（管相互及び管端に接続するものに限る．）は，次の各号に適合するものであること．

一　電気用品安全法の適用を受ける金属製可とう電線管及びボックスその他の附属品であること．

二　**電線管は，2種金属製可とう電線管であること．**ただし，次に適合する場合は，1種金属製可とう電線管

を使用することができる.

　イ　展開した場所又は点検できる隠ぺい場所であって，乾燥した場所であること.

　ロ　屋内配線の使用電圧が 300 V を超える場合は，電動機に接続する部分で可とう性を必要とする部分であること.

　ハ　管の厚さは，0.8 mm 以上であること.

三　内面は，電線の被覆を損傷しないような滑らかなものであること.

3　金属可とう電線管工事に使用する電線管及びボックスその他の附属品は，次の各号により施設すること.

一　重量物の圧力又は著しい機械的衝撃を受けるおそれがないように施設すること.

二　管相互及び管とボックスその他の附属品とは，堅ろうに，かつ，電気的に完全に接続すること.

三　管の端口は，電線の被覆を損傷しないような構造であること.

四　2種金属製可とう電線管を使用する場合において，湿気の多い場所又は水気のある場所に施設するときは，防湿装置を施すこと.

五　1種金属製可とう電線管には，直径 1.6 mm 以上の裸軟銅線を全長にわたって挿入又は添加して，その裸軟銅線と管とを両端において電気的に完全に接続すること.ただし，管の長さ（2本以上の管を接続して使用する場合は，その全長.以下この条において同じ.）が 4 m 以下のものを施設する場合は，この限りでない.

六　低圧屋内配線の使用電圧が 300 V 以下の場合は，電線管には，D種接地工事を施すこと.ただし，管の長さが 4 m 以下のものを施設する場合は，この限りでない.（関連省令第 10 条，第 11 条）

七　低圧屋内配線の使用電圧が 300 V を超える場合は，電線管には，C種接地工事を施すこと.ただし，接触防護措置（金属製のものであって，防護措置を施す管と電気的に接続するおそれがあるもので防護する方法を除く.）を施す場合は，D種接地工事によることができる.（関連省令第 10 条，第 11 条）

　　解釈第 161 条は「金属線ぴ工事」です.線ぴには幅が 4 cm 未満の 1 種と 4 cm 以上 5 cm 以下の 2 種の 2 種類があります.

線ぴを全部漢字で書くと線樋だよ

第3章　電気設備の技術基準の解釈

金属線ぴ工事による低圧屋内配線の電線は，次の各号によること.

一　絶縁電線（屋外用ビニル絶縁電線を除く.）であること.

二　線ぴ内では，電線に接続点を設けないこと.ただし，次に適合する場合は，この限りでない.

　イ　電線を分岐する場合であること.

　ロ　線ぴは，電気用品安全法の適用を受ける 2 種金属製線ぴであること.

　ハ　接続点を容易に点検できるように施設すること.

　ニ　線ぴには第 3 項第二号ただし書の規定にかかわらず，D種接地工事を施すこと.（関連省令第 10 条，第 11 条）

　ホ　線ぴ内の電線を外部に引き出す部分は，線ぴの貫通部分で電線が損傷するおそれがないように施設すること.

2　金属線ぴ工事に使用する金属製線ぴ及びボックスその他の附属品（線ぴ相互を接続するもの及び線ぴの端に接続するものに限る.）は，次の各号のいずれかに適合するものであること.

一　電気用品安全法の適用を受ける金属製線ぴ及びボックスその他の附属品であること.

二　黄銅又は銅で堅ろうに製作し，内面を滑らかにしたものであって，幅が 5 cm 以下，厚さが 0.5 mm 以上のものであること.

3　金属線ぴ工事に使用する金属製線ぴ及びボックスその他の附属品は，次の各号により施設すること.

一　線ぴ相互及び線ぴとボックスその他の附属品とは，堅ろうに，かつ，電気的に完全に接続すること.

二　線ぴには，D種接地工事を施すこと.ただし，次のいずれかに該当する場合は，この限りでない.（関連省令第 10 条，第 11 条）

　イ　線ぴの長さ（2本以上の線ぴを接続して使用する場合は，その全長をいう.以下この条において同じ.）が 4 m 以下のものを施設する場合

　ロ　屋内配線の使用電圧が直流 300 V 又は交流対地電圧が 150 V 以下の場合において，その電線を収める

線ぴの長さが8m以下のものに簡易接触防護措置（金属製のものであって，防護措置を施す線ぴと電気的に接続するおそれがあるもので防護する方法を除く．）を施すとき又は乾燥した場所に施設するとき

解釈第162条は「金属ダクト工事」です．幅が5cm以上のものを線ぴと区別してダクトと呼んでいます．

金属ダクト工事による低圧屋内配線の電線は，次の各号によること．
一　絶縁電線（屋外用ビニル絶縁電線を除く．）であること．
二　ダクトに収める**電線の断面積（絶縁被覆の断面積を含む．）**の総和は，ダクトの内部断面積の**20%以下**であること．ただし，電光サイン装置，出退表示灯その他これらに類する装置又は制御回路等（自動制御回路，遠方操作回路，遠方監視装置の信号回路その他これらに類する電気回路をいう．）の配線のみを収める場合は，50%以下とすることができる．
三　ダクト内では，**電線に接続点を設けないこと**．ただし，電線を分岐する場合において，その接続点が容易に点検できるときは，この限りでない．
四　ダクト内の電線を外部に引き出す部分は，ダクトの貫通部分で電線が損傷するおそれがないように施設すること．
五　ダクト内には，電線の被覆を損傷するおそれがあるものを収めないこと．
六　ダクトを垂直に施設する場合は，電線をクリート等で堅固に支持すること．
2　金属ダクト工事に使用する金属ダクトは，次の各号に適合するものであること．
一　幅が5cmを超え，かつ，**厚さが1.2mm以上の鉄板**又はこれと同等以上の強さを有する金属製のものであって，堅ろうに製作したものであること．
二　内面は，電線の被覆を損傷するような突起がないものであること．
三　内面及び外面にさび止めのために，めっき又は塗装を施したものであること．
3　金属ダクト工事に使用する金属ダクトは，次の各号により施設すること．
一　ダクト相互は，堅ろうに，かつ，電気的に完全に接続すること．
二　ダクトを造営材に取り付ける場合は，ダクトの**支持点間の距離を3m（取扱者以外の者が出入りできないように措置した場所において，垂直に取り付ける場合は，6m）以下**とし，堅ろうに取り付けること．
三　ダクトのふたは，容易に外れないように施設すること．
四　ダクトの終端部は，閉そくすること．
五　ダクトの内部にじんあいが侵入し難いようにすること．
六　ダクトは，水のたまるような低い部分を設けないように施設すること．
七　低圧屋内配線の使用電圧が**300V以下の場合**は，ダクトには，**D種接地工事を施すこと**．（関連省令第10条，第11条）
八　低圧屋内配線の使用電圧が**300Vを超える場合**は，ダクトには，**C種接地工事を施すこと**．ただし，接触防護措置（金属製のものであって，防護措置を施すダクトと電気的に接続するおそれがあるもので防護する方法を除く．）を施す場合は，D種接地工事によることができる．（関連省令第10条，第11条）

解釈第163条は「バスダクト工事」です．バスダクトとは，ダクトの中に電気の通り道となる導体を収めたものです．

バスダクト工事による低圧屋内配線は，次の各号によること．
一　ダクト相互及び電線相互は，堅ろうに，かつ，電気的に完全に接続すること．
二　ダクトを造営材に取り付ける場合は，ダクトの**支持点間の距離を3m（取扱者以外の者が出入りできない

ように措置した場所において，**垂直に取り付ける場合は，6 m)以下とし，堅ろうに取り付けること.**

三　ダクト(換気型のものを除く.)の終端部は，閉そくすること.

四　ダクト(換気型のものを除く.)の内部にじんあいが侵入し難いようにすること.

五　湿気の多い場所又は水気のある場所に施設する場合は，屋外用バスダクトを使用し，バスダクト内部に水が浸入してたまらないようにすること.

六　低圧屋内配線の使用電圧が **300 V 以下の場合は，ダクトには，D種接地工事を施すこと.** (関連省令第10条，第11条)

七　低圧屋内配線の使用電圧が **300 V を超える場合は，ダクトには，C種接地工事を施すこと.** ただし，接触防護措置(金属製のものであって，防護措置を施すダクトと電気的に接続するおそれがあるもので防護する方法を除く.)を施す場合は，D種接地工事によることができる. (関連省令第10条，第11条)

(以降省略)

解釈第164条は「ケーブル工事」です. まずは，第1項の内容を把握してください.

第2項以降の学習は
後回し!

ケーブル工事による低圧屋内配線は，次項及び第3項に規定するものを除き，次の各号によること.

一　電線は，164-1 表に規定するものであること. (詳細省略)

二　重量物の圧力又は著しい機械的衝撃を受けるおそれがある箇所に施設する電線には，適当な防護装置を設けること.

三　電線を造営材の下面又は側面に沿って取り付ける場合は，電線の**支持点間の距離をケーブルにあっては 2 m(接触防護措置を施した場所において垂直に取り付ける場合は，6 m)以下，キャブタイヤケーブルにあっては 1 m 以下**とし，かつ，その被覆を損傷しないように取り付けること.

四　低圧屋内配線の**使用電圧が 300 V 以下の場合は，管その他の電線を収める防護装置の金属製部分，金属製の電線接続箱及び電線の被覆に使用する金属体には，D種接地工事を施すこと.** ただし，次のいずれかに該当する場合は，管その他の電線を収める防護装置の金属製部分については，この限りでない. (関連省令第10条，第11条)

イ　防護装置の金属製部分の長さが 4 m 以下のものを乾燥した場所に施設する場合

ロ　屋内配線の使用電圧が直流 300 V 又は交流対地電圧 150 V 以下の場合において，防護装置の金属製部分の長さが 8 m 以下のものに簡易接触防護措置(金属製のものであって，防護措置を施す設備と電気的に接続するおそれがあるもので防護する方法を除く.)を施すとき又は乾燥した場所に施設するとき

五　低圧屋内配線の**使用電圧が 300 V を超える場合は，管その他の電線を収める防護装置の金属製部分，金属製の電線接続箱及び電線の被覆に使用する金属体には，C種接地工事を施すこと.** ただし，接触防護措置(金属製のものであって，防護措置を施す設備と電気的に接続するおそれがあるもので防護する方法を除く.)を施す場合は，D種接地工事によることができる. (関連省令第10条，第11条)

2　電線を直接コンクリートに埋め込んで施設する低圧屋内配線は，次の各号によること.

一　電線は，MI ケーブル，コンクリート直埋用ケーブル又は第120条第6項に規定する性能を満足するがい装を有するケーブルであること.

二　コンクリート内では，電線に接続点を設けないこと. ただし，接続部において，ケーブルと同等以上の絶縁性能及び機械的保護機能を有するように施設する場合は，この限りでない.

三　工事に使用するボックスは，電気用品安全法の適用を受ける金属製若しくは合成樹脂製のもの又は黄銅若しくは銅で堅ろうに製作したものであること.

四　電線をボックス又はプルボックス内に引き込む場合は，水がボックス又はプルボックス内に浸入し難いように適当な構造のブッシングその他これに類するものを使用すること.

五　前項第四号及び第五号の規定に準じること.

3　電線を建造物の電気配線用のパイプシャフト内に垂直につり下げて施設する低圧屋内配線は，次の各号によること.

一　電線は，次のいずれかのものであること．

　イ　第9条第2項に規定するビニル外装ケーブル又はクロロプレン外装ケーブルであって，次に適合する導体を使用するもの

　　(イ)　導体に銅を使用するものにあっては，公称断面積が22 mm² 以上であること．

　　(ロ)　導体にアルミニウムを使用するものにあっては，次に適合すること．

　　（1）　軟アルミ線，半硬アルミ線及びアルミ成形単線以外のものであること．

　　（2）　公称断面積が30 mm² 以上であること．ただし，第9条第2項第一号ハの規定によるものにあっては，この限りでない．

　ロ　垂直ちょう架用線付きケーブルであって，次に適合するもの

　　(イ)　ケーブルは，(ロ)に規定するちょう架用線を第9条第2項に規定するビニル外装ケーブル又はクロロプレン外装ケーブルの外装に堅ろうに取り付けたものであること．

　　(ロ)　ちょう架用線は，次に適合するものであること．

　　（1）　引張強さが5.93 kN 以上の金属線又は断面積が22 mm² 以上の亜鉛めっき鉄より線であって，断面積5.3 mm²以上のものであること．

　　（2）　ケーブルの重量(ちょう架用線の重量を除く.)の4倍の引張荷重に耐えるようにケーブルに取り付けること．

　ハ　第9条第2項に規定するビニル外装ケーブル又はクロロプレン外装ケーブルの外装の上に当該外装を損傷しないように座床を施し，更にその上に第4条第二号に規定する亜鉛めっきを施した鉄線であって，引張強さが294 N 以上のもの又は直径1 mm 以上の金属線を密により合わせた鉄線がい装ケーブル

二　電線及びその支持部分の安全率は，4以上であること．

三　電線及びその支持部分は，充電部分が露出しないように施設すること．

四　電線との分岐部分に施設する分岐線は，次によること．

　イ　ケーブルであること．

　ロ　張力が加わらないように施設し，かつ，電線との分岐部分には，振留装置を施設すること．

　ハ　ロの規定により施設してもなお電線に損傷を及ぼすおそれがある場合は，さらに，適当な箇所に振留装置を施設すること．

(以降省略)

　　解釈第165条は「特殊な低圧屋内配線工事」です．フロアダクト，セルラダクト，ライティングダクト，平形保護層の工事の規定です．フロアダクトとセルラダクトは床下，ライティングダクトは天井，平型保護層はカーペットの下等の工事で利用されます．

工事に利用されている素材の特性まで目を通してね．

フロアダクト工事による低圧屋内配線は，次の各号によること．

一　電線は，絶縁電線(屋外用ビニル絶縁電線を除く.)であること．

二　電線は，**より線又は直径3.2 mm**(アルミ線にあっては，4 mm)以下の単線であること．

三　フロアダクト内では，**電線に接続点を設けないこと**．ただし，電線を分岐する場合において，その接続点が容易に点検できるときは，この限りでない．

四　フロアダクト工事に使用するフロアダクト及びボックスその他の附属品(フロアダクト相互を接続するもの及びフロアダクトの端に接続するものに限る.)は，次のいずれかのものであること．

　イ　電気用品安全法の適用を受ける金属製のフロアダクト及びボックスその他の附属品

　ロ　次に適合するもの

　　(イ)　**厚さが2 mm 以上の鋼板**で堅ろうに製作したものであること．

　　(ロ)　亜鉛めっきを施したもの又はエナメル等で被覆したものであること．

　　(ハ)　端口及び内面は，電線の被覆を損傷しないような滑らかなものであること．

五　フロアダクト工事に使用するフロアダクト及びボックスその他の附属品は，次により施設すること．

イ　ダクト相互並びにダクトとボックス及び引出口とは，**堅ろうに，かつ，電気的に完全に接続すること．**

ロ　ダクト及びボックスその他の附属品は，水のたまるような低い部分を設けないように施設すること．

ハ　ボックス及び引出口は，床面から突出しないように施設し，かつ，水が浸入しないように密封すること．

ニ　ダクトの終端部は，閉そくすること．

ホ　ダクトには，**D種接地工事を施すこと．**（関連省令第10条，第11条）

2　**セルラダクト工事**による低圧屋内配線は，次の各号によること．

一　電線は，絶縁電線(屋外用ビニル絶縁電線を除く.)であること．

二　電線は，**より線又は直径3.2mm(アルミ線にあっては，4mm)以下の単線**であること．

三　セルラダクト内では，**電線に接続点を設けないこと．**ただし，電線を分岐する場合において，その接続点が容易に点検できるときは，この限りでない．

四　セルラダクト内の電線を外部に引き出す場合は，当該セルラダクトの貫通部分で電線が損傷するおそれがないように施設すること．

五　セルラダクト工事に使用するセルラダクト及び附属品(ヘッダダクトを除き，セルラダクト相互を接続するもの及びセルラダクトの端に接続するものに限る.)は，次に適合するものであること．

イ　鋼板で製作したものであること．

ロ　端口及び内面は，電線の被覆を損傷しないような滑らかなものであること．

ハ　ダクトの**内面及び外面は，さび止めのためにめっき又は塗装を施したもの**であること．ただし，日本工業規格 JIS G 3352(2003)「デッキプレート」のSDP 3に適合するものにあっては，この限りでない．

ニ　ダクトの板厚は，165-1表に規定する値以上であること．

165-1 表

ダクトの最大幅	ダクトの板厚
150 mm 以下	1.2 mm
150 mm を超え 200 mm 以下	1.4 mm(日本工業規格 JIS G 3352(2003)「デッキプレート」の SDP 2，SDP 3 又は SDP 2 G に適合するものにあっては 1.2 mm)
200 mm を超えるもの	1.6 mm

ホ　附属品の板厚は1.6mm以上であること．

ヘ　底板をダクトに取り付ける部分は，次の計算式により計算した値の荷重を底板に加えたとき，セルラダクトの各部に異状を生じないこと．

$P = 5.88D$

P は，荷重(単位：N/m)

D は，ダクトの断面積(単位：cm^2)

六　セルラダクト工事に使用するヘッダダクト及びその附属品(ヘッダダクト相互を接続するもの及びヘッダダクトの端に接続するものに限る.)は，次に適合するものであること．

イ　前号イ，ロ及びホの規定に適合すること．

ロ　ダクトの板厚は，165-2表に規定する値以上であること．

165-2 表

ダクトの最大幅	ダクトの板厚
150 mm 以下	1.2 mm
150 mm を超え 200 mm 以下	1.4 mm
200 mm を超えるもの	1.6 mm

七　セルラダクト工事に使用するセルラダクト及び附属品(ヘッダダクト及びその附属品を含む.)は，次により施設すること.

　イ　ダクト相互並びにダクトと造営物の金属構造体，附属品及びダクトに接続する金属体とは堅ろうに，かつ，電気的に完全に接続すること.

　ロ　ダクト及び附属品は，水のたまるような低い部分を設けないように施設すること.

　ハ　引出口は，床面から突出しないように施設し，かつ，水が浸入しないように密封すること.

　ニ　ダクトの**終端部は，閉そくすること**.

　ホ　ダクトには**D種接地工事を施すこと**.（関連省令第10条，第11条）

3　**ライティングダクト工事**による低圧屋内配線は，次の各号によること.

一　ダクト及び附属品は，電気用品安全法の適用を受けるものであること.

二　ダクト相互及び電線相互は，**堅ろうに，かつ，電気的に完全に接続すること**.

三　ダクトは，造営材に堅ろうに取り付けること.

四　ダクトの**支持点間の距離は，2m以下とすること**.

五　ダクトの終端部は，閉そくすること.

六　ダクトの**開口部は，下に向けて施設する**こと．ただし，次のいずれかに該当する場合は，横に向けて施設することができる.

　イ　簡易接触防護措置を施し，かつ，ダクトの内部にじんあいが侵入し難いように施設する場合

　ロ　日本工業規格 JIS C 8366(2012)「ライティングダクト」の「5 性能」，「6 構造」及び「8 材料」の固定Ⅱ形に適合するライティングダクトを使用する場合

七　ダクトは，**造営材を貫通しないこと**.

八　ダクトには，**D種接地工事を施すこと**．ただし，次のいずれかに該当する場合は，この限りでない．（関連省令第10条，第11条）

　イ　合成樹脂その他の絶縁物で金属製部分を被覆したダクトを使用する場合

　ロ　対地電圧が150V以下で，かつ，ダクトの長さ(2本以上のダクトを接続して使用する場合は，その全長をいう.)が4m以下の場合

九　ダクトの導体に電気を供給する電路には，当該電路に地絡を生じたときに自動的に電路を遮断する装置を施設すること．ただし，ダクトに簡易接触防護措置(金属製のものであって，ダクトの金属製部分と電気的に接続するおそれがあるもので防護する方法を除く.)を施す場合は，この限りでない.

4　**平形保護層工事**による低圧屋内配線は，次の各号によること.

一　住宅以外の場所においては，次によること.

　イ　次に掲げる以外の場所に施設すること.

　　（イ）　旅館，ホテル又は宿泊所等の宿泊室

　　（ロ）　小学校，中学校，盲学校，ろう学校，養護学校，幼稚園又は保育園等の教室その他これに類する場所

　　（ハ）　病院又は診療所等の病室

　　（ニ）　フロアヒーティング等発熱線を施設した床面

　　（ホ）　第175条から第178条までに規定する場所

　ロ　造営物の**床面又は壁面に施設し，造営材を貫通しないこと**.

　ハ　電線は，電気用品安全法の適用を受ける平形導体合成樹脂絶縁電線であって，20A用又は30A用のもので，かつ，アース線を有するものであること.

　ニ　平形保護層(上部保護層，上部接地用保護層及び下部保護層をいう．以下この条において同じ.)内の電線を外部に引き出す部分は，ジョイントボックスを使用すること.

　ホ　平形導体合成樹脂絶縁電線相互を接続する場合は，次によること.（関連省令第7条）

　　（イ）　**電線の引張強さを20%以上減少させないこと**.

　　（ロ）　接続部分には，接続器を使用すること.

　　（ハ）　次のいずれかによること.

　　　（1）　接続部分の平形導体合成樹脂絶縁電線の絶縁物と同等以上の絶縁効力のある接続器を使用すること.

（２） 接続部分をその部分の平形導体合成樹脂絶縁電線の絶縁物と同等以上の絶縁効力のあるもので十分に被覆すること.

ヘ 平形保護層内には，電線の被覆を損傷するおそれがあるものを収めないこと.

ト 電線に電気を供給する電路は，次に適合するものであること.

（イ） 電路の**対地電圧は，150 V 以下**であること.

（ロ） **定格電流が 30 A 以下の過電流遮断器で保護される分岐回路**であること.

（ハ） 電路に地絡を生じたときに自動的に電路を遮断する装置を施設すること.

（以降省略）

ここまでは，低圧屋内配線の規則でした. 解釈第 166 条は「低圧の屋側配線又は屋外配線の施設」です. 解釈第 156 条(低圧屋内配線の施設場所による工事の種類)と同じで合成樹脂管工事，金属管工事，金属可とう電線管工事，ケーブル工事は，場所を選びません.

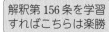

解釈第 156 条を学習すればこちらは楽勝

第3章 電気設備の技術基準の解釈

低圧の屋側配線又は屋外配線(第 184 条，第 188 条及び第 192 条に規定するものを除く. 以下この条において同じ.)は，次の各号によること.

一 低圧の屋側配線又は屋外配線は，166-1 表に規定する工事のいずれかにより施設すること.

166-1 表

施設場所の区分	使用電圧の区分	工事の種類					
		がいし引き工事	合成樹脂管工事	金属管工事	管工事	金属可とう電線	バスダクト工事	ケーブル工事
展開した場所	300 V 以下	○	○	○	○	○	○
	300 V 超過	○	○	○	○	○	○
点検できる隠ぺい場所	300 V 以下	○	○	○	○	○	○
	300 V 超過		○	○	○	○	○
点検できない隠ぺい場所	－		○	○	○		○

（備考)○は，使用できることを示す.

二 がいし引き工事による低圧の屋側配線又は屋外配線は，第 157 条の規定に準じて施設すること. この場合において，同条第 1 項第三号における「乾燥した場所」は「雨露にさらされない場所」と読み替えるものとする.

三 合成樹脂管工事による低圧の屋側配線又は屋外配線は，第 158 条の規定に準じて施設すること.

四 金属管工事による低圧の屋側配線又は屋外配線は，第 159 条の規定に準じて施設すること.

五 金属可とう電線管工事による低圧の屋側配線又は屋外配線は，第 160 条の規定に準じて施設すること.

六 バスダクト工事による低圧の屋側配線又は屋外配線は，次によること.

イ 第 163 条の規定に準じて施設すること.

ロ 屋外用のバスダクトを使用し，ダクト内部に水が浸入してたまらないようにすること.

ハ 使用電圧が 300 V を超える場合は，日本電気技術規格委員会規格 JESC E 6002(2011)「バスダクト工事による 300 V を超える低圧屋側配線又は屋外配線の施設」の「3. 技術的規定」によること.

七　ケーブル工事による低圧の屋側配線又は屋外配線は，次によること．

（イ　省略）

　ロ　第164条第1項第二号から第五号まで及び同条第2項の規定に準じて施設すること．

八　低圧の屋側配線又は屋外配線の開閉器及び過電流遮断器は，屋内電路用のものと兼用しないこと．ただし，当該配線の長さが屋内電路の分岐点から8m以下の場合において，屋内電路用の過電流遮断器の定格電流が15A（配線用遮断器にあっては，20A）以下のときは，この限りでない．

2　屋外に施設する白熱電灯の引下げ線のうち，地表上の高さ2.5m未満の部分は，次の各号のいずれかにより施設すること．

一　次によること．

　イ　電線は，直径1.6mmの軟銅線と同等以上の強さ及び太さの絶縁電線（屋外用ビニル絶縁電線を除く．）であること．

　ロ　電線に簡易接触防護措置を施し，又は電線の損傷を防止するように施設すること．

二　ケーブル工事により，第164条第1項及び第2項の規定に準じて施設すること．

3・4・6　低圧配線と弱電流電線等または管との接近または交差（解釈第167条）

　低圧配線と弱電流電線，水道管等の管との離隔距離等の条件についての規定です．

がいし引き工事により施設する低圧配線が，弱電流電線等又は水管，ガス管若しくはこれらに類するもの（以下この条において「水管等」という．）と接近又は交差する場合は，次の各号のいずれかによること．

一　低圧配線と弱電流電線等又は水管等との離隔距離は，10cm（電線が裸電線である場合は，30cm）以上とすること．

二　低圧配線の使用電圧が300V以下の場合において，低圧配線と弱電流電線等又は水管等との間に絶縁性の隔壁を堅ろうに取り付けること．

三　低圧配線の使用電圧が300V以下の場合において，低圧配線を十分な長さの難燃性及び耐水性のある堅ろうな絶縁管に収めて施設すること．

2　合成樹脂管工事，金属管工事，金属可とう電線管工事，金属線ぴ工事，金属ダクト工事，バスダクト工事，ケーブル工事，フロアダクト工事，セルラダクト工事，ライティングダクト工事又は平形保護層工事により施設する低圧配線が，弱電流電線又は水管等と接近し又は交差する場合は，次項ただし書の規定による場合を除き，低圧配線が弱電流電線又は水管等と接触しないように施設すること．

3　合成樹脂管工事，金属管工事，金属可とう電線管工事，金属線ぴ工事，金属ダクト工事，バスダクト工事，フロアダクト工事又はセルラダクト工事により施設する低圧配線の電線と弱電流電線とは，同一の管，線ぴ若しくはダクト若しくはこれらのボックスその他の附属品又はプルボックスの中に施設しないこと．ただし，低圧配線をバスダクト工事以外の工事により施設する場合において，次の各号のいずれかに該当するときは，この限りでない．

一　低圧配線の電線と弱電流電線とを，次に適合するダクト，ボックス又はプルボックスの中に施設する場合．この場合において，低圧配線を合成樹脂管工事，金属管工事，金属可とう電線管工事又は金属線ぴ工事により施設するときは，電線と弱電流電線とは，別個の管又は線ぴに収めて施設すること．

　イ　低圧配線と弱電流電線との間に堅ろうな隔壁を設けること．

　ロ　金属製部分にC種接地工事を施すこと．（関連省令第10条，第11条）

二　弱電流電線が，次のいずれかに該当するものである場合

　イ　リモコンスイッチ，保護リレーその他これに類するものの制御用の弱電流電線であって，絶縁電線と同等以上の絶縁効力があり，かつ，低圧配線との識別が容易にできるもの

　ロ　C種接地工事を施した金属製の電気的遮へい層を有する通信用ケーブル（関連省令第10条，第11条）

3·4·7 高圧・特別高圧の配線

この項目では高圧・特別高圧配線の規定について扱います．前項目の低圧配線の流れを掴めば入りやすい内容だと思います．

高圧の前に低圧をマスター

解釈第 168 条は「高圧配線の施設」です．

高圧屋内配線は，次の各号によること．
一　高圧屋内配線は，次に掲げる工事のいずれかにより施設すること．
　イ　**がいし引き工事(乾燥した場所であって展開した場所に限る.)**
　ロ　**ケーブル工事**
二　がいし引き工事による高圧屋内配線は，次によること．
　イ　接触防護措置を施すこと．
　ロ　電線は，**直径 2.6 mm の軟銅線と同等以上の強さ及び太さの，高圧絶縁電線，特別高圧絶縁電線又は引下げ用高圧絶縁電線**であること．
　ハ　**電線の支持点間の距離は，6 m 以下であること．ただし，電線を造営材の面に沿って取り付ける場合は，2 m 以下とすること．**
　ニ　**電線相互の間隔は 8 cm 以上，電線と造営材との離隔距離は 5 cm 以上であること．**
　ホ　がいしは，絶縁性，難燃性及び耐水性のあるものであること．
　ヘ　高圧屋内配線は，低圧屋内配線と容易に区別できるように施設すること．
　ト　電線が造営材を貫通する場合は，その貫通する部分の電線を電線ごとにそれぞれ別個の難燃性及び耐水性のある堅ろうな物で絶縁すること．
三　ケーブル工事による高圧屋内配線は，次によること．
　イ　ロに規定する場合を除き，電線にケーブルを使用し，第 164 条第 1 項第二号及び第三号の規定に準じて施設すること．
　ロ　電線を建造物の電気配線用のパイプシャフト内に垂直につり下げて施設する場合は，第 164 条第 3 項(第一号イ(ロ)(2)ただし書を除く.)の規定に準じて施設すること．この場合において，同項の規定における「第 9 条第 2 項」は「第 10 条第 3 項」と読み替えるものとする．
　ハ　**管その他のケーブルを収める防護装置の金属製部分，金属製の電線接続箱及びケーブルの被覆に使用する金属体には，A 種接地工事を施すこと．ただし，接触防護措置(金属製のものであって，防護措置を施す設備と電気的に接続するおそれがあるもので防護する方法を除く.)を施す場合は，D 種接地工事によることができる．**(関連省令第 10 条，第 11 条)
2　高圧屋内配線が，他の高圧屋内配線，低圧屋内電線，管灯回路の配線，弱電流電線等又は水管，ガス管若しくはこれらに類するもの(以下この項において「他の屋内電線等」という.)と接近又は交差する場合は，次の各号のいずれかによること．
一　**高圧屋内配線と他の屋内電線等との離隔距離は，15 cm(がいし引き工事により施設する低圧屋内電線が裸電線である場合は，30 cm)以上であること．**
二　高圧屋内配線をケーブル工事により施設する場合においては，次のいずれかによること．
　イ　ケーブルと他の屋内電線等との間に耐火性のある堅ろうな隔壁を設けること．
　ロ　ケーブルを耐火性のある堅ろうな管に収めること．
　ハ　他の高圧屋内配線の電線がケーブルであること．
3　高圧屋側配線は，第 111 条(第 1 項を除く.)の規定に準じて施設すること．
4　高圧屋外配線(第 188 条に規定するものを除く.)は，第 120 条から第 125 条まで及び第 127 条から第 130 条まで(第 128 条第 1 項を除く.)の規定に準じて施設すること．

解釈第 169 条は「特別高圧配線の施設」です．電験 3 種の国家試験でこの分野からの出題はまれですが，油断しないようにしてください．

この項目は後回し

第 3 章　電気設備の技術基準の解釈

特別高圧屋内配線は，第191条の規定により施設する場合を除き，次の各号によること．

一　使用電圧は，100 000 V 以下であること．

二　電線は，**ケーブル**であること．

三　ケーブルは，鉄製又は鉄筋コンクリート製の管，ダクトその他の堅ろうな**防護装置に収めて施設**すること．

四　管その他のケーブルを収める防護装置の金属製部分，金属製の電線接続箱及びケーブルの被覆に使用する**金属体には，A種接地工事を施す**こと．ただし，**接触防護措置**（金属製のものであって，**防護措置を施す設備と電気的に接続するおそれがあるもので防護する方法を除く．）を施す**場合は，**D種接地工事**によることができる．（関連省令第10条，第11条）

五　危険のおそれがないように施設すること．

2　特別高圧屋内配線が，低圧屋内電線，管灯回路の配線，高圧屋内電線，弱電流電線等又は水管，ガス管若しくはこれらに類するものと接近又は交差する場合は，次の各号によること．

一　特別高圧屋内配線と低圧屋内電線，管灯回路の配線又は高圧屋内電線との**離隔距離は，60 cm 以上である**こと．ただし，相互の間に堅ろうな耐火性の隔壁を設ける場合は，この限りでない．

二　特別高圧屋内配線と弱電流電線等又は**水管，ガス管若しくはこれらに類するものとは，接触しないように施設**すること．

3　使用電圧が 35 000 V 以下の特別高圧屋側配線は，第111条（第1項を除く．）の規定に準じて施設すること．

4　使用電圧が 35 000 V 以下の特別高圧屋外配線は，第120条から第125条まで及び第127条から第130条まで（第128条第1項を除く．）の規定に準じて施設すること．

5　使用電圧が 35 000 V を超える特別高圧の屋側配線又は屋外配線は，第191条の規定により施設する場合を除き，施設しないこと．

3・4・8　その他の配線

　前条までに登場しなかった配線についての規定です．国家試験での出題事例がありますので念のため学習しておきましょう．

　解釈第170条は「電球線の施設」です．電球線とは，天井から吊り下げて使用するペンダントライトのコード等のことです．

低圧・高圧の配線をしっかり学習してから覚えてね

電球線は，次の各号によること．

一　**使用電圧は，300 V 以下**であること．

二　**電線の断面積は，0.75 mm² 以上**であること．

（三　省略）

四　簡易接触防護措置を施す場合は，前号の規定にかかわらず，次に掲げる電線を使用することができる．

　イ　**軟銅より線を使用する 600 V ゴム絶縁電線**

　ロ　口出し部の電線の間隔が 10 mm 以上の電球受口に附属する電線にあっては，軟銅より線を使用する 600 V ビニル絶縁電線

五　電球線と屋内配線又は屋側配線との接続は，その接続点において電球又は器具の重量を配線に支持させないものであること．

解釈第171条は「移動電線の施設」です．移動電線とは，造営物に固定しないで使用する電線のことです．身近なところでは掃除機のコードやエレベーターから垂れ下がっているケーブル等です．

> 特別高圧での移動電線は原則禁止だよ

低圧の移動電線は，第181条第1項第七号（第182条第五号において準用する場合を含む．）に規定するものを除き，次の各号によること．
一　電線の**断面積は，0.75 mm² 以上であること．**
（二　省略）
三　屋内に施設する使用電圧が 300 V 以下の移動電線が，次のいずれかに該当する場合は，第一号及び第二号の規定によらないことができる．
　イ　電気ひげそり，電気バリカンその他これらに類する軽小な家庭用電気機械器具に附属する移動電線に，**長さ 2.5 m 以下の金糸コード**を使用し，これを乾燥した場所で使用する場合
　ロ　電気用品安全法の適用を受ける装飾用電灯器具（直列式のものに限る．）に附属する移動電線を乾燥した場所で使用する場合
　ハ　第172条第3項の規定によりエレベータ用ケーブルを使用する場合
　ニ　第190条の規定により溶接用ケーブルを使用する場合
四　移動電線と屋内配線との接続には，差込み接続器その他これに類する器具を用いること．ただし，移動電線をちょう架用線にちょう架して施設する場合は，この限りでない．
五　移動電線と屋側配線又は屋外配線との接続には，差込み接続器を用いること．
六　移動電線と電気機械器具との接続には，差込み接続器その他これに類する器具を用いること．ただし，簡易接触防護措置を施した端子にコードをねじ止めする場合は，この限りでない．
（2　省略）
3　高圧の移動電線は，次の各号によること．
一　電線は，高圧用の3種クロロプレンキャブタイヤケーブル又は3種クロロスルホン化ポリエチレンキャブタイヤケーブルであること．
二　移動電線と電気機械器具とは，**ボルト締めその他の方法により堅ろうに接続すること．**
三　移動電線に電気を供給する電路（誘導電動機の2次側電路を除く．）は，次によること．
　イ　専用の開閉器及び過電流遮断器を各極（過電流遮断器にあっては，多線式電路の中性極を除く．）に施設すること．ただし，過電流遮断器が開閉機能を有するものである場合は，過電流遮断器のみとすることができる．
　ロ　地絡を生じたときに自動的に電路を遮断する装置を施設すること．
4　**特別高圧の移動電線は，第191条第1項第八号の規定により屋内に施設する場合を除き，施設しないこと．**

第4号にある第191条第1項第八号の規定とは「移動電線は，充電部分に人が触れた場合に人に危険を及ぼすおそれがない電気集じん応用装置に附属するものに限ること．」です．

解釈第172条は「特殊な配線等の施設」です．ショーウインドウ等の配線規定です．

ショウウィンドー又はショウケース内の低圧屋内配線を，次の各号により施設する場合は，外部から見えやすい箇所に限り，コード又はキャブタイヤケーブルを造営材に接触して施設することができる．
一　ショウウィンドー又はショウケースは，乾燥した場所に施設し，内部を乾燥した状態で使用するものであること．
二　配線の**使用電圧は，300 V 以下であること．**

三　電線は, **断面積0.75 mm² 以上のコード又はキャブタイヤケーブル**であること.

四　電線は, 乾燥した木材, 石材その他これに類する絶縁性のある造営材に, その被覆を損傷しないように適当な留め具により, **1 m以下の間隔で取り付ける**こと.

五　電線には, 電球又は器具の重量を支持させないこと.

六　ショウウィンドー又はショウケース内の配線又はこれに接続する移動電線と, 他の低圧屋内配線との接続には, 差込み接続器その他これに類する器具を用いること.

（以降省略）

　　解釈第173条は「低圧接触電線の施設」です. 工場の天井クレーンへの給電方法などの規定にあたります.

低圧接触電線(電車線及び第189条の規定により施設する接触電線を除く. 以下この条において同じ.)は, 機械器具に施設する場合を除き, 次の各号によること.

一　**展開した場所又は点検できる隠ぺい場所に施設する**こと.

二　**がいし引き工事, バスダクト工事又は絶縁トロリー工事**により施設すること.

三　低圧接触電線を, ダクト又はピット等の内部に施設する場合は, 当該低圧接触電線を施設する場所に水がたまらないようにすること.

2　**低圧接触電線をがいし引き工事により展開した場所に施設する場合**は, 機械器具に施設する場合を除き, 次の各号によること.

一　電線の**地表上又は床面上の高さは, 3.5 m以上**とし, かつ, 人が通る場所から手を伸ばしても触れることのない範囲に施設すること. ただし, 電線の**最大使用電圧が60 V以下**であり, かつ, **乾燥した場所に施設する場合**であって, 簡易接触防護措置を施す場合は, この限りでない.

二　電線と建造物又は走行クレーンに設ける歩道, 階段, はしご, 点検台(電線のための専用の点検台であって, 取扱者以外の者が容易に立ち入るおそれがないように施錠装置を施設したものを除く.)若しくはこれらに類するものとが接近する場合は, 次のいずれかによること.

　イ　**離隔距離を, 上方においては2.3 m以上, 側方においては1.2 m以上**とすること.

　ロ　電線に人が触れるおそれがないように適当な**防護装置**を施設すること.

三　電線は, 次に掲げるものであること.

　イ　使用電圧が300 V以下の場合は, 引張強さ3.44 kN以上のもの又は直径3.2 mm以上の硬銅線であって, 断面積が8 mm²以上のもの

　ロ　使用電圧が300 Vを超える場合は, 引張強さ11.2 kN以上のもの又は直径6 mm以上の硬銅線であって, 断面積が28 mm²以上のもの

四　電線は, 次のいずれかにより施設すること.

　イ　各支持点において堅ろうに固定して施設すること.

　ロ　支持点において, 電線の重量をがいしで支えるのみとし, 電線を固定せずに施設する場合は, 電線の両端を耐張がいし装置により堅ろうに引き留めること.

五　電線の支持点間隔及び電線相互の間隔は, 173-1表によること.

173-1 表

区分			電線相互の間隔		支持点間隔
			電線を水平に配列する場合	その他の場合	
電線が揺動しないように施設する場合	使用電圧が 150 V 以下のものを乾燥した場所に施設する場合であって，当該電線に電気を供給する屋内配線に定格電流が 60 A 以下の過電流遮断器を施設するとき		3 cm 以上		0.5 m 以下
	上記以外の場合	屈曲半径 1 m 以下の曲線部分	6 cm（雨露にさらされる場所に施設する場合は，12 cm）以上		1 m 以下
		その他の部分　電線の導体断面積が 100 mm² 未満の場合			1.5 m 以下
		電線の導体断面積が 100 mm² 以上の場合			2.5 m 以下
その他の場合	電線がたわみ難い導体である場合		14 cm 以上	20 cm 以上	6 m 以下
	上記以外の場合		14 cm 以上	20 cm 以上	6 m 以下
			28 cm 以上	40 cm 以上	12 m 以下

六　電線と造営材との離隔距離及び当該電線に接触する集電装置の**充電部分と造営材との離隔距離は，**屋内の**乾燥した場所に施設する場合は 2.5 cm 以上，その他の場所に施設する場合は 4.5 cm 以上**であること．ただし，電線及び当該電線に接触する集電装置の充電部分と造営材との間に絶縁性のある堅ろうな隔壁を設ける場合は，この限りでない．

七　がいしは，絶縁性，難燃性及び耐水性のあるものであること．

3　<u>低圧接触電線をがいし引き工事により点検できる隠ぺい場所に施設する場合</u>は，機械器具に施設する場合を除き，次の各号によること．

一　電線には，前項第三号の規定に準ずるものであって，たわみ難い導体を使用すること．

二　電線は，揺動しないように堅ろうに固定して施設すること．

三　電線の支持点間隔は，173-2 表に規定する値以下であること．

173-2 表

区分	電線の導体断面積	支持点間隔
屈曲半径が 1 m 以下の曲線部分	−	1 m
その他の部分	100 mm² 未満	1.5 m
	100 mm² 以上	2.5 m

四　**電線相互の間隔は，12 cm 以上**であること．

五　電線と造営材との離隔距離及び当該電線に接触する集電装置の**充電部分と造営材との離隔距離は，4.5 cm 以上**であること．ただし，電線及び当該電線に接触する集電装置の充電部分と造営材との間に絶縁性のある堅ろうな隔壁を設ける場合は，この限りでない．

六　前項第四号及び第七号の規定に準じて施設すること．

4　<u>低圧接触電線をバスダクト工事により施設する場合</u>は，次項に規定する場合及び機械器具に施設する場合を除き，次の各号によること．

一　第 163 条第 1 項第一号及び第二号の規定に準じて施設すること．

二　バスダクト及びその付属品は，日本工業規格 JIS C 8373(2007)「トロリーバスダクト」に適合するものであること．

三　バスダクトの開口部は，下に向けて施設すること．

四　バスダクトの終端部は，充電部分が露出しない構造のものであること．

五　使用電圧が300 V以下の場合は，金属製ダクトにはD種接地工事を施すこと．（関連省令第10条，第11条）

六　使用電圧が300 Vを超える場合は，金属製ダクトにはC種接地工事を施すこと．ただし，接触防護措置（金属製のものであって，防護措置を施すダクトと電気的に接続するおそれがあるもので防護する方法を除く．）を施す場合は，D種接地工事によることができる．（関連省令第10条，第11条）

七　屋側又は屋外に施設する場合は，バスダクト内に水が浸入しないように施設すること．

5　低圧接触電線をバスダクト工事により屋内に施設する場合において，電線の使用電圧が直流30 V（電線に接触防護措置を施す場合は，60 V）以下のものを次の各号により施設するときは，前項各号の規定によらないことができる．

一　第163条第1項第一号及び第二号の規定に準じて施設すること．

二　バスダクトは，次に適合するものであること．

　イ　導体は，断面積20 mm² 以上の帯状又は直径5 mm以上の管状若しくは丸棒状の銅又は黄銅を使用したものであること．

　ロ　導体支持物は，絶縁性，難燃性及び耐水性のある堅ろうなものであること．

　ハ　ダクトは，鋼板又はアルミニウム板であって，厚さが173-3表に規定する値以上のもので堅ろうに製作したものであること．

　ニ　構造は，次に適合するものであること．

　　（イ）　日本工業規格 JIS C 8373（2007）「トロリーバスダクト」の「6.1 トロリーバスダクト」（異極露出充電部相互間及び露出充電部と非充電金属部との間の距離に係る部分を除く．）に適合すること．

　　（ロ）　露出充電部相互間及び露出充電部と非充電金属部との間の沿面距離及び空間距離は，それぞれ4 mm及び2.5 mm以上であること．

　　（ハ）　人が容易に触れるおそれのある場所にバスダクトを施設する場合は，導体相互間に絶縁性のある堅ろうな隔壁を設け，かつ，ダクトと導体との間に絶縁性のある介在物を有すること．

　　（ホ　省略）

三　バスダクトは，乾燥した場所に施設すること．

四　バスダクトの内部にじんあいが堆積することを防止するための措置を講じること．

五　バスダクトに電気を供給する電路は，次によること．

　イ　次に適合する絶縁変圧器を施設すること．

　　（イ）　絶縁変圧器の1次側電路の使用電圧は，300 V以下であること．

　　（ロ）　絶縁変圧器の1次巻線と2次巻線との間に金属製の混触防止板を設け，かつ，これにA種接地工事を施すこと．（関連省令第10条，第11条）

　　（ハ）　交流2 000 Vの試験電圧を1の巻線と他の巻線，鉄心及び外箱との間に連続して1分間加えたとき，これに耐える性能を有すること．

　ロ　イの規定により施設する絶縁変圧器の2次側電路は，非接地であること．

6　低圧接触電線を絶縁トロリー工事により施設する場合は，機械器具に施設する場合を除き，次の各号によること．

一　絶縁トロリー線には，簡易接触防護措置を施すこと．

（二　省略）

三　絶縁トロリー線の開口部は，下又は横に向けて施設すること．

四　絶縁トロリー線の終端部は，充電部分が露出しない構造のものであること．

五　絶縁トロリー線は，次のいずれかにより施設すること．

　イ　各支持点において堅ろうに固定して施設すること．

　ロ　両端を耐張引留装置により堅ろうに引き留めること．

六　絶縁トロリー線の支持点間隔は，173-4表に規定する値以下であること．

173-4 表

区分			支持点間隔
前号イの規定により施設する場合	屈曲半径が3m以下の曲線部分		1m
	その他の部分	導体断面積が500 mm² 未満の場合	2m
		導体断面積が500 mm² 以上の場合	3m
前号ロの規定により施設する場合			6m

七 絶縁トロリー線及び当該絶縁トロリー線に接触する集電装置は，造営材と接触しないように施設すること.

八 絶縁トロリー線を湿気の多い場所又は水気のある場所に施設する場合は，屋外用ハンガ又は屋外用耐張引留装置を使用すること.

九 絶縁トロリー線を屋側又は屋外に施設する場合は，絶縁トロリー線に水が浸入してたまらないように施設すること.

7 機械器具に施設する低圧接触電線は，次の各号によること.

一 危険のおそれがないように施設すること.

二 電線には，接触防護措置を施すこと. ただし，取扱者以外の者が容易に接近できない場所においては，簡易接触防護措置とすることができる.

三 電線は，絶縁性，難燃性及び耐水性のあるがいしで機械器具に触れるおそれがないように支持すること. ただし，屋内において，機械器具に設けられる走行レールを低圧接触電線として使用するものを次により施設する場合は，この限りでない.

イ 機械器具は，乾燥した木製の床又はこれに類する絶縁性のあるものの上でのみ取り扱うように施設すること.

ロ 使用電圧は，300 V 以下であること.

ハ 電線に電気を供給するために変圧器を使用する場合は，絶縁変圧器を使用すること. この場合において，絶縁変圧器の1次側の対地電圧は，300 V 以下であること.

ニ 電線には，A種接地工事(接地抵抗値が3Ω以下のものに限る.)を施すこと. (関連省令第10条，第11条)

8 低圧接触電線(機械器具に施設するものを除く.)が他の電線(次条に規定する高圧接触電線を除く.)，弱電流電線等又は水管，ガス管若しくはこれらに類するもの(以下この項において「他の電線等」という.)と接近又は交差する場合は，次の各号によること.

一 低圧接触電線をがいし引き工事により施設する場合は，低圧接触電線と他の電線等との離隔距離を，30 cm 以上とすること.

二 低圧接触電線をバスダクト工事により施設する場合は，バスダクトが他の電線等と接触しないように施設すること.

三 低圧接触電線を絶縁トロリー工事により施設する場合は，低圧接触電線と他の電線等との離隔距離を，10 cm 以上とすること.

9 低圧接触電線に電気を供給するための電路は，次の各号のいずれかによること.

一 開閉機能を有する専用の過電流遮断器を，各極に，低圧接触電線に近い箇所において容易に開閉することができるように施設すること.

二 専用の開閉器を低圧接触電線に近い箇所において容易に開閉することができるように施設するとともに，専用の過電流遮断器を各極(多線式電路の中性極を除く.)に施設すること.

10 低圧接触電線は，第175条第1項第三号に規定する場所に次の各号により施設する場合を除き，第175条に規定する場所に施設しないこと.

一 展開した場所に施設すること.

二 低圧接触電線及びその周囲に粉じんが集積することを防止するための措置を講じること.

三 綿，麻，絹その他の燃えやすい繊維の粉じんが存在する場所にあっては，低圧接触電線と当該低圧接触電

線に接触する集電装置とが使用状態において離れ難いように施設すること．
11　低圧接触電線は，第176条から第178条までに規定する場所に施設しないこと．

　　解釈第174条は「高圧又は特別高圧の接触電線の施設」です．解釈第173条に引き続き接触電線に関する規定です．電車のパンタグラフでの給電等がその事例となります．

高圧接触電線（電車線を除く．以下この条において同じ．）は，次の各号によること．
一　展開した場所又は点検できる隠ぺい場所に，がいし引き工事により施設すること．
二　電線は，人が触れるおそれがないように施設すること．
三　電線は，**引張強さ2.78 kN 以上のもの又は直径10 mm 以上の硬銅線**であって，**断面積70 mm² 以上**のたわみ難いものであること．
四　電線は，各支持点において堅ろうに固定し，かつ，集電装置の移動により揺動しないように施設すること．
五　電線の**支持点間隔は，6 m 以下**であること．
六　電線相互の間隔並びに集電装置の充電部分相互及び集電装置の充電部分と極性の異なる電線との**離隔距離は，30 cm 以上**であること．ただし，電線相互の間，集電装置の充電部分相互の間及び集電装置の充電部分と極性の異なる電線との間に絶縁性及び難燃性の堅ろうな隔壁を設ける場合は，この限りでない．
七　電線と造営材（がいしを支持するものを除く．以下この号において同じ．）との離隔距離及び当該電線に接触する集電装置の充電部分と造営材の離隔距離は，20 cm 以上であること．ただし，電線及び当該電線に接触する集電装置の充電部分と造営材との間に絶縁性及び難燃性のある堅ろうな隔壁を設ける場合はこの限りでない．
八　がいしは，絶縁性，難燃性及び耐水性のあるものであること．
九　高圧接触電線に接触する集電装置の移動により無線設備の機能に継続的かつ重大な障害を及ぼすおそれがないように施設すること．
2　高圧接触電線及び当該高圧接触電線に接触する集電装置の充電部分が他の電線，弱電流電線等又は水管，ガス管若しくはこれらに類するものと接近又は交差する場合における相互の離隔距離は，次の各号によること．
一　高圧接触電線と他の電線又は弱電流電線等との間に絶縁性及び難燃性の堅ろうな隔壁を設ける場合は，30 cm 以上であること．
二　前号に規定する以外の場合は，60 cm 以上であること．
3　高圧接触電線に電気を供給するための電路は，次の各号によること．
一　次のいずれかによること．
　イ　開閉機能を有する専用の過電流遮断器を，各極に，高圧接触電線に近い箇所において容易に開閉することができるように施設すること．
　ロ　専用の開閉器を高圧接触電線に近い箇所において容易に開閉することができるように施設するとともに，専用の過電流遮断器を各極（多線式電路の中性極を除く．）に施設すること．
二　電路に地絡を生じたときに自動的に電路を遮断する装置を施設すること．ただし，高圧接触電線の電源側接続点から1 km 以内の電源側電路に専用の絶縁変圧器を施設する場合であって，電路に地絡を生じたときにこれを技術員駐在所に警報する装置を設けるときは，この限りでない．
4　高圧接触電線から電気の供給を受ける電気機械器具に接地工事を施す場合は，集電装置を使用するとともに，当該電気機械器具から接地極に至る接地線を，第1項第二号から第五号までの規定に準じて施設することができる．（関連省令第11条）
5　高圧接触電線は，第175条から第177条までに規定する場所に施設しないこと．
6　**特別高圧の接触電線は，電車線を除き施設しないこと．**

3·4·9　特殊場所の施設

　ここからは，可燃性，爆発物，トンネル等の場所の配線に関する規定です．

　解釈第175条は「粉じんの多い場所の施設」です．例外はありますが，管工事，キャブタイヤケーブルによる配線が基本となります．

特殊場所と言っても，一般の人が入れる場所もあるよ．

粉じんの多い場所に施設する低圧又は高圧の電気設備は，次の各号のいずれかにより施設すること．

一　爆燃性粉じん(マグネシウム，アルミニウム等の粉じんであって，空気中に浮遊した状態又は集積した状態において着火したときに爆発するおそれがあるものをいう．以下この条において同じ．)又は火薬類の粉末が存在し，電気設備が点火源となり爆発するおそれがある場所に施設する電気設備は，次によること．

　イ　屋内配線，屋側配線，屋外配線，管灯回路の配線，第181条第1項に規定する小勢力回路の電線及び第182条に規定する出退表示灯回路の電線(以下この条において「屋内配線等」という．)は，次のいずれかによること．

　　(イ)　**金属管工事**により，次に適合するように施設すること．

　　　(1)　金属管は，薄鋼電線管又はこれと同等以上の強度を有するものであること．

　　　(2)　ボックスその他の附属品及びプルボックスは，容易に摩耗，腐食その他の損傷を生じるおそれがないパッキンを用いて粉じんが内部に侵入しないように施設すること．

　　　(3)　管相互及び管とボックスその他の附属品，プルボックス又は電気機械器具とは，**5山以上ねじ合わせて接続**する方法その他これと同等以上の効力のある方法により，堅ろうに接続し，かつ，内部に粉じんが侵入しないように接続すること．

　　　(4)　電動機に接続する部分で可とう性を必要とする部分の配線には，第159条第4項第一号に規定する粉じん防爆型フレキシブルフィッチングを使用すること．

　　(ロ)　**ケーブル工事**により，次に適合するように施設すること．

　　　(1)　電線は，**キャブタイヤケーブル以外のケーブル**であること．

　　　(2)　電線は，第120条第6項に規定する性能を満足するがい装を有するケーブル又はMIケーブルを使用する場合を除き，管その他の防護装置に収めて施設すること．

　　　(3)　電線を電気機械器具に引き込むときは，パッキン又は充てん剤を用いて引込口より粉じんが内部に侵入しないようにし，かつ，引込口で電線が損傷するおそれがないように施設すること．

　ロ　移動電線は，次によること．

　　(イ)　電線は，3種**キャブタイヤケーブル**，3種クロロプレンキャブタイヤケーブル，3種クロロスルホン化ポリエチレンキャブタイヤケーブル，3種耐燃性エチレンゴムキャブタイヤケーブル，4種キャブタイヤケーブル，4種クロロプレンキャブタイヤケーブル又は4種クロロスルホン化ポリエチレンキャブタイヤケーブルであること．

　　(ロ)　電線は，接続点のないものを使用し，損傷を受けるおそれがないように施設すること．

　　(ハ)　イ(ロ)(3)の規定に準じて施設すること．

　ハ　電線と電気機械器具とは，震動によりゆるまないように堅ろうに，かつ，電気的に完全に接続すること．

　ニ　電気機械器具は，電気機械器具防爆構造規格(昭和44年労働省告示第16号)に規定する粉じん防爆特殊防じん構造のものであること．

　ホ　白熱電灯及び放電灯用電灯器具は，造営材に直接堅ろうに取り付ける又は電灯つり管，電灯腕管等により造営材に堅ろうに取り付けること．

　ヘ　電動機は，過電流が生じたときに爆燃性粉じんに着火するおそれがないように施設すること．

二　可燃性粉じん(小麦粉，でん粉その他の可燃性の粉じんであって，空中に浮遊した状態において着火したときに爆発するおそれがあるものをいい，爆燃性粉じんを除く．)が存在し，電気設備が点火源となり爆発するおそれがある場所に施設する電気設備は，次により施設すること．

イ　危険のおそれがないように施設すること.

ロ　屋内配線等は, 次のいずれかによること.

（イ）　**合成樹脂管工事**により, 次に適合するように施設すること.

（1）　**厚さ2mm未満の合成樹脂製電線管及びCD管以外の合成樹脂管を使用すること.**

（2）　合成樹脂管及びボックスその他の附属品は, 損傷を受けるおそれがないように施設すること.

（3）　ボックスその他の附属品及びプルボックスは, 容易に摩耗, 腐食その他の損傷を生じるおそれがないパッキンを用いる方法, すきまの奥行きを長くする方法その他の方法により粉じんが内部に侵入し難いように施設すること.

（4）　管と電気機械器具とは, 第158条第3項第二号の規定に準じて接続すること.

（5）　電動機に接続する部分で可とう性を必要とする部分の配線には, 第159条第4項第一号に規定する粉じん防爆型フレキシブルフィッチングを使用すること.

（ロ）　**金属管工事**により, 次に適合するように施設すること.

（1）　金属管は, 薄鋼電線管又はこれと同等以上の強度を有するものであること.

（2）　管相互及び管とボックスその他の附属品, プルボックス又は電気機械器具とは, **5山以上ねじ合わせて接続**する方法その他これと同等以上の効力のある方法により, 堅ろうに接続すること.

（3）　（イ）（3）及び（5）の規定に準じて施設すること.

（ハ）　**ケーブル工事**により, 次に適合するように施設すること.

（1）　前号イ（ロ）（2）の規定に準じて施設すること.

（2）　電線を電気機械器具に引き込むときは, 引込口より粉じんが内部に侵入し難いようにし, かつ, 引込口で電線が損傷するおそれがないように施設すること.

ハ　移動電線は, 次によること.

（イ）　**電線は, 1種キャブタイヤケーブル以外のキャブタイヤケーブル**であること.

（ロ）　電線は, 接続点のないものを使用し, 損傷を受けるおそれがないように施設すること.

（ハ）　ロ（ハ）（2）の規定に準じて施設すること.

ニ　電気機械器具は, 電気機械器具防爆構造規格に規定する粉じん防爆普通防じん構造のものであること.

ホ　前号ハ, ホ及びへの規定に準じて施設すること.

三　第一号及び第二号に規定する以外の場所であって, 粉じんの多い場所に施設する電気設備は, 次によること. ただし, 有効な除じん装置を施設する場合は, この限りでない.

イ　**屋内配線等は, がいし引き工事, 合成樹脂管工事, 金属管工事, 金属可とう電線管工事, 金属ダクト工事, バスダクト工事（換気型のダクトを使用するものを除く.）又はケーブル工事により施設すること.**

ロ　第一号ハの規定に準じて施設すること.

ハ　電気機械器具であって, 粉じんが付着することにより, 温度が異常に上昇するおそれがあるもの又は絶縁性能若しくは開閉機構の性能が損なわれるおそれがあるものには, 防じん装置を施すこと.

ニ　綿, 麻, 絹その他の燃えやすい繊維の粉じんが存在する場所に電気機械器具を施設する場合は, 粉じんに着火するおそれがないように施設すること.

四　国際電気標準会議規格 IEC 61241-14（2004）Electrical apparatus for use in the presence of combustible-dust – Part 14 : Selection and installation の規定により施設すること.

2　**特別高圧電気設備は, 粉じんの多い場所に施設しないこと.**

　解釈第176条は「可燃性ガス等の存在する場所の施設」です. 解釈第175条（粉じんの多い場所の施設）と近い内容です.

可燃性のガス（常温において気体であり, 空気とある割合の混合状態において点火源がある場合に爆発を起こすものをいう.）又は引火性物質（火のつきやすい可燃性の物質で, その蒸気と空気とがある割合の混合状態において点火源がある場合に爆発を起こすものをいう.）の蒸気（以下この条において「可燃性ガス等」という.）が漏れ又は滞留し, 電気設備が点火源となり爆発するおそれがある場所における, <u>低圧又は高圧の電気設備</u>は, 次の各号のいずれかにより施設すること.

一　次によるとともに，危険のおそれがないように施設すること．

イ　屋内配線，屋側配線，屋外配線，管灯回路の配線，第181条第1項に規定する小勢力回路の電線及び第182条に規定する出退表示灯回路の電線(以下この条において「屋内配線等」という．)は，次のいずれかによること．

（イ）　**金属管工事**により，次に適合するように施設すること．

（1）　金属管は，薄鋼電線管又はこれと同等以上の強度を有するものであること．

（2）　管相互及び管とボックスその他の附属品，プルボックス又は電気機械器具とは，**5山以上ねじ合わせて接続する方法**その他これと同等以上の効力のある方法により，堅ろうに接続すること．

（3）　電動機に接続する部分で可とう性を必要とする部分の配線には，第159条第4項第二号に規定する耐圧防爆型フレキシブルフィッチング又は同項第三号に規定する安全増防爆型フレキシブルフィッチングを使用すること．

（ロ）　**ケーブル工事**により，次に適合するように施設すること．

（1）　電線は，**キャブタイヤケーブル以外のケーブル**であること．

（2）　電線は，第120条第6項に規定する性能を満足するがい装を有するケーブル又はMIケーブルを使用する場合を除き，管その他の防護装置に収めて施設すること．

（3）　電線を電気機械器具に引き込むときは，引込口で電線が損傷するおそれがないようにすること．

ロ　屋内配線等を収める管又はダクトは，これらを通じてガス等がこの条に規定する以外の場所に漏れないように施設すること．

ハ　**移動電線**は，次によること．

（イ）　電線は，3種**キャブタイヤケーブル**，3種クロロプレンキャブタイヤケーブル，3種クロロスルホン化ポリエチレンキャブタイヤケーブル，3種耐燃性エチレンゴムキャブタイヤケーブル，4種キャブタイヤケーブル，4種クロロプレンキャブタイヤケーブル又は4種クロロスルホン化ポリエチレンキャブタイヤケーブルであること．

（ロ）　電線は，接続点のないものを使用すること．

（ハ）　電線を電気機械器具に引き込むときは，引込口より可燃性ガス等が内部に侵入し難いようにし，かつ，引込口で電線が損傷するおそれがないように施設すること．

ニ　電気機械器具は，電気機械器具防爆構造規格に適合するもの(第二号の規定によるものを除く．)であること．

ホ　前条第一号ハ，ホ及びへの規定に準じて施設すること．

二　日本工業規格 JIS C 60079-14(2008)「爆発性雰囲気で使用する電気機械器具－第14部：危険区域内の電気設備(鉱山以外)」の規定により施設すること．

2　特別高圧の電気設備は，次の各号のいずれかに該当する場合を除き，前項に規定する場所に施設しないこと．

一　特別高圧の電動機，発電機及びこれらに特別高圧の電気を供給するための電気設備を，次により施設する場合

イ　使用電圧は 35 000 V 以下であること．

ロ　前項第一号及び第169条(第1項第一号及び第5項を除く．)の規定に準じて施設すること．

二　第191条の規定により施設する場合

　　解釈第177条は「危険物等の存在する場所の施設」です．消防法では，危険物を第1類から第6類に分類しいますが，このうち第2類(可燃性固体)，第4類(引火性液体)及び第5類(自己反応性物質)にあたるものが対象となります．

第177条危険物(消防法(昭和23年法律第186号)第2条第7項に規定する危険物のうち第2類，第4類及び第5類に分類されるもの，その他の燃えやすい危険な物質をいう．)を製造し，又は貯蔵する場所(第175条，前条及び次条に規定する場所を除く．)に施設する低圧又は高圧の電気設備は，次の各号により施設すること．

一　屋内配線，屋側配線，屋外配線，管灯回路の配線，第181条第1項に規定する小勢力回路の電線及び第182条に規定する出退表示灯回路の電線(以下この条において「屋内配線等」という.)は，次のいずれかによること.

イ　合成樹脂管工事により，次に適合するように施設すること.

(イ)　**合成樹脂管は，厚さ2mm未満の合成樹脂製電線管及びCD管以外のものであること.**

(ロ)　合成樹脂管及びボックスその他の附属品は，損傷を受けるおそれがないように施設すること.

ロ　**金属管工事**により，薄鋼電線管又はこれと同等以上の強度を有する金属管を使用して施設すること.

ハ　ケーブル工事により，次のいずれかに適合するように施設すること.

(イ)　電線に第120条第6項に規定する性能を満足するがい装を有するケーブル又はMIケーブルを使用すること.

(ロ)　電線を管その他の防護装置に収めて施設すること.

二　移動電線は，次によること.

イ　電線は，**1種キャブタイヤケーブル以外のキャブタイヤケーブル**であること.

ロ　電線は，接続点のないものを使用し，損傷を受けるおそれがないように施設すること.

ハ　移動電線を電気機械器具に引き込むときは，引込口で損傷を受けるおそれがないように施設すること.

三　通常の使用状態において火花若しくはアークを発し，又は温度が著しく上昇するおそれがある電気機械器具は，危険物に着火するおそれがないように施設すること.

四　第175条第1項第一号ハ及びホの規定に準じて施設すること.

2　火薬類(火薬類取締法(昭和25年法律第149号)第2条第1項に規定する火薬類をいう.)を製造する場所又は火薬類が存在する場所(第175条第1項第一号，前条及び次条に規定する場所を除く.)に施設する低圧又は高圧の電気設備は，次の各号によること.

一　前項各号の規定に準じて施設すること.

二　電熱器具以外の電気機械器具は，全閉型のものであること.

三　電熱器具は，シーズ線その他の充電部分が露出していない発熱体を使用したものであり，かつ，温度の著しい上昇その他の危険を生じるおそれがある場合に電路を自動的に遮断する装置を有するものであること.

3　特別高圧の電気設備は，第1項及び第2項に規定する場所に施設しないこと.

解釈第178条は「火薬庫の電気設備の施設」です.　　　　　　　　　　　　⋮

火薬庫(火薬類取締法第12条の火薬庫をいう.以下この条において同じ.)内には，次の各号により施設する照明器具及びこれに電気を供給するための電気設備を除き，電気設備を施設しないこと.

一　電路の**対地電圧は，150V以下であること.**

二　屋内配線及び管灯回路の配線は，次のいずれかによること.

イ　**金属管工事**により，薄鋼電線管又はこれと同等以上の強度を有する金属管を使用して施設すること.

ロ　ケーブル工事により，次に適合するように施設すること.

(イ)　電線は，**キャブタイヤケーブル以外のケーブル**であること.

(ロ)　電線は，第120条第6項に規定する性能を満足するがい装を有するケーブル又はMIケーブルを使用する場合を除き，管その他の防護装置に収めて施設すること.

三　電気機械器具は，全閉型のものであること.

四　ケーブルを電気機械器具に引き込むときは，引込口でケーブルが損傷するおそれがないように施設すること.

五　第175条第1項第一号ハ及びホの規定に準じて施設すること.

2　火薬庫内の電気設備に電気を供給する電路は，次の各号によること.

一　火薬庫以外の場所において，専用の開閉器及び過電流遮断器を各極(過電流遮断器にあっては，多線式電路の中性極を除く.)に，取扱者以外の者が容易に操作できないように施設すること.ただし，過電流遮断器が開閉機能を有するものである場合は，過電流遮断器のみとすることができる.(関連省令第56条，第63条)

二　電路に地絡を生じたときに自動的に電路を遮断し，又は警報する装置を設けること．（関連省令第64条）
三　第一号の規定により施設する開閉器又は過電流遮断器から火薬庫に至る配線にはケーブルを使用し，かつ，これを地中に施設すること．（関連省令第56条）

！Point

　ここまで，金属管やキャブタイヤケーブル等，どれにでも使える工事をまず押さえておきます．これに合成樹脂管工事がどれに適用できるかを加えればとりあえず準備OKです．

　解釈第179条は「トンネル等の電気設備の施設」です．自動車，歩行者用の一般道以外に坑道も含まれます．まずは，第1項を押さえて下さい．

人が常時通行するトンネル内の配線(電気機械器具内の配線，管灯回路の配線，第181条第1項に規定する小勢力回路の電線及び第182条に規定する出退表示灯回路の電線を除く．以下この条において同じ．)は，次の各号によること．
一　使用電圧は，低圧であること．
二　電線は，次のいずれかによること．
　イ　がいし引き工事により，次に適合するように施設すること．
　（イ）　電線は，直径1.6mmの軟銅線と同等以上の強さ及び太さの絶縁電線(屋外用ビニル絶縁電線，引込用ビニル絶縁電線及び引込用ポリエチレン絶縁電線を除く．)であること．
　（ロ）　電線の高さは，路面上2.5m以上であること．
　（ハ）　第157条第1項第二号から第七号まで及び第九号の規定に準じて施設すること．
　ロ　合成樹脂管工事により，第158条の規定に準じて施設すること．
　ハ　金属管工事により，第159条の規定に準じて施設すること．
　ニ　金属可とう電線管工事により，第160条の規定に準じて施設すること．
　ホ　ケーブル工事により，第164条(第3項を除く．)の規定に準じて施設すること．
三　電路には，トンネルの引込口に近い箇所に専用の開閉器を施設すること．
2　鉱山その他の坑道内の配線は，次の各号によること．
一　使用電圧は，低圧又は高圧であること．
二　低圧の配線は，次のいずれかによること．
　イ　ケーブル工事により，第164条(第3項を除く．)の規定に準じて施設すること．
　ロ　使用電圧が300V以下のものを，次により施設すること．
　（イ）　電線は，直径1.6mmの軟銅線と同等以上の強さ及び太さの絶縁電線(屋外用ビニル絶縁電線，引込用ビニル絶縁電線及び引込用ポリエチレン絶縁電線を除く．)であること．
　（ロ）　電線相互の間を適当に離し，かつ，岩石又は木材と接触しないように絶縁性，難燃性及び耐水性のあるがいしで電線を支持すること．
三　高圧の配線は，ケーブル工事により，第168条第1項第三号イ及びハの規定に準じて施設すること．
四　電路には，坑口に近い箇所に専用の開閉器を施設すること．
3　トンネル，坑道その他これらに類する場所(鉄道又は軌道の専用トンネルを除く．以下この条において「トンネル等」という．)に施設する高圧の配線が，当該トンネル等に施設する他の高圧の配線，低圧の配線，弱電流電線等又は水管，ガス管若しくはこれらに類するものと接近又は交差する場合は，第168条第2項の規定に準じて施設すること．
4　トンネル等に施設する低圧の電球線又は移動電線は，次の各号によること．
一　電球線は，屋内の湿気の多い場所における第170条の規定に準じて施設すること．
二　移動電線は，屋内の湿気の多い場所における第171条の規定に準じて施設すること．
三　電球線又は移動電線を著しく損傷を受けるおそれがある場所に施設する場合は，次のいずれかによるこ

と.
　　イ　電線を第160条第2項各号の規定に適合する金属可とう電線管に収めること.
　　ロ　電線に強じんな外装を施すこと.
　四　移動電線と低圧の配線との接続には，差込み接続器を用いること.

解釈第180条は「臨時配線の施設」です．臨時配線の規定ですが，解釈第157条，164条，166条の規定の例外です．建設途中のビル等の工事をイメージして下さい．

解釈157条・164条・166条を合わせて見てね

　　がいし引き工事により施設する使用電圧が**300V以下の屋内配線**であって，その設置の工事が完了した日から**4月以内に限り使用するもの**を，次の各号により施設する場合は，第157条第1項第一号から第四号までの規定によらないことができる.
一　電線は，**絶縁電線**(屋外用ビニル絶縁電線を除く.)であること.
二　**乾燥した場所であって展開した場所に施設すること**.
2　**がいし引き工事**により施設する使用電圧が**300V以下の屋側配線**であって，その設置の**工事が完了した日から4月以内に限り使用するもの**を，次の各号のいずれかにより施設する場合は，第166条第1項第二号の規定によらないことができる.
一　展開した雨露にさらされる場所において，電線に絶縁電線(屋外用ビニル絶縁電線，引込用ビニル絶縁電線及び引込用ポリエチレン絶縁電線を除く.)を使用し，**電線相互の間隔を3cm以上，電線と造営材との離隔距離を6mm以上として施設する場合**
二　展開した雨露にさらされない場所において，電線に絶縁電線(屋外用ビニル絶縁電線を除く.)を使用して施設する場合
3　**がいし引き工事**により施設する使用電圧が**150V以下の屋外配線**であって，その設置の**工事が完了した日から4月以内に限り使用するもの**を，次の各号により施設する場合は，第166条第1項第二号の**規定によらないことができる.
一　電線は，**絶縁電線**(屋外用ビニル絶縁電線を除く.)であること.
二　電線が損傷を受けるおそれがないように施設すること.
三　屋外配線の電源側の電線路又は他の配線に接続する箇所の近くに**専用の開閉器及び過電流遮断器を各極に施設すること**．ただし，過電流遮断器が開閉機能を有するものである場合は，過電流遮断器のみとすることができる.
4　**使用電圧が300V以下の屋内配線**であって，その設置の**工事が完了した日から1年以内に限り使用するもの**を，次の各号によりコンクリートに直接埋設して施設する場合は，第164条第2項の**規定によらないことができる.
一　電線は，**ケーブル**であること.
二　配線は，**低圧分岐回路にのみ**施設するものであること.
三　電路の電源側には，電路に地絡を生じたときに自動的に電路を遮断する装置，開閉器及び過電流遮断器を各極(過電流遮断器にあっては，多線式電路の中性極を除く.)に施設すること．ただし，過電流遮断器が開閉機能を有するものである場合は，開閉器を省略することができる.

3・4・10　小勢力回路の施設(解釈第181条)

　変圧器の1次側が300V以下，2次側が60V以下のものを小勢力回路と言います．電圧に応じて最大使用電流に規定があることに注意して下さい.

小勢力回路ってインターホンなんかのことだね.

電磁開閉器の操作回路又は呼鈴若しくは警報ベル等に接続する電路であって，**最大使用電圧が60V以下のもの**(以下この条において「小勢力回路」という．)は，次の各号によること．

一　小勢力回路の最大使用電流は，181-1表の中欄に規定する値以下であること．

二　小勢力回路に電気を供給する電路には，次に適合する変圧器を施設すること．

　イ　絶縁変圧器であること．

　ロ　**1次側の対地電圧は，300V以下であること．**

　ハ　2次短絡電流は，181-1表の右欄に規定する値以下であること．ただし，当該変圧器の2次側電路に，定格電流が同表の中欄に規定する**最大使用電流以下の過電流遮断器を施設する場合は，この限りでない．**

181-1 表

小勢力回路の最大使用電圧の区分	最大使用電流	変圧器の2次短絡電流
15V以下	5A	8A
15Vを超え30V以下	3A	5A
30Vを超え60V以下	1.5A	3A

三　小勢力回路の電線を造営材に取り付けて施設する場合は，次によること．

　イ　電線は，ケーブル(通信用ケーブルを含む．)である場合を除き，**直径0.8mm以上の軟銅線**又はこれと同等以上の強さ及び太さのものであること．

　ロ　電線は，コード，キャブタイヤケーブル，ケーブル，第3項に規定する絶縁電線又は第4項に規定する**通信用ケーブル**であること．ただし，乾燥した造営材に施設する最大使用電圧が30V以下の小勢力回路の電線に被覆線を使用する場合は，この限りでない．

　ハ　電線を損傷を受けるおそれがある箇所に施設する場合は，適当な防護装置を施すこと．

　ニ　電線を防護装置に収めて施設する場合及び電線がキャブタイヤケーブル，ケーブル又は通信用ケーブルである場合を除き，次によること．

　　(イ)　電線がメタルラス張り，ワイヤラス張り又は金属板張りの木造の造営材を貫通する場合は，第145条第1項の規定に準じて施設すること．

　　(ロ)　電線をメタルラス張り，ワイヤラス張り又は金属板張りの木造の造営材に取り付ける場合は，電線を絶縁性，難燃性及び耐水性のあるがいしにより支持し，造営材との離隔距離を6mm以上とすること．

　ホ　電線をメタルラス張り，ワイヤラス張り又は金属板張りの木造の造営物に施設する場合において，次のいずれかに該当するときは，第145条第2項の規定に準じて施設すること．

　　(イ)　電線を金属製の防護装置に収めて施設する場合

　　(ロ)　電線が金属被覆を有するケーブル又は通信用ケーブルである場合

　ヘ　電線は，**金属製の水管，ガス管その他これらに類するものと接触しないように施設**すること．

四　小勢力回路の電線を地中に施設する場合は，次によること．

　イ　電線は，600Vビニル絶縁電線，キャブタイヤケーブル(外装が天然ゴム混合物のものを除く．)，ケーブル又は第4項に規定する通信用ケーブル(外装が金属，クロロプレン，ビニル又はポリエチレンのものに限る．)であること．

　ロ　次のいずれかによること．

　　(イ)　電線を車両その他の**重量物の圧力に耐える堅ろうな管，トラフその他の防護装置に収めて施設する**こと．

　　(ロ)　**埋設深さを，30cm**(車両その他の重量物の圧力を受けるおそれがある場所に施設する場合にあっては，1.2m)**以上として施設し**，第120条第6項に規定する性能を満足するがい装を有するケーブルを使用する場合を除き，電線の上部を堅ろうな板又はといで覆い損傷を防止すること．

五　小勢力回路の電線を地上に施設する場合は，前号イの規定に準じるほか，電線を堅ろうなトラフ又は開きょに収めて施設すること．

六　小勢力回路の電線を架空で施設する場合は，次によること．

　イ　電線は，次によること．

　（イ）　キャブタイヤケーブル，ケーブル，第3項に規定する絶縁電線又は第4項に規定する通信用ケーブルを使用する場合は，引張強さ508N以上のもの又は直径1.2mm以上の硬銅線であること．ただし，引張強さ2.36kN以上の金属線又は直径3.2mm以上の亜鉛めっき鉄線でちょう架して施設する場合は，この限りでない．

　（ロ）　（イ）に規定する以外のものを使用する場合は，引張強さ2.30kN以上のもの又は直径2.6mm以上の硬銅線であること．

　ロ　電線がケーブル又は通信用ケーブルである場合は，引張強さ2.36kN以上の金属線又は直径3.2mm以上の亜鉛めっき鉄線でちょう架して施設すること．ただし，電線が金属被覆以外の被覆を有するケーブルである場合において，電線の支持点間の距離が10m以下のときは，この限りでない．

　ハ　電線の高さは，次によること．

　（イ）　道路（車両の往来がまれであるもの及び歩行の用にのみ供される部分を除く．以下この項において同じ．）を横断する場合は，**路面上6m以上**

　（ロ）　鉄道又は軌道を横断する場合は，**レール面上5.5m以上**

　（ハ）　（イ）及び（ロ）以外の場合は，**地表上4m以上**．ただし，電線を道路以外の箇所に施設する場合は，地表上2.5mまで減じることができる．

　ニ　電線の支持物は，第58条第1項第一号の規定に準じて計算した風圧荷重に耐える強度を有するものであること．

　ホ　電線の**支持点間の距離は，15m以下**であること．ただし，次のいずれかに該当する場合は，この限りでない．

　（イ）　電線を第65条第1項第二号の規定に準じるほか，電線が裸電線である場合において，第66条第1項の規定に準じて施設するとき

　（ロ）　電線が絶縁電線又はケーブルである場合において，電線の支持点間の距離を25m以下とするとき又は電線を第67条（第五号を除く．）の規定に準じて施設するとき

　ヘ　電線が弱電流電線等と接近若しくは交差する場合又は電線が他の工作物｛電線（他の小勢力回路の電線を除く．）及び弱電流電線等を除く．以下この号において同じ．｝と接近し，若しくは電線が他の工作物の上に施設される場合は，電線が絶縁電線，キャブタイヤケーブル又はケーブルであり，かつ，電線と弱電流電線等又は他の工作物との離隔距離が30cm以上である場合を除き，低圧架空電線に係る第71条から第78条までの規定に準じて施設すること．

　ト　電線が**裸電線である場合は，電線と植物との離隔距離は，30cm以上**であること．

七　小勢力回路の移動電線は，コード，キャブタイヤケーブル，第3項に規定する絶縁電線又は第4項に規定する通信用ケーブルであること．この場合において，絶縁電線は，適当な防護装置に収めて使用すること．

2　小勢力回路を第175条から第178条までに規定する場所（第175条第1項第三号に規定する場所を除く．）に施設する場合は，第158条，第159条，第160条又は第164条の規定に準じて施設すること．（関連省令第69条）

3　小勢力回路の電線に使用する絶縁電線は，次の各号に適合するものであること．

一　導体は，均質な**金属性の単線又はこれを素線としたより線**であること．

（以降省略）

　　解釈第182条は「出退表示灯回路の施設」です．内容から小勢力回路の一種と考えられますが別規定となっています．

出退表示灯その他これに類する装置に接続する電路であって，**最大使用電圧が60V以下**のもの（前条第1項に規定する小勢力回路及び次条に規定する特別低電圧照明回路を除く．以下この条において「出退表示灯回路」という．）は，次の各号によること．

一　出退表示灯回路は，**定格電流が5A以下の過電流遮断器**で保護すること．

二　出退表示灯回路に電気を供給する電路には，次に適合する**変圧器を施設**すること．

　イ　絶縁変圧器であること．

　ロ　**1次側電路の対地電圧は，300V以下，2次側電路の使用電圧は60V以下**であること．

ハ　電気用品安全法の適用を受けるものを除き，巻線の定格電圧が 150 V 以下の場合にあっては交流 1 500 V，150 V を超える場合にあっては交流 2 000 V の試験電圧を 1 の巻線と他の巻線，鉄心及び外箱との間に連続して 1 分間加えたとき，これに耐える性能を有すること．（関連省令第 5 条第 3 項）

三　前号の規定により施設する変圧器の 2 次側電路には，当該変圧器に近接する箇所に過電流遮断器を各極に施設すること．

四　出退表示灯回路の電線を造営材に取り付けて施設する場合は，次によること．

イ　電線は，**直径 0.8 mm の軟銅線**と同等以上の強さ及び太さのコード，キャブタイヤケーブル，ケーブル，前条第 3 項に規定する絶縁電線，又は前条第 4 項に規定する**通信用ケーブルであって直径 0.65 mm の軟銅線**と同等以上の強さ及び太さのものであること．

ロ　電線は，キャブタイヤケーブル又はケーブルである場合を除き，合成樹脂管，金属管，金属線ぴ，金属可とう電線管，金属ダクト又はフロアダクトに収めて施設すること．

ハ　前条第 1 項第三号ハからへまでの規定に準じて施設すること．

五　前条第 1 項第四号から第七号まで及び第 2 項の規定に準じて施設すること．

3・4・11　特殊な機器の施設

特殊な機器の配線規定についていくつかピックアップしておきます．

解釈第 187 条は「水中照明灯の施設」です．水中照明灯とは，噴水や川などに沈めて演出をする照明です．

国家試験の出題事例があったものを選抜したよ．

水中又はこれに準ずる場所であって，人が触れるおそれのある場所に施設する照明灯は，次の各号によること．

一　照明灯は次に適合する**容器に収め**，損傷を受けるおそれがある箇所にこれを施設する場合は，適当な**防護装置を更に施すこと**．

イ　照射用窓にあってはガラス又はレンズ，その他の部分にあっては容易に腐食し難い金属又はカドミウムめっき，亜鉛めっき若しくは塗装等でさび止めを施した金属で堅ろうに製作したものであること．

ロ　内部の適当な位置に接地用端子を設けたものであること．この場合において，**接地用端子のねじは，径が 4 mm 以上のもの**であること．

ハ　照明灯のねじ込み接続器及びソケット（けい光灯用ソケットを除く．）は，磁器製のものであること．

ニ　完成品は，導電部分と導電部分以外の部分との間に 2 000 V の交流電圧を連続して 1 分間加えて絶縁耐力を試験したとき，これに耐える性能を有すること．

ホ　完成品は，当該容器に使用可能な最大出力の電灯を取り付け，定格最大水深（定格最大水深が 15 cm 以下のものにあっては 15 cm）以上の深さに水中に沈め，当該電灯の定格電圧に相当する電圧で 30 分間電気を供給し，次に 30 分間電気の供給を止め，この操作を 6 回繰り返したとき，容器内に水が浸入する等の異状がないものであること．

ヘ　容器は，その見やすい箇所に**使用可能な電灯の最大出力及び定格最大水深を表示**したものであること．

二　照明灯に電気を供給する電路には，次に適合する**絶縁変圧器を施設**すること．

イ　**1 次側の使用電圧は 300 V 以下，2 次側の使用電圧は 150 V 以下**であること．

ロ　絶縁変圧器は，その 2 次側電路の使用電圧が 30 V 以下の場合は，1 次巻線と 2 次巻線との間に金属製の混触防止板を設け，これに**A 種接地工事**を施すこと．この場合において，A 種接地工事に使用する接地線は，次のいずれかによること．（関連省令第 10 条，第 11 条）

（イ）　接触防護措置を施すこと．

（ロ）　600 V ビニル絶縁電線，ビニル**キャブタイヤケーブル**，耐燃性ポリオレフィンキャブタイヤケーブ

ル，クロロプレンキャブタイヤケーブル，クロロスルホン化ポリエチレンキャブタイヤケーブル，耐燃性エチレンゴムキャブタイヤケーブル又は**ケーブル**を使用すること．

ハ　絶縁変圧器は，交流5 000 Vの試験電圧を1の巻線と他の巻線，鉄心及び外箱との間に連続して1分間加えて絶縁耐力を試験したとき，これに耐える性能を有すること．

三　前号の規定により施設する絶縁変圧器の2次側電路は，次によること．

イ　**電路は，非接地であること．**

ロ　開閉器及び過電流遮断器を各極に施設すること．ただし，過電流遮断器が開閉機能を有するものである場合は，過電流遮断器のみとすることができる．

ハ　使用電圧が30 Vを超える場合は，その電路に地絡を生じたときに自動的に電路を遮断する装置を施設すること．

ニ　ロの規定により施設する開閉器及び過電流遮断器並びにハの規定により施設する地絡を生じたときに自動的に電路を遮断する装置は，堅ろうな金属製の外箱に収めること．

ホ　配線は，金属管工事によること．

ヘ　照明灯に接続する移動電線は，次によること．

（イ）　電線は，断面積2 mm²以上の多心クロロプレンキャブタイヤケーブル，多心クロロスルホン化ポリエチレンキャブタイヤケーブル又は多心耐燃性エチレンゴムキャブタイヤケーブルであること．

（ロ）　**電線には，接続点を設けないこと．**

（ハ）　損傷を受けるおそれがある箇所に施設する場合は，適当な防護装置を設けること．

ト　ホの規定による配線とヘの規定による移動電線との接続には，接地極を有する差込み接続器を使用し，これを水が浸入し難い構造の金属製の外箱に収め，水中又はこれに準ずる以外の場所に施設すること．

四　次に掲げるものは，相互に電気的に完全に接続し，これに**C種接地工事を**施すこと．（関連省令第10条，第11条）

イ　第一号に規定する容器の金属製部分

ロ　第一号及び第三号ヘ（ハ）に規定する防護装置の金属製部分

ハ　第一号に規定する容器を収める金属製の外箱

ニ　前号ニ及びトに規定する金属製の外箱

ホ　前号ホに規定する配線に使用する金属管

五　前号の規定によるC種接地工事の接地線は，次によること．（関連省令第11条）

イ　第三号トに規定する差込み接続器と照明灯との間は，第三号ヘに規定する移動電線の線心のうちの1つを使用すること．

ロ　イの規定による部分と固定して施設する接地線との接続には，第三号トに規定する差込み接続器の接地極を用いること．

2　水中又はこれに準ずる場所であって，人が立ち入るおそれがない場所に施設する照明灯は，次の各号によること．

一　照明灯は，次に適合する容器に収めて施設すること．

イ　照射用窓（電灯のガラスの部分が外部に露出するものを除く．）にあってはガラス又はレンズ，その他の部分にあっては容易に腐食し難い金属若しくはカドミウムめっき，亜鉛めっき，塗装等でさび止めを施した金属又はプラスチックで堅ろうに製作したものであること．

ロ　前項第一号ハからヘまでの規定に適合するものであること．

ハ　金属製部分には，**C種接地工事**を施すこと．（関連省令第10条，第11条）

二　照明灯に電気を供給する電路の対地電圧は，150 V以下であること．

三　照明灯に接続する移動電線は，次によること．

イ　電線は，断面積0.75 mm²以上のクロロプレン**キャブタイヤケーブル**，クロロスルホン化ポリエチレンキャブタイヤケーブル又は耐燃性エチレンゴムキャブタイヤケーブルであること．

ロ　**電線には，接続点を設けないこと．**

　解釈第189条は「遊戯用電車の施設」です．遊戯用電車とは遊園地等で見か
ける施設のことです．このうち電気，つまり電動機を動力源とする乗り物の規
定となります．電車のサイズとは関係がありません．

遊戯用電車(遊園地の構内等において遊戯用のために施設するものであって，人や物を別の場所へ運送することを主な目的としないものをいう．以下この条において同じ．)内の電路及びこれに電気を供給するために使用する電気設備は，次の各号によること．
一　遊戯用電車内の電路は，次によること．
　イ　取扱者以外の者が容易に触れるおそれがないように施設すること．
　ロ　遊戯用電車内に昇圧用変圧器を施設する場合は，次によること．
　(イ)　変圧器は，絶縁変圧器であること．
　(ロ)　変圧器の2次側の使用電圧は，150 V以下であること．
　ハ　遊戯用電車内の電路と大地との間の絶縁抵抗は，使用電圧に対する漏えい電流が，当該電路に接続される機器の定格電流の合計値の1/5 000を超えないように保つこと．
二　遊戯用電車に電気を供給する電路は，次によること．
　イ　使用電圧は，直流にあっては60 V以下，交流にあっては40 V以下であること．
　ロ　イに規定する使用電圧に電気を変成するために使用する変圧器は，次によること．
　(イ)　変圧器は，絶縁変圧器であること．
　(ロ)　変圧器の1次側の使用電圧は，300 V以下であること．
　ハ　電路には，専用の開閉器を施設すること．
　ニ　遊戯用電車に電気を供給するために使用する接触電線(以下この条において「接触電線」という．)は，次によること．
　(イ)　サードレール式により施設すること．
　(ロ)　接触電線と大地との間の絶縁抵抗は，使用電圧に対する漏えい電流がレールの延長1 kmにつき100 mAを超えないように保つこと．
三　接触電線及びレールは，人が容易に立ち入らないように措置した場所に施設すること．
四　電路の一部として使用するレールは，溶接(継目板の溶接を含む．)による場合を除き，適当なボンドで電気的に接続すること．
五　変圧器，整流器等とレール及び接触電線とを接続する電線並びに接触電線相互を接続する電線には，ケーブル工事により施設する場合を除き，簡易接触防護措置を施すこと．

　解釈第190条は「アーク溶接装置の施設」です．アーク溶接機には直流のも
のと交流のものがあります．また，溶接棒に直接電流を流すものとアークを別
に作りその熱で溶接棒を溶かすもの(TIG)等があります．

可搬型の溶接電極を使用するアーク溶接装置は，次の各号によること．
一　溶接変圧器は，絶縁変圧器であること．
二　溶接変圧器の1次側電路の対地電圧は，300 V以下であること．
三　溶接変圧器の1次側電路には，溶接変圧器に近い箇所であって，容易に開閉することができる箇所に開閉器を施設すること．
四　溶接変圧器の2次側電路のうち，溶接変圧器から溶接電極に至る部分及び溶接変圧器から被溶接材に至る部分(電気機械器具内の電路を除く．)は，次によること．
　イ　溶接変圧器から溶接電極に至る部分の電路は，次のいずれかのものであること．
　(イ)　電気用品の技術上の基準を定める省令の解釈別表第八2(100)イ(ロ)bの規定に適合する溶接用ケーブル
　(ロ)　第2項に規定する溶接用ケーブル

　　（ハ）　1種キャブタイヤケーブル，ビニルキャブタイヤケーブル及び耐燃性ポリオレフィンキャブタイヤケーブル以外の**キャブタイヤケーブル**

　ロ　溶接変圧器から被溶接材に至る部分の電路は，次のいずれかのものであること．

　（イ）　イ（イ）及び（ロ）に規定するもの

　（ロ）　キャブタイヤケーブル

　（ハ）　電気的に完全に，かつ，堅ろうに接続された鉄骨等

　ハ　電路は，溶接の際に流れる電流を安全に通じることのできるものであること．

　ニ　重量物の圧力又は著しい機械的衝撃を受けるおそれがある箇所に施設する電線には，適当な防護装置を設けること．

五　被溶接材又はこれと電気的に接続される治具，定盤等の**金属体**には，**D種接地工事**を施すこと．（関連省令第10条，第11条）

（以降省略）

　　解釈第191条は「電気集じん装置等の施設」です．電気集じん装置とは，コロナ放電を利用して塵（ちり）を集める装置です．煙突の煤の回収装置等がその事例です．

使用電圧が特別高圧の電気集じん装置，静電塗装装置，電気脱水装置，電気選別装置その他の電気集じん応用装置（特別高圧の電気で充電する部分が装置の外箱の外に出ないものを除く．以下この条において「電気集じん応用装置」という．）及びこれに特別高圧の電気を供給するための電気設備は，次の各号によること．

一　電気集じん応用装置に電気を供給するための変圧器の1次側電路には，当該変圧器に近い箇所であって，容易に開閉することができる箇所に開閉器を施設すること．

二　電気集じん応用装置に電気を供給するための変圧器，整流器及びこれに附属する特別高圧の電気設備並びに電気集じん応用装置は，取扱者以外の者が立ち入ることのできないように措置した場所に施設すること．ただし，充電部分に人が触れた場合に人に危険を及ぼすおそれがない電気集じん応用装置にあっては，この限りでない．

三　電気集じん応用装置に電気を供給するための変圧器は，第16条第1項の規定に適合するものであること．

四　変圧器から整流器に至る電線及び整流器から電気集じん応用装置に至る電線は，次によること．ただし，取扱者以外の者が立ち入ることができないように措置した場所に施設する場合は，この限りでない．

　イ　**電線は，ケーブルであること．**

　ロ　ケーブルは，損傷を受けるおそれがある場所に施設する場合は，適当な防護装置を施すこと．

　ハ　ケーブルを収める防護装置の金属製部分及び防食ケーブル以外のケーブルの被覆に使用する**金属体**には，**A種接地工事**を施すこと．ただし，接触防護措置（金属製のものであって，防護措置を施す設備と電気的に接続するおそれがあるもので防護する方法を除く．）を施す場合は，D種接地工事によることができる．（関連省令第10条，第11条）

五　残留電荷により人に危険を及ぼすおそれがある場合は，変圧器の2次側電路に残留電荷を放電するための装置を設けること．

六　電気集じん応用装置及びこれに特別高圧の電気を供給するための電気設備は，屋内に施設すること．ただし，使用電圧が特別高圧の電気集じん装置及びこれに電気を供給するための整流器から電気集じん装置に至る電線を次により施設する場合は，この限りでない．

　イ　電気集じん装置は，その**充電部分に接触防護措置を施す**こと．

　ロ　整流器から電気集じん装置に至る電線は，次によること．

　（イ）　屋側に施設するものは，第1項第四号ハ（ただし書を除く．）の規定に準じて施設すること．

　（ロ）　屋外のうち，地中に施設するものにあっては第120条及び第123条，地上に施設するものにあっては第128条，電線路専用の橋に施設するものにあっては第130条の規定に準じて施設すること．

七　静電塗装装置及びこれに特別高圧の電気を供給するための電線を第176条に規定する場所に施設する場合

は，可燃性ガス等（第176条第1項に規定するものをいう．以下この条において同じ．）に着火するおそれがある火花若しくはアークを発するおそれがないように，又は可燃性ガス等に触れる部分の温度が可燃性ガス等の発火点以上に上昇するおそれがないように施設すること．

八　**移動電線は，充電部分に人が触れた場合に人に危険を及ぼすおそれがない電気集じん応用装置に附属するものに限ること．**

（以降省略）

　解釈第192条は「電気さくの施設」です．電気柵は山間部でよくみられる動物除けです．動物を退治するのではなく，感電を経験させることで近づけないことを目的とするものです．

電気さくは，次の各号に適合するものを除き施設しないこと．

一　**田畑，牧場，その他これに類する場所において野獣の侵入又は家畜の脱出を防止するために施設するものであること．**

二　電気さくを施設した場所には，人が見やすいように適当な間隔で危険である旨の表示をすること．

三　電気さくは，次のいずれかに適合する電気さく用電源装置から電気の供給を受けるものであること．

　イ　電気用品安全法の適用を受ける電気さく用電源装置

　ロ　感電により人に危険を及ぼすおそれのないように出力電流が制限される電気さく用電源装置であって，次のいずれかから電気の供給を受けるもの

　　（イ）　電気用品安全法の適用を受ける直流電源装置

　　（ロ）　蓄電池，太陽電池その他これらに類する直流の電源

四　電気さく用電源装置（直流電源装置を介して電気の供給を受けるものにあっては，**直流電源装置**）が使用電圧**30 V 以上の電源から電気の供給を受けるものである場合において，人が容易に立ち入る場所に電気さくを施設するときは，当該電気さくに電気を供給する電路には次に適合する漏電遮断器を施設すること．**

　イ　電流動作型のものであること．

　ロ　定格感度電流が15 mA 以下，動作時間が0.1秒以下のものであること．

五　電気さくに電気を供給する電路には，容易に開閉できる箇所に専用の開閉器を施設すること．

六　電気さく用電源装置のうち，衝撃電流を繰り返して発生するものは，その装置及びこれに接続する電路において発生する電波又は高周波電流が無線設備の機能に継続的かつ重大な障害を与えるおそれがある場所には，施設しないこと．

　解釈第199条の2は「電気自動車等から電気を供給するための設備等の施設」です．電気自動車の普及と度重なる自然災害による停電事故への対応に関する規定と考えて下さい．

電気自動車等（道路運送車両の保安基準（昭和26年運輸省令第67号）第17条の2第3項に規定される電力により作動する原動機を有する自動車をいう．以下この条において同じ．）から供給設備（電力変換装置，保護装置又は開閉器等の電気自動車等から電気を供給する際に必要な設備を収めた筐体等をいう．以下この項において同じ．）を介して，一般用電気工作物に電気を供給する場合は，次の各号により施設すること．

一　電気自動車等の**出力は，10 kW 未満であるとともに，低圧幹線の許容電流以下であること．**

二　電路に**地絡を生じたときに自動的に電路を遮断する装置を施設すること．**ただし，次のいずれかに該当する場合は，この限りでない．（関連省令第15条）

　イ　電気自動車等と供給設備とを接続する電路以外の電路が，次のいずれかに該当する場合

　　（イ）　第36条第1項ただし書に該当する場合（第36条第2項第二号及び第三号に該当する場合を除く．）

　　（ロ）　第36条第2項第二号又は第三号に該当する場合であって，当該電路に適用される規定により施設

されるとき

　　ロ　電気自動車等と供給設備とを接続する電路が，次のいずれかに該当する場合

　　（イ）　電路の対地電圧が150 V以下の場合において，イ（イ）に該当し，かつ，電気自動車等を常用電源の停電時の非常用予備電源として用いる場合

　　（ロ）　第五号ただし書の規定により施設する場合

三　電路に過電流を生じたときに自動的に電路を遮断する装置を施設すること．（関連省令第14条）

四　屋側配線又は屋外配線は，第143条第1項（第一号イ，第三号及び第四号を除く．）又は第2項の規定に準じて施設すること．この場合において，同条の規定における「屋内電路」は「屋側又は屋外電路」と，「屋内配線」は「屋側配線又は屋外配線」と，「屋内に」は「屋側又は屋外に」と読み替えるものとする．

五　電気自動車等と供給設備とを接続する電路（電気機械器具内の電路を除く．）の**対地電圧は，150 V以下で**あること．ただし，次により施設する場合はこの限りでない．

　　イ　**対地電圧が，直流450 V以下であること．**

　　ロ　供給設備が，低圧配線と直接接続して施設すること．

　　ハ　直流電路が，非接地であること．

　　ニ　直流電路に接続する電力変換装置の交流側に絶縁変圧器を施設すること．

　　ホ　電気自動車等と供給設備とを接続する電路に地絡を生じたときに自動的に電路を遮断する装置を施設すること．

　　ヘ　電気自動車等と供給設備とを接続する電路の電線が切断したときに**電気の供給を自動的に遮断する装置**を施設すること．ただし，電路の電線が切断し，充電部分が露出するおそれのない場合はこの限りでない．

六　電気自動車等と供給設備とを接続する電線（以下この項において「供給用電線」という．）は，次によること．

　　イ　**断面積は0.75 mm^{2}以上であること．**

　　ロ　対地電圧が150 V以下の場合は，第171条第1項に規定する1種キャブタイヤケーブル以外のキャブタイヤケーブル，又はこれと同等以上の性能を有するケーブルであること．

　　ハ　対地電圧が150 Vを超え450 V以下の場合は，2種キャブタイヤケーブルと同等以上の性能を有するものであるとともに，使用環境を想定した性能を有するものであること．

七　供給用電線と電気自動車等との接続には，次に適合する専用の接続器を用いること．

　　イ　電気自動車等と接続されている状態及び接続されていない状態において，**充電部分が露出しないもので**あること．

　　ロ　屋側又は屋外に施設する場合には，電気自動車等と接続されている状態において，水の飛まつに対して保護されているものであること．

八　供給設備の筐体等，接続器その他の器具に電線を接続する場合は，簡易接触防護措置を施した端子に電線をねじ止めその他の方法により，堅ろうに，かつ，電気的に完全に接続するとともに，接続点に張力が加わらないようにすること．

九　電気自動車等の蓄電池（常用電源の停電時又は電圧低下発生時の非常用予備電源として用いるものを除く．）には，第44条各号に規定する場合に，自動的にこれを電路から遮断する装置を施設すること．ただし，蓄電池から電気を供給しない場合は，この限りでない．（関連省令第14条）

十　電気自動車等の燃料電池は，第200条第1項の規定により施設すること．ただし，燃料電池から電気を供給しない場合は，この限りでない．（関連省令第15条）

2　一般用電気工作物である需要場所において，電気自動車等を充電する場合の電路は，次の各号により施設すること．

一　充電設備（電力変換装置，保護装置又は開閉器等の電気自動車等を充電する際に必要な設備を収めた筐体等をいう．以下この号において同じ．）と電気自動車等とを接続する電路は，次に適合するものであること．

　　イ　電路の対地電圧は，150 V以下であること．ただし，前項第五号ただし書及び第六号ハにより施設する場合はこの限りでない．この場合において，同項の規定における「供給設備」は「充電設備」と読み替えるものとする．

　　ロ　**充電部分が露出しないように施設すること．**

　　ハ　電路に地絡を生じたときに自動的に電路を遮断する装置を施設すること．

二　屋側配線又は屋外配線は，第143条第1項(第一号イ，第三号及び第四号を除く.)又は第2項の規定に準じて施設すること．この場合において，同条の規定における「屋内電路」は「屋側又は屋外電路」と，「屋内配線」は「屋側配線又は屋外配線」と，「屋内に」は「屋側又は屋外に」と読み替えるものとする.

3・4・12　小出力発電設備の施設(解釈第200条)

小出力発電設備の内，燃料電池と太陽電池について規定しています.

2章の解釈第45条(燃料電池)，解釈第46条(太陽電池)をもう一度復習

小出力発電設備である**燃料電池発電設備**は，次の各号によること.
一　第45条の規定に準じて施設すること．この場合において，同条第一号ロの規定における「発電要素」は「燃料電池」と読み替えるものとする.
二　燃料電池発電設備に接続する電路に地絡を生じたときに，電路を自動的に遮断し，燃料電池への燃料ガスの供給を自動的に遮断する装置を施設すること.
2　小出力発電設備である**太陽電池発電設備**は，次の各号により施設すること.
一　太陽電池モジュール，電線及び開閉器その他の器具は，次の各号によること.
　イ　**充電部分が露出しない**ように施設すること.
　ロ　太陽電池モジュールに接続する負荷側の電路(複数の太陽電池モジュールを施設する場合にあっては，その集合体に接続する負荷側の電路)には，その接続点に近接して開閉器その他これに類する器具(負荷電流を開閉できるものに限る.)を施設すること.
　ハ　太陽電池モジュールを並列に接続する電路には，その電路に短絡を生じた場合に電路を保護する過電流遮断器その他の器具を施設すること．ただし，当該電路が短絡電流に耐えるものである場合は，この限りでない.(関連省令第14条)
　ニ　電線は，次によること．ただし，機械器具の構造上その内部に安全に施設できる場合は，この限りでない.
　　(イ)　電線は，**直径1.6mmの軟銅線**又はこれと同等以上の強さ及び太さのものであること.(関連省令第6条)
　　(ロ)　次のいずれかにより施設すること.
　　　(1)　**合成樹脂管工事**により，第158条の規定に準じて施設すること.
　　　(2)　**金属管工事**により，第159条の規定に準じて施設すること.
　　　(3)　**金属可とう電線管工事**により，第160条の規定に準じて施設すること.
　　　(4)　**ケーブル工事**により，屋内に施設する場合にあっては第164条の規定に，屋側又は屋外に施設する場合にあっては第166条第1項第七号の規定に準じて施設すること.
　　(ハ)　第145条第2項並びに第167条第2項及び第3項の規定に準じて施設すること.
　ホ　太陽電池モジュール及び開閉器その他の器具に電線を接続する場合は，ねじ止めその他の方法により，堅ろうに，かつ，電気的に完全に接続するとともに，接続点に張力が加わらないようにすること.(関連省令第7条)
(以降省略)

第3章　の電気設備の技術基準の解釈

● 試験の直前 ● CHECK!

- □ **用語の定義**≫表3.17
- □ **電路の対地電圧の制限**≫低圧屋内電路150 V以下，太陽電池直流450 V以下
- □ **裸電線の使用制限**≫一部の例外を除いて使用禁止
- □ **メタルラス張り等の木造造営物における施設**≫電気的に接続しない
- □ **低圧配線に関する規定**≫1.6 mmφ以上の軟銅線，開閉器の施設，定格電流への倍率
  (1.1, 1.25, 2.5, 3倍)
- □ **低圧屋内配線工事の種類**≫表3.18
- □ **高圧・特別高圧の配線**≫工事の種類，離隔距離，接地工事の種類
- □ **電球線・移動電線・ショーウインドウ・接触電線**
- □ **特殊場所の施設**≫危険物・火薬・トンネル・臨時配線
- □ **小勢力回路**≫60 V以下
- □ **特殊な機器**≫水中照明灯，遊戯用電車，アーク溶接装置，電気集じん装置，電気さく，電気自動車
- □ **小出力発電設備**≫燃料電池，太陽電池

国家試験問題

問題1

　次の文章は，「電気設備技術基準の解釈」に基づく，住宅の屋内電路の対地電圧の制限に関する記述の一部である．

　住宅の屋内電路（電気機械器具内の電路を除く．）の対地電圧は，150〔V〕以下であること．ただし，定格消費電力が ［(ア)］〔kW〕以上の電気機械器具及びこれに電気を供給する屋内配線を次により施設する場合は，この限りでない．

a．屋内配線は，当該電気機械器具のみに電気を供給するものであること．

b．電気機械器具の使用電圧及びこれに電気を供給する屋内配線の対地電圧は，［(イ)］〔V〕以下であること．

c．屋内配線には，簡易接触防護措置を施すこと．

d．電気機械器具には，簡易接触防護措置を施すこと．

e．電気機械器具には，屋内配線と［(ウ)］して施設すること．

f．電気機械器具に電気を供給する電路には，専用の［(エ)］及び過電流遮断器を施設すること．

g．電気機械器具に電気を供給する電路には，電路に地絡が生じたときに自動的に電路を遮断する装置を施設すること．

　上記の記述中の空白箇所(ア)，(イ)，(ウ)及び(エ)に当てはまる組合せとして，正しいものを次の(1)〜(5)のうちから一つ選べ．

	(ア)	(イ)	(ウ)	(エ)
(1)	5	450	直接接続	漏電遮断器
(2)	2	300	直接接続	開閉器
(3)	2	450	分岐接続	漏電遮断器
(4)	3	300	直接接続	開閉器
(5)	5	450	分岐接続	漏電遮断器

《H25-8》

解 説

電技第143条第1項が冒頭部から順番に記述されています．

問題2

電気使用場所の配線に関し，次の(a)及び(b)の間に答えよ．

(a) 次の文章は，「電気設備技術基準」における電気使用場所の配線に関する記述の一部である．

① 配線は，施設場所の ［(ア)］ 及び電圧に応じ，感電又は火災のおそれがないように施設しなければならない．

② 配線の使用電線(裸電線及び ［(イ)］ で使用する接触電線を除く．)には，感電又は火災のおそれがないよう，施設場所の ［(ア)］ 及び電圧に応じ，，使用上十分な ［(ウ)］ 及び絶縁性能を有するものでなければならない．

③ 配線は，他の配線，弱電流電線等と接近し，又は ［(エ)］ する場合は，［(オ)］ による感電又は火災のおそれがないように施設しなければならない．

上記の記述中の空白箇所(ア)，(イ)，(ウ)，(エ)及び(オ)に当てはまる組合せとして，正しいものを次の(1)～(5)のうちから一つ選べ．

	(ア)	(イ)	(ウ)	(エ)	(オ)
(1)	状況	特別高圧	耐熱性	接触	混触
(2)	環境	高圧又は特別高圧	強度	交さ	混触
(3)	環境	特別高圧	強度	接触	電磁誘導
(4)	環境	高圧又は特別高圧	耐熱性	交さ	電磁誘導
(5)	状況	特別高圧	強度	交さ	混触

(b) 周囲温度が50℃の場所において，定格電圧210Vの三相3線式で定格消費電力15kWの抵抗負荷に電気を供給する低圧屋内配線がある．金属管工事により絶縁電線を同一管内に収めて施設する場合に使用する電線(各相それぞれ1本とする．)の導体の公称断面積〔mm²〕の最小値は，「電気設備技術基準の解釈」に基づけば，いくらとなるか．正しいものを次の(1)～(5)のうちから一つ選べ．

ただし，使用する絶縁電線は，耐熱性を有する600Vビニル絶縁電線(軟銅より線)とし，表1の許容電流及び表2の電流減少係数を用いるとともに，この絶縁電線の周囲温度による許容電線補正係数の計算式は $\sqrt{\dfrac{75-\theta}{30}}$ (θ は周囲温度で，単位は℃)を用いるものとする．

第3章 電気設備の技術基準の解釈

表1

導体の公称断面積〔mm^2〕	許容電流〔A〕
3.5	37
5.5	49
8	61
14	88
22	115

表2

同一管内の電線数	電流減少係数
3以下	0.70
4	0.63
5又は6	0.56

(1)　3.5　　(2)　5.5　　(3)　8　　(4)　14　　(5)　22

《H29-11》

解説

（a）　それぞれ①電技第56条第1項②電技第57条第1項③電技第62条第1項よりの出題です.

（b）　解釈第146条に基づいた問題となります.

三相3線式ですから表2より電流減少係数は, 0.70

周囲温度が50℃ですから許容電流補正係数は

$$\sqrt{\frac{75-50}{30}} \fallingdotseq 0.91$$

定格電圧 V は, 210〔V〕, 定格消費電力 P は15〔kW〕ですから, 負荷電流 I〔A〕は $P=3VI$ より,

$$I=\frac{P}{\sqrt{3}\,V}=\frac{15\times10^3}{\sqrt{3}\times210} \fallingdotseq 41.2 \,〔A〕$$

電線の許容電流に電流減少係数と許容電流補正係数を掛けたものが負荷電流以上となればよいので, 許容電流の最小値は,

$$\frac{41.2}{0.70\times0.91} \fallingdotseq 64.7 \,〔A〕$$

となり, 表2より64.7〔A〕の直近上位の許容電流88〔A〕である公称断面積14 mm^2 の電線を選ぶことになります.

問題3　

次の文章は,「電気設備技術基準の解釈」に基づき, 電源供給用低圧幹線に電動機が接続される場合の過電流遮断器の定格電流及び電動機の過負荷と短絡電流の保護協調に関する記述である.

1. 低圧幹線を保護する過電流遮断器の定格電流は, 次のいずれかによることができる.

a. その幹線に接続される電動機の定格電流の合計の ［(ア)］ 倍に, 他の電気使用機械器具の定

格電流の合計を加えた値以下であること.

 b. 上記aの値が当該低圧幹線の許容電流を ⌈(イ)⌉ 倍した値を超える場合は,その許容電流を ⌈(イ)⌉ 倍した値以下であること.

 c. 当該低圧幹線の許容電流が100 Aを超える場合であって,上記a又はbの規定による値が過電流遮断器の標準定格に該当しないときは,上記a又はbの規定による値の ⌈(ウ)⌉ の標準定格であること.

2. 図は,電動機を電動機保護用遮断器(MCCB)と熱動継電器(サーマルリレー)付電磁開閉器を組み合わせて保護する場合の保護協調曲線の一例である.図中 ⌈(エ)⌉ は電源配線の電線許容電流時間特性を表す曲線である.

 上記の記述中の空白箇所(ア),(イ),(ウ)及び(エ)に当てはまる組合せとして,正しいものを次の(1)～(5)のうちから一つ選べ.

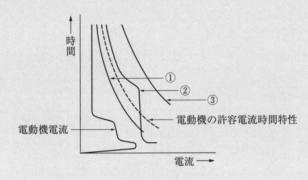

	(ア)	(イ)	(ウ)	(エ)
(1)	3	2.5	直近上位	③
(2)	3	2	115 %以下	②
(3)	2.5	1.5	直近上位	①
(4)	3	2.5	115 %以下	③
(5)	2	2	直近上位	②

《H26-10》

解説

　保護協調とは,回路に異常が発生した場合にその部分を電源から切り離し全体を守るということです.

1　解釈第148条第5号の規定です.

2　MCCB(Molded Case Circuit Breaker)とは,配線用遮断器のことで,過電流が流れた場合に回路を開放します.家庭用のものは MCB(Miniature Circuit Breaker)として区別することがあります.サーマルリレー(Thermal Relay)とは電動機を過熱から守るものです.さて,問題図を見て直ぐにその内容が理解できた方は,かなり学習されているものと思います.グラフの①はサーマルリレー,②は MCCB,③は電源配線の電源許容電流時間特性を表していると考えられます.

問題 4

　次の文章は，「電気設備技術基準の解釈」に基づく電動機の過負荷保護装置の施設に関する記述である．

屋内に施設する電動機には，電動機が焼損するおそれがある過電流を生じた場合に ⎡(ア)⎤ これを阻止し，又はこれを警報する装置を設けること．ただし，次のいずれかに該当する場合はこの限りでない．

a　電動機を運転中，常時，⎡(イ)⎤ が監視できる位置に施設する場合

b　電動機の構造上又は負荷の性質上，その電動機の巻線に当該電動機を焼損する過電流を生じるおそれがない場合

c　電動機が単相のものであって，その電源側電路に施設する配線用遮断器の定格電流が ⎡(ウ)⎤ A 以下の場合

d　電動機の出力が ⎡(エ)⎤ kW 以下の場合

　上記の記述中の空白箇所(ア)，(イ)，(ウ)及び(エ)に当てはまる組合せとして，正しいものを次の(1)～(5)のうちから一つ選べ．

	(ア)	(イ)	(ウ)	(エ)
(1)	自動的に	取扱者	20	0.2
(2)	遅滞なく	取扱者	20	2
(3)	自動的に	取扱者	30	0.2
(4)	遅滞なく	電気係員	30	2
(5)	自動的に	電気係員	30	0.2

《H30-8》

解　説

　解釈第 153 条の規定そのものです．c については，規定文の括弧内の部分が採用されています．

問題 5

　「電気設備技術基準」及び「電気設備技術基準の解釈」に基づく，電線の接続に関する記述として，適切なものを次の(1)～(5)のうちから一つ選べ．

(1)　電線を接続する場合は，接続部分において電線の絶縁性能を低下させないように接続するほか，短絡による事故(裸電線を除く．)及び通常の使用状態において異常な温度上昇のおそれがないように接続する．

(2)　裸電線と絶縁電線とを接続する場合に断線のおそれがないようにするには，電線に加わる張力が電線の引張強さに比べて著しく小さい場合を含め，電線の引張強さを 25〔％〕以上減少させないように接続する．

(3)　屋内に施設する低圧用の配線器具に電線を接続する場合は，ねじ止めその他これと同等以上の効力のある方法により，堅ろうに接続するか，又は電気的に完全に接続する．

(4)　低圧屋内配線を合成樹脂管工事又は金属管工事により施設する場合に，絶縁電線相互を管内で接続する必要が生じたときは，接続部分をその電線の絶縁物と同等以上の絶縁効力のあるもので十分被覆し，接続する．

(5)　住宅の屋内電路(電気機械器具内の電路を除く．)に関し，定格消費電力が2〔kW〕以上の電気機械器具のみに三相200〔V〕を使用するための屋内配線を施設する場合において，電気機械器具は，屋内配線と直接接続する．

《H23-4》

解説

(5)については，誤りがありません．解釈第143条(電路の対地電圧の制限)に2 kW以上の電気機械器具およびこれに電気を供給する屋内配線の対地電圧は，300 V以下であることと規定されています．(1)〜(4)までの内容については下表の通りです．

問題番号	誤	正
(1)電技第7条(電線の接続)	短絡による事故	絶縁性能の低下
	異常な温度上昇	断線
(2)解釈第12条(電線の接続法)	25〔％〕	20〔％〕
(3)解釈第150条(配線器具の施設)	又は電気的に	かつ，電気的に
(4)解釈第158条(合成樹脂管工事)・159条(金属管工事)	電線相互を管内で接続	管内に接続点を設けないこと

問題 6

「電気設備技術基準の解釈」に基づく，ライティングダクト工事による低圧屋内配線の施設に関する記述として，正しいものを次の(1)〜(5)のうちから一つ選べ．

(1)　ダクトの支持点間の距離を2〔m〕以下で施設した．

(2)　造営材を貫通してダクト相互を接続したため，貫通部の造営材には接触させず，ダクト相互及び電線相互は堅ろうに，かつ，電気的に完全に接続した．

(3)　ダクトの開口部を上に向けたため，人が容易に触れるおそれのないようにし，ダクトの内部に塵埃(じんあい)が侵入し難いように施設した．

(4)　5〔m〕のダクトを人が容易に触れるおそれがある場所に施設したため，ダクトにはD種接地工事を施し，電路に地絡を生じたときに自動的に電路を遮断する装置は施設しなかった．

(5)　ダクトを固定せず使用するため，ダクトは電気用品安全法に適合した附属品でキャプタイヤケーブルに接続して，終端部は堅ろうに閉そくした

《H23-9》

解説

解釈第165条(特殊な低圧屋内配線工事)第3項からの出題です．

(1)については，誤りがありません．第4号で「ダクトの支持点間の距離は，

2 m以下とすること.」と規定されています．(2)～(5)までの内容については下表の通りです．

問題番号	誤	正
(2)第7号規定	造営材を貫通して	造営材を貫通しないこと
(3)第6号規定	開口部を上に向けて	開口部は下に向けて施設
(4)第8号・第9号規定	自動的に電路を遮断する装置を施設しなかった	地絡を生じたときに自動的に電路を遮断する装置を施設すること
(5)第3号規定	固定をせずに使用	造営材に堅ろうに取り付けること

問題7

　次の文章は，「電気設備技術基準の解釈」における屋外に施設する移動電線の施設についての記述の一部である．

a．屋外に施設する ［(ア)］ の移動電線と ［(ア)］ の屋外配線との接続には，ちょう架用線にちょう架して施設する場合を除き，さし込み接続器を用いること．

b．屋外に施設する ［(イ)］ の移動電線と電気使用機械器具とは，ボルト締めその他の方法により堅ろうに接続すること．

c．［(ウ)］ の移動電線は，屋外に施設しないこと．

　上記の記述中の空白箇所(ア)，(イ)及び(ウ)に当てはまる語句として，正しいものを組み合わせたのは次のうちどれか．

	(ア)	(イ)	(ウ)
(1)	使用電圧が300〔V〕以下	使用電圧が300〔V〕以下	300〔V〕を超える低圧
(2)	使用電圧が300〔V〕以下	300〔V〕を超える低圧	高　圧
(3)	300〔V〕を超える低圧	低　圧	高　圧
(4)	300〔V〕を超える低圧	低　圧	特別高圧
(5)	低　圧	高　圧	特別高圧

《H22-4》

解　説

　解釈第171条からの出題です．

a．第1項第4号の規定です．

b．第3項第2号の規定です．

c．第4項の規定です．

問題 8

　次の文章は，可燃性のガスが漏れ又は滞留し，電気設備が点火源となり爆発するおそれがある場所の屋内配線に関する工事例である．「電気設備技術基準の解釈」に基づき，不適切なものを次の(1)〜(5)のうちから一つ選べ．

(1)　金属管工事により施設し，薄鋼電線管を使用した．

(2)　金属管工事により施設し，管相互及び管とボックスその他の附属品とを 5 山以上ねじ合わせて接続する方法により，堅ろうに接続した．

(3)　ケーブル工事により施設し，キャプタイヤケーブルを使用した．

(4)　ケーブル工事により施設し，MI ケーブルを使用した．

(5)　電線を電気機械器具に引き込むときは，引込口で電線が損傷するおそれがないようにした．

〈H27-8〉

解　説

　解釈第 176 条第 1 項第 1 号イからの出題です．

(1)　(イ)(1)に規定されています．

(2)　(イ)(2)に規定されています．

(3)　(ロ)(1)にキャブタイヤ以外のケーブルであることと規定されています．

(4)　(ロ)(2)の規定で MI ケーブルはそのまま使用できる規定となっています．

(5)　(ロ)(3)に規定されています．

問題 9

　次の a から c の文章は，特殊施設に電気を供給する変圧器等に関する記述である．「電気設備技術基準の解釈」に基づき，適切なものと不適切なものの組合せとして，正しいものを次の(1)〜(5)のうちから一つ選べ．

a．可搬型の溶接電極を使用するアーク溶接装置を施設するとき，溶接変圧器は，絶縁変圧器であること．また，被溶接材又はこれと電気的に接続される持具，定盤等の金属体には，D 種接地工事を施すこと．

b．プール用水中照明灯に電気を供給するためには，一次側電路の使用電圧及び二次側電路の使用電圧がそれぞれ 300〔V〕以下及び 150〔V〕以下の絶縁変圧器を使用し，絶縁変圧器の二次側配線は金属管工事により施設し，かつ，その絶縁変圧器の二次側電路を接地すること．

c．遊戯用電車(遊園地，遊戯場等の構内において遊戯用のために施設するものをいう．)に電気を供給する電路の使用電圧に電気を変成するために使用する変圧器は，絶縁変圧器であること．

	a	b	c
(1)	不適切	適　切	適　切
(2)	適　切	不適切	適　切
(3)	不適切	適　切	不適切
(4)	不適切	不適切	適　切
(5)	適　切	不適切	不適切

〈H23-8〉

第 3 章　電気設備の技術基準の解釈

解説

a　解釈第190条第1項第1号および第5号に規定されています．

b　解釈第187条第1項第2号および第3号の規定です．第3号イで，「電路は，非接地であること」と規定されています．

c　解釈第189条第1号ロ(イ)に規定されています．

問題10

　次の文章は，「電気設備技術基準」における電気さくの施設の禁止に関する記述である．

　電気さく(屋外において裸電線を固定して施設したさくであって，その裸電線に充電して使用するものをいう．)は，施設してはならない．ただし，田畑，牧場，その他これに類する場所において野獣の侵入又は家畜の脱出を防止するために施設する場合であって，絶縁性がないことを考慮し，　(ア)　のおそれがないように施設するときは，この限りでない．

　次の文章は，「電気設備技術基準の解釈」における電気さくの施設に関する記述である．

　電気さくは，次のaからfに適合するものを除き施設しないこと．

a　田畑，牧場，その他これに類する場所において野獣の侵入又は家畜の脱出を防止するために施設するものであること．

b　電気さくを施設した場所には，人が見やすいように適当な間隔で　(イ)　である旨の表示をすること．

c　電気さくは，次のいずれかに適合する電気さく用電源装置から電気の供給を受けるものであること．

　①　電気用品安全性の適用を受ける電気さく用電源装置

　②　感電により人に危険を及ぼすおそれのないように出力電流が制限される電気さく用電源装置であって，次のいずれかから電気の供給を受けるもの

　　・電気用品安全法の適用を受ける直流電源装置

　　・蓄電池，太陽電池その他これらに類する直流の電═

d　電気さく用電源装置(直流電源装置を介して電気の供給を受けるものにあっては，直流電源装置)が使用電圧　(ウ)　V以上の電源から電気の供給を受けるものである場合において，人が容易に立ち入る場所に電気さくを施設するときは，当該電気さくに電気を供給する電路には次に適合する漏電遮断器を施設すること．

　①　電═動作型のものであること．

　②　定格感度電流が　(エ)　mA以下，動作時間が0.1秒以下のものであること．

e　電気さくに電気を供給する電路には，容易に開閉できる箇所に専用の開閉路を施設すること．

f　電気さく用電源装置のうち，衝撃電流を繰り返して発生するものは，その装置及びこれに接続する電路において発生する電波又は高周波電流が無線設備の機能に継続的かつ重大な障害を与えるおそれがある場所には，施設しないこと．

　上記の記述中の空白箇所(ア)，(イ)，(ウ)及び(エ)に当てはまる組合せとして，正しいものを次の(1)～(5)のうちから一つ選べ．

(p.210～212の解答)　**問題8** →(3)　**問題9** →(2)

	（ア）	（イ）	（ウ）	（エ）
(1)	感電又は火災	危　険	100	15
(2)	感電又は火災	電気さく	30	10
(3)	損　壊	電気さく	100	15
(4)	感電又は火災	危　険	30	15
(5)	損　壊	電気さく	100	10

《H28-9》

解　説

　前文は電技74条そのものです．a〜fは解釈第192条の第1号〜第4号の規定です．

問題 11

　次の文章は，「電気設備技術基準の解釈」に基づく，太陽電池発電所に施設する太陽電池モジュール等に関する記述の一部である．

1．　（ア）が露出しないように施設すること．

2．太陽電池モジュールに接続する負荷側の電路（複数の太陽電池モジュールを施設した場合にあっては，その集合体に接続する負荷側の電路）には，その接続点に近接して　（イ）その他これに類する器具（負荷電流を開閉できるものに限る．）を施設すること．

3．太陽電池モジュールを並列に接続する電路には，その電路に　（ウ）を生じた場合に電路を保護する過電流遮断器その他の器具を施設すること．

　　ただし，当該電路が　（ウ）電流に耐えるものである場合は，この限りでない．

4．電線を屋内に施設する場合にあっては，　（エ），金属管工事，可とう電線管工事又はケーブル工事により施設すること．

　上記の記述中の空白箇所（ア），（イ），（ウ）及び（エ）に当てはまる語句として，正しいものを組み合わせたのは次のうちどれか．

	（ア）	（イ）	（ウ）	（エ）
(1)	充電部分	開閉器	短　絡	合成樹脂管工事
(2)	充電部分	遮断器	過負荷	合成樹脂管工事
(3)	接続部分	遮断器	短　絡	金属ダクト工事
(4)	充電部分	開閉器	短　絡	金属ダクト工事
(5)	接続部分	開閉器	過負荷	合成樹脂管工事

《H21-8》

解　説

　解釈第200条第2項第1号からの出題です．問題番号1〜4はそれぞれ，規定のイ，ロ，ハおよびニ（ロ）の内容となります．ニ（ロ）では，金属ダクト工事による施設の規定はありません．

3·5 国際規格の取り入れ

重要知識

□ 国際規格の取り入れ

3·5·1 国際規格の取り入れ

電気や電子の分野に関して技術的な規格の標準化を進める国際的な団体がIEC（International Electrotechnical Commission）です．日本も会員となっています．各国で制定されている規格（日本の場合はJIS規格等）は，このIEC規格と整合性をとることが義務付けられています．

解釈第218条（IEC 60364規格の適用）は低圧，解釈第219条（IEC 61936-1）は高圧・特別高圧の規定です．規定文中の省令第2条第1項とは電技第2条の電圧の区分に関する規定です．218-1表と219-1表は規格番号の羅列ですので省略しました．

IEC規格の高圧は，直流1500 V以上，交流1000 V以上なんだよ

第218条
需要場所に施設する省令第2条第1項に規定する低圧で使用する電気設備は，第3条から第217条までの規定によらず，218-1表（省略）に掲げる日本工業規格又は国際電気標準会議規格の規定により施設することができる．ただし，一般送配電事業者及び特定送配電事業者と直接に接続する場合は，これらの事業者の低圧の電気の供給に係る設備の**接地工事の施設と整合**がとれていること．
2　同一の電気使用場所においては，前項の規定（以下「IEC関連規定」という．）と第3条から第217条までの規定とを混用して低圧の電気設備を施設しないこと．ただし，次の各号のいずれかに該当する場合は，この限りでない．この場合において，IEC関連規定に基づき施設する設備と第3条から第217条までの規定に基づき施設する設備を同一の場所に施設するときは，表示等によりこれらの設備を識別できるものとすること．
一　変圧器（IEC関連規定に基づき施設する設備と第3条から第217条までの規定に基づき施設する設備が異なる変圧器に接続されている場合はそれぞれの変圧器）が非接地式高圧電路に接続されている場合において，当該変圧器の低圧回路に施す接地抵抗値が**2 Ω以下**であるとき
二　第18条第1項の規定により，IEC関連規定に基づき施設する設備及び第3条から第217条までの規定に基づき施設する設備の接地工事を施すとき
（3　省略）
第219条
省令第2条第1項に規定する高圧又は特別高圧で使用する電気設備（電線路を除く．）は，第3条から第217条の規定によらず，国際電気標準会議規格 IEC 61936-1（2014）Power installations exceeding 1kV a.c. - Part1 : Common rules（以下この条において「IEC 61936-1規格」という．）のうち，219-1表（省略）の左欄に掲げる箇条の規定により施設することができる．ただし，同表の左欄に掲げる箇条に規定のない事項，又は同表の左欄に掲げる箇条の規定が具体的でない場合において同表の右欄に示す解釈の箇条に規定する事項については，対応する第3条から第217条までの規定により施設すること．

□ **低圧の設備　　IEC 60364 規格の適用**（第 218 条）

□ **高圧・特別高圧の設備　　IEC 61936-1 規格の適用**（第 219 条）

国家試験問題

問題 1

次の文章は，我が国の電気設備の技術基準への国際規格の取り入れに関する記述である．

「電気設備技術基準の解釈」において，需要場所に施設する低圧で使用する電気設備は，国際電気標準会議が建築電気設備に関して定めた IEC 60364 規格に対応した規定により施設することができる．その際，守らなければならないことの一つは，その電気設備を一般電気事業者の電気設備と直接に接続する場合は，その事業者の低圧の電気の供給に係る設備の空白と整合がとれていなければならないことである．

上記の記述中の空白箇所に当てはまる最も適切なものを次の(1)〜(5)のうちから一つ選べ．

(1)　電路の絶縁性能

(2)　接地工事の施設

(3)　変圧器の施設

(4)　避雷器の施設

(5)　隔離距離

《H25-9》

解 説

解釈 218 条（IEC 60364 規格の適用）の最初の部分からの出題です．

（第3章　電気設備の技術基準の解釈）

3·6 分散型電源の系統連系設備

 重要知識

● 出題項目 ● CHECK!

- □ 用語の定義
- □ 事故等の防止
- □ 一般送配電事業者との間の電話設備の施設

3·6·1　分散型電源の系統連系設備に係る用語の定義(解釈第220条)

例えば，国内のあちこちで見かける太陽光発電等の再生可能エネルギーによる発電設備が分散型電源，作り出した電気を送電線にのせれば系統連系，というイメージです．それに係る用語の定義をまとめておきます(表3.19)．

太陽光発電して売電．これって系統連系だね

表 3.19　分散型電源の系統連系設備に係る用語の定義

用語	定義
発電設備等	発電設備または電力貯蔵装置であって，常用電源の停電時または電圧低下発生時にのみ使用する非常用予備電源以外のもの
分散型電源	電気事業法(昭和39年法律第170号)第38条第4項第四号に掲げる事業を営む者以外の者が設置する発電設備等であって，一般送配電事業者が運用する電力系統に連系するもの
解列	電力系統から切り離すこと．
逆潮流	分散型電源設置者の構内から，一般送配電事業者が運用する電力系統側へ向かう有効電力の流れ
単独運転	分散型電源を連系している電力系統が事故等によって系統電源と切り離された状態において，当該分散型電源が発電を継続し，線路負荷に有効電力を供給している状態
逆充電	分散型電源を連系している電力系統が事故等によって系統電源と切り離された状態において，分散型電源のみが，連系している電力系統を加圧し，かつ，当該電力系統へ有効電力を供給していない状態
自立運転	分散型電源が，連系している電力系統から解列された状態において，当該分散型電源設置者の構内負荷にのみ電力を供給している状態
線路無電圧確認装置	電線路の電圧の有無を確認するための装置
転送遮断装置	遮断器の遮断信号を通信回線で伝送し，別の構内に設置された遮断器を動作させる装置
受動的方式の単独運転検出装置	単独運転移行時に生じる電圧位相または周波数等の変化により，単独運転状態を検出する装置
能動的方式の単独運転検出装置	分散型電源の有効電力出力または無効電力出力等に平時から変動を与えておき，単独運転移行時に当該変動に起因して生じる周波数等の変化により，単独運転状態を検出する装置

スポットネットワーク受電方式	2以上の特別高圧配電線(スポットネットワーク配電線)で受電し,各回線に設置した受電変圧器を介して2次側電路をネットワーク母線で並列接続した受電方式
二次励磁制御巻線形誘導発電機	二次巻線の交流励磁電流を周波数制御することにより可変速運転を行う巻線形誘導発電機

3·6·2 事故等の防止(解釈第221条～第224条)

解釈第221条～第224条は事故防止についての規定です(表3.20).

既存の電力系統に余計な負荷をかけないための決まりだね.

表3.20 事故等の防止

見出し	規定
直流流出防止変圧器の施設(解釈第221条)	逆変換装置を用いて分散型電源を電力系統に連系する場合は,逆変換装置から直流が電力系統へ流出することを防止するために,**受電点と逆変換装置との間に変圧器(単巻変圧器を除く.)を施設**すること.ただし,次の各号に適合する場合は,この限りでない. 一 逆変換装置の交流出力側で直流を検出し,かつ,直流検出時に交流出力を停止する機能を有すること. 二 次のいずれかに適合すること. 　イ 逆変換装置の直流側電路が**非接地**であること. 　ロ 逆変換装置に高周波変圧器を用いていること. 2 前項の規定により設置する変圧器は,直流流出防止専用であることを要しない.
限流リアクトル等の施設(解釈第222条)	分散型電源の連系により,一般送配電事業者が運用する電力系統の短絡容量が,当該分散型電源設置者以外の者が設置する遮断器の遮断容量又は電線の瞬時許容電流等を上回るおそれがあるときは,分散型電源設置者において,**限流リアクトル**その他の**短絡電流を制限する装置**を施設すること.ただし,低圧の電力系統に逆変換装置を用いて分散型電源を連系する場合は,この限りでない.
自動負荷制限の実施(解釈第223条)	高圧または特別高圧の電力系統に分散型電源を連系する場合(スポットネットワーク受電方式で連系する場合を含む.)において,分散型電源の脱落時等に連系している電線路等が過負荷になるおそれがあるときは,分散型電源設置者において,自動的に自身の**構内負荷を制限する対策**を行うこと.
再閉路時の事故防止(解釈第224条)	高圧又は特別高圧の電力系統に分散型電源を連系する場合(スポットネットワーク受電方式で連系する場合を除く.)は,**再閉路**時の事故防止のために,分散型電源を連系する変電所の引出口に**線路無電圧確認装置**を施設すること.ただし,次の各号のいずれかに該当する場合は,この限りでない. 一 逆潮流がない場合であって,電力系統との連系に係る保護リレー,計器用変流器,計器用変圧器,遮断器及び制御用電源配線が,相互予備となるように2系列化されているとき.ただし,次のいずれかにより簡素化を図ることができる. 　イ 2系列の保護リレーのうちの1系列は,不足電力リレー(2相に設置するものに限る.)のみとすることができる. 　ロ 計器用変流器は,不足電力リレーを計器用変圧器の末端に配置する場合,1系列目と2系列目を兼用できる. 　ハ 計器用変圧器は,不足電圧リレーを計器用変圧器の末端に配置する場合,1系列目と2系列目を兼用できる.

第3章 電気設備の技術基準の解釈

217

二　高圧の電力系統に分散型電源を連系する場合であって，次のいずれかに適合するとき

　イ　分散型電源を連系している配電用変電所の遮断器が発する遮断信号を，電力保安通信線又は電気通信事業者の専用回線で伝送し，分散型電源を解列することのできる転送遮断装置及び能動的方式の単独運転検出装置を設置し，かつ，それぞれが別の遮断器により連系を遮断できること．

　ロ　2方式以上の単独運転検出装置（能動的方式を1方式以上含むもの．）を設置し，かつ，それぞれが別の遮断器により連系を遮断できること．

　ハ　能動的方式の単独運転検出装置及び整定値が分散型電源の運転中における配電線の最低負荷より小さい逆電力リレーを設置し，かつ，それぞれが別の遮断器により連系を遮断できること．

　ニ　分散型電源設置者が専用線で連系する場合であって，連系している系統の自動再閉路を実施しないとき

　ここで，事故等再閉路というのは，事故等により遮断した回路（配線）を再び接続することです．リレーを利用して一定の時間経過後に自動的に行うものは，再閉路継電方式といいます．

3・6・3　一般送配電事業者との間の電話設備の施設（解釈第 225 条）

　発電所等の現場と営業所との間に必要な通信設備に関する規定です．

高圧又は特別高圧の電力系統に分散型電源を連系する場合（スポットネットワーク受電方式で連系する場合を含む．）は，分散型電源設置者の技術員駐在箇所等と電力系統を運用する一般送配電事業者の営業所等との間に，次の各号のいずれかの**電話設備を施設**すること．
一　**電力保安通信用電話設備**
二　**電気通信事業者の専用回線電話**
三　次に適合する場合は，**一般加入電話又は携帯電話等**
　イ　高圧又は 35 000 V 以下の特別高圧で連系する場合（スポットネットワーク受電方式で連系する場合を含む．）であること．
　ロ　一般加入電話又は携帯電話等は，次に適合するものであること．
　（イ）　**分散型電源設置者側の交換機を介さずに直接技術員との通話が可能な方式**（交換機を介する代表番号方式ではなく，直接技術員駐在箇所へつながる単番方式）であること．
　（ロ）　話中の場合に割り込みが可能な方式であること．
　（ハ）　停電時においても通話可能なものであること．
　ハ　災害時等において通信機能の障害により当該一般送配電事業者と連絡が取れない場合には，**当該一般送配電事業者との連絡が取れるまでの間，分散型電源設置者において発電設備等の解列又は運転を停止**すること．

3・6・4　低圧連系（解釈第 226 条・227 条）

　低圧連系の規定です．

　解釈第 226 条は「低圧連系時の施設要件」です．単相によるものの規定となります．

まずは，低圧．
単相だね．

> **単相3線式の低圧**の電力系統に分散型電源を連系する場合において，負荷の不平衡により**中性線に最大電流が生じるおそれがあるとき**は，分散型電源を施設した構内の電路であって，負荷及び分散型電源の**並列点よりも系統側に**，3極に過電流引き外し素子を有する**遮断器を施設する**こと．
> 2　低圧の電力系統に逆変換装置を用いずに分散型電源を連系する場合は，**逆潮流を生じさせないこと**．

　解釈第227条は「低圧連系時の系統連系用保護装置」です．保護装置としてのリレーの種類と用途(227-1表，227-2表)について，しっかり学習して下さい．

> 低圧の電力系統に分散型電源を連系する場合は，次の各号により，**異常時に分散型電源を自動的に解列する**ための装置を施設すること．
> 一　次に掲げる異常を保護リレー等により検出し，分散型電源を自動的に解列すること．
> 　イ　分散型電源の異常又は故障
> 　ロ　連系している電力系統の短絡事故，地絡事故又は高低圧混触事故
> 　ハ　分散型電源の単独運転又は逆充電
> 二　一般送配電事業者が運用する電力系統において再閉路が行われる場合は，当該再閉路時に，分散型電源が当該電力系統から解列されていること．
> 三　保護リレー等は，次によること．
> 　イ　227-1表に規定する保護リレー等を受電点その他異常の検出が可能な場所に設置すること．

227-1 表

保護リレー等		逆変換装置を用いて連系する場合		逆変換装置を用いずに連系する場合
検出する異常	種類	逆潮流有りの場合	逆潮流無しの場合	逆潮流無しの場合
発電電圧異常上昇	過電圧リレー	○※1	○※1	○※1
発電電圧異常低下	不足電圧リレー	○※1	○※1	○※1
系統側短絡事故	不足電圧リレー	○※2	○※2	○※5
	短絡方向リレー			○※6
系統側地絡事故・高低圧混触事故(間接)	単独運転検出装置	○※3	○※4	○※7
単独運転又は逆充電	単独運転検出装置			
	逆充電検出機能を有する装置			
	周波数上昇リレー	○		
	周波数低下リレー	○	○	○
	逆電力リレー		○	○※8
	不足電力リレー			○※9

※1：分散型電源自体の保護用に設置するリレーにより検出し，保護できる場合は省略できる．
※2：発電電圧異常低下検出用の不足電圧リレーにより検出し，保護できる場合は省略できる．

第3章　の電気設備の技術基準　解釈

※3：受動的方式及び能動的方式のそれぞれ1方式以上を含むものであること．系統側地絡事故・高低圧混触事故（間接）については，単独運転検出用の受動的方式等により保護すること．

※4：逆潮流有りの分散型電源と逆潮流無しの分散型電源が混在する場合は，単独運転検出装置を設置すること．逆充電検出機能を有する装置は，不足電圧検出機能及び不足電力検出機能の組み合わせ等により構成されるもの，単独運転検出装置は，受動的方式及び能動的方式のそれぞれ1方式以上を含むものであること．系統側地絡事故・高低圧混触事故（間接）については，単独運転検出用の受動的方式等により保護すること．

※5：誘導発電機を用いる場合は，設置すること．発電電圧異常低下検出用の不足電圧リレーにより検出し，保護できる場合は省略できる．

※6：同期発電機を用いる場合は，設置すること．発電電圧異常低下検出用の不足電圧リレー又は過電流リレーにより，系統側短絡事故を検出し，保護できる場合は省略できる．

※7：高速で単独運転を検出し，分散型電源を解列することのできる受動的方式のものに限る．

※8：※7に示す装置で単独運転を検出し，保護できる場合は省略できる．

※9：分散型電源の出力が，構内の負荷より常に小さく，※7に示す装置及び逆電力リレーで単独運転を検出し，保護できる場合は省略できる．この場合には，※8は省略できない．

（備考）

1．○は，該当することを示す．

2．逆潮流無しの場合であっても，逆潮流有りの条件で保護リレー等を設置することができる．

　ロ　イの規定により設置する保護リレーの設置相数は，227-2表によること．

227-2表

保護リレーの種類		保護リレーの設置相数		
		単相2線式で受電する場合	単相3線式で受電する場合	三相3線式で受電する場合
周波数上昇リレー			1	1
周波数低下リレー				
逆電力リレー		1		
過電圧リレー				2
不足電力リレー			2 （中性線と両電圧線間）	3
不足電圧リレー				3
短絡方向リレー				3 ※
逆充電検出機能を有する装置	不足電圧リレー			2
	不足電力リレー			3

※：連系している系統と協調がとれる場合は，2相とすることができる．

四　分散型電源の解列は，次によること．

　イ　次のいずれかで解列すること．

　　（イ）　受電用遮断器

　　（ロ）　分散型電源の出力端に設置する遮断器又はこれと同等の機能を有する装置

　　（ハ）　分散型電源の連絡用遮断器

　ロ　前号ロの規定により複数の相に保護リレーを設置する場合は，いずれかの相で異常を検出した場合に解列すること．

　ハ　解列用遮断装置は，系統の停電中及び復電後，確実に復電したとみなされるまでの間は，投入を阻止し，分散型電源が系統へ連系できないものであること．

　ニ　逆変換装置を用いて連系する場合は，次いずれかによること．ただし，受動的方式の単独運転検出装置動作時は，不要動作防止のため逆変換装置のゲートブロックのみとすることができる．

　　（イ）　2箇所の機械的開閉箇所を開放すること.
　　（ロ）　1箇所の機械的開閉箇所を開放し，かつ，逆変換装置のゲートブロックを行うこと.
　ホ　逆変換装置を用いずに連系する場合は，2箇所の機械的開閉箇所を開放すること.
2　一般用電気工作物において自立運転を行う場合は，2箇所の機械的開閉箇所を開放することにより，分散型電源を解列した状態で行うとともに，連系復帰時の非同期投入を防止する装置を施設すること. ただし，逆変換装置を用いて連系する場合において，次の各号の全てを防止する装置を施設する場合は，機械的開閉箇所を1箇所とすることができる.
一　系統停止時の誤投入
二　機械的開閉箇所故障時の自立運転移行

　　ゲートブロックという用語がありますが，難しく考えず，装置を止めることと理解して下さい.

3・6・5　高圧連系（解釈第228条・229条）

　高圧連系の規定です.
　解釈第228条は「高圧連系時の施設要件」です.

低圧との違いに注意
してね

高圧の電力系統に分散型電源を連系する場合は，分散型電源を連系する配電用変電所の配電用変圧器において，逆向きの潮流を生じさせないこと. ただし，当該配電用変電所に保護装置を施設する等の方法により分散型電源と電力系統との協調をとることができる場合は，この限りではない.

　解釈第229条は「高圧連系時の系統連系用保護装置」です. リレーに関して
（229-1表，229-2表）は，低圧とほぼ同じです.

高圧の電力系統に分散型電源を連系する場合は，次の各号により，異常時に分散型電源を自動的に解列するための装置を施設すること.
一　次に掲げる異常を保護リレー等により検出し，分散型電源を自動的に解列すること.
　イ　分散型電源の異常又は故障
　ロ　連系している電力系統の短絡事故又は地絡事故
　ハ　分散型電源の単独運転
二　一般送配電事業者が運用する電力系統において再閉路が行われる場合は，当該再閉路時に，分散型電源が当該電力系統から解列されていること.
三　保護リレー等は，次によること.
　イ　229-1表に規定する保護リレー等を受電点その他故障の検出が可能な場所に設置すること.

229-1 表

保護リレー等		逆変換装置を用いて連系する場合		逆変換装置を用いずに連系する場合	
検出する異常	種類	逆潮流有りの場合	逆潮流無しの場合	逆潮流無しの場合	逆潮流無しの場合
発電電圧異常上昇	過電圧リレー	○※1	○※1	○※1	○※1
発電電圧異常低下	不足電圧リレー	○※1	○※1	○※1	○※1
系統側短絡事故	不足電圧リレー	○※2	○※2	○※9	○※9
	短絡方向リレー			○※10	○※10
系統側地絡事故	地絡過電圧リレー	○※3	○※3	○※11	○※11
単独運転	周波数上昇リレー	○※4		○※4	
	周波数低下リレー	○	○※7	○	○※7
	逆電力リレー		○※8		○
	転送遮断装置又は単独運転検出装置	○ ※5※6		○※5 ※6※12	

※1：分散型電源自体の保護用に設置するリレーにより検出し，保護できる場合は省略できる．

※2：発電電圧異常低下検出用の不足電圧リレーにより検出し，保護できる場合は省略できる．

※3：構内低圧線に連系する場合であって，分散型電源の出力が受電電力に比べて極めて小さく，単独運転検出装置等により高速に単独運転を検出し，分散型電源を停止又は解列する場合又は地絡方向継電装置付き高圧交流負荷開閉器から，零相電圧を地絡過電圧リレーに取り込む場合は，省略できる．

※4：専用線と連系する場合は，省略できる．

※5：転送遮断装置は，分散型電源を連系している配電線の配電用変電所の遮断器の遮断信号を，電力保安通信線又は電気通信事業者の専用回線で伝送し，分散型電源を解列することのできるものであること．

※6：単独運転検出装置は，能動的方式を1方式以上含むものであって，次の全てを満たすものであること．

　(1)　系統のインピーダンスや負荷の状態等を考慮し，必要な時間内に確実に検出することができること．

　(2)　頻繁な不要解列を生じさせない検出感度であること．

　(3)　能動信号は，系統への影響が実態上問題とならないものであること．

※7：専用線による連系であって，逆電力リレーにより単独運転を高速に検出し，保護できる場合は省略できる．

※8：構内低圧線に連系する場合であって，分散型電源の出力が受電電力に比べて極めて小さく，受動的方式及び能動的方式のそれぞれ1方式以上を含む単独運転検出装置等により高速に単独運転を検出し，分散型電源を停止又は解列する場合は省略できる．

※9：誘導発電機を用いる場合は，設置すること．発電電圧異常低下検出用の不足電圧リレーにより検出し，保護できる場合は省略できる．

※10：同期発電機を用いる場合は，設置すること．

※11：発電機引出口に設置する地絡過電圧リレーにより，系統側地絡事故が検知できる場合又は地絡方向継電装置付き高圧交流負荷開閉器から，零相電圧を地絡過電圧リレーに取り込む場合は，省略できる．

※12：誘導発電機(二次励磁制御巻線形誘導発電機を除く.)を用いる，風力発電設備その他出力変動の大きい．

(備考)

1．○は，該当することを示す．

2．逆潮流無しの場合であっても，逆潮流有りの条件で保護リレー等を設置することができる．

　ロ　<u>イの規定により設置する保護リレーの設置相数は，229-2 表によること．</u>

229-2 表

保護リレーの種類	保護リレーの設置相数
地絡過電圧リレー	1(零相回路)
過電圧リレー	1
周波数低下リレー	
周波数上昇リレー	
逆電力リレー	
短絡方向リレー	3 ※1
不足電圧リレー	3 ※2

※1：連系している系統と協調がとれる場合は，2 相とすることができる．
※2：同期発電機を用いる場合であって，短絡方向リレーと協調がとれる場合は，1 相とすることができる．

四　分散型電源の解列は，次によること．
　イ　次のいずれかで解列すること．
　　(イ)　受電用遮断器
　　(ロ)　分散型電源の出力端に設置する遮断器又はこれと同等の機能を有する装置
　　(ハ)　分散型電源の連絡用遮断器
　　(ニ)　母線連絡用遮断器
　ロ　前号ロの規定により複数の相に保護リレーを設置する場合は，いずれかの相で異常を検出した場合に解列すること．

3・6・6　特別高圧連系(解釈第 230 条・231 条)

特別高圧の連系に関する規定です．

解釈第 230 条は「特別高圧連系時の施設要件」です．

低圧・高圧・特別高圧
規定の違いが微妙

特別高圧の電力系統に分散型電源を連系する場合(スポットネットワーク受電方式で連系する場合を除く.)は，次の各号によること．
一　一般送配電事業者が運用する電線路等の事故時等に，他の電線路等が過負荷になるおそれがあるときは，系統の変電所の電線路引出口等に過負荷検出装置を施設し，電線路等が過負荷になったときは，同装置からの情報に基づき，分散型電源の設置者において，分散型電源の出力を適切に抑制すること．
二　系統安定化又は潮流制御等の理由により運転制御が必要な場合は，必要な運転制御装置を分散型電源に施設すること．
三　単独運転時において電線路の地絡事故により異常電圧が発生するおそれ等があるときは，分散型電源の設置者において，変圧器の中性点に第 19 条第 2 項各号の規定に準じて接地工事を施すこと．
四　前号に規定する**中性点接地工事**を施すことにより，一般送配電事業者が運用する電力系統内において電磁誘導障害防止対策や地中ケーブルの防護対策の強化等が必要となった場合は，適切な対策を施すこと．

解釈第 231 条は「特別高圧連系時の系統連系用保護装置」です．

第3章　電気設備の技術基準の解釈

特別高圧の電力系統に分散型電源を連系する場合(スポットネットワーク受電方式で連系する場合を除く.)は，次の各号により，異常時に分散型電源を自動的に解列するための装置を施設すること.

一　次に掲げる異常を保護リレー等により検出し，分散型電源を自動的に解列すること.

　イ　分散型電源の異常又は故障

　ロ　連系している電力系統の短絡事故又は地絡事故.ただし，電力系統側の再閉路の方式等により，分散型電源を解列する必要がない場合を除く.

二　一般送配電事業者が運用する電力系統において再閉路が行われる場合は，当該再閉路時に，分散型電源が当該電力系統から解列されていること.

三　保護リレー等は，次によること.

　イ　231-1 表に規定する保護リレーを受電点その他故障の検出が可能な場所に設置すること.

231-1 表

保護リレー		逆変換装置を用いて連系する場合	逆変換装置を用いずに連系する場合
検出する異常	種類		
発電電圧異常上昇	過電圧リレー	○※1	○※1
発電電圧異常低下	不足電圧リレー	○※1	○※1
系統側短絡事故	不足電圧リレー	○※2	○※5
	短絡方向リレー		○※6
系統側地絡事故	電流差動リレー	○※3	○※3
	地絡過電圧リレー	○※4	○※4

※1：分散型電源自体の保護用に設置するリレーにより検出し，保護できる場合は省略できる.

※2：発電電圧異常低下検出用の不足電圧リレーにより検出し，保護できる場合は省略できる.

※3：連系する系統が，中性点直接接地方式の場合，設置する.

※4：連系する系統が，中性点直接接地方式以外の場合，設置する.地絡過電圧リレーが有効に機能しない場合は，地絡方向リレー，電流差動リレー又は回線選択リレーを設置すること.ただし，次のいずれかを満たす場合は，地絡過電圧リレーを設置しないことができる.

　(1)　電流差動リレーが設置されている場合

　(2)　発電機引出口にある地絡過電圧リレーにより，系統側地絡事故が検知できる場合

　(3)　分散型電源の出力が構内の負荷より小さく，周波数低下リレーにより高速に単独運転を検出し，分散型電源を解列することができる場合

　(4)　逆電力リレー，不足電力リレー又は受動的方式の単独運転検出装置により，高速に単独運転を検出し，分散型電源を解列することができる場合

※5：誘導発電機を用いる場合，設置する.発電電圧異常低下検出用の不足電圧リレーにより検出し，保護できる場合は省略できる.

※6：同期発電機を用いる場合，設置する.電流差動リレーが設置されている場合は，省略できる.短絡方向リレーが有効に機能しない場合は，短絡方向距離リレー，電流差動リレー又は回線選択リレーを設置すること.

(備考)　○は，該当することを示す.

　ロ　イの規定により設置する保護リレーの設置相数は，231-2 表によること.

231-2 表

保護リレーの種類	保護リレーの設置相数
地絡過電圧リレー	1(零相回路)
地絡方向リレー	
地絡検出用電流差動リレー	
地絡検出用回線選択リレー	
過電圧リレー	1
周波数低下リレー	
逆電力リレー	
不足電力リレー	2
短絡方向リレー	3
不足電圧リレー	
短絡検出・地絡検出兼用電流差動リレー	
短絡検出用電流差動リレー	
短絡方向距離リレー	
短絡検出用回線選択リレー	

四　分散型電源の解列は，次によること．
　イ　次のいずれかで解列すること．
　　（イ）　受電用遮断器
　　（ロ）　分散型電源の出力端に設置する遮断器又はこれと同等の機能を有する装置
　　（ハ）　分散型電源の連絡用遮断器
　　（ニ）　母線連絡用遮断器
　ロ　前号ロの規定により，複数の相に保護リレーを設置する場合は，いずれかの相で異常を検出した場合に解列すること．
2　スポットネットワーク受電方式で受電する者が分散型電源を連系する場合は，次の各号により，異常時に分散型電源を自動的に解列するための装置を施設すること．
一　次に掲げる異常を保護リレー等により検出し，分散型電源を自動的に解列すること．
　イ　分散型電源の異常又は故障
　ロ　スポットネットワーク配電線の全回線の電源が喪失した場合における分散型電源の単独運転
二　231-3 表に規定する保護リレーを，ネットワーク母線又はネットワーク変圧器の2次側で故障の検出が可能な場所に設置すること．

231-3 表

検出する異常	保護リレーの種類	保護リレーの設置相数
発電電圧異常上昇	過電圧リレー※1	1
発電電圧異常低下	不足電圧リレー※1	
単独運転	不足電圧リレー	
	周波数低下リレー	
	逆電力リレー※2	3

※1：分散型電源自体の保護用に設置するリレーにより検出し，保護できる場合は省略できる．

225

※2：逆電力リレー機能を有するネットワークリレーを設置する場合は，省略できる．

三　分散型電源の解列は，次によること．

　イ　次のいずれかで解列すること．

　　（イ）　分散型電源の出力端に設置する遮断器又はこれと同等の機能を有する装置

　　（ロ）　母線連絡用遮断器

　　（ハ）　プロテクタ遮断器

　ロ　前号の規定により，複数の相に保護リレーを設置する場合は，いずれかの相で異常を検出した場合に解列すること．

　ハ　逆電力リレー（ネットワークリレーの逆電力リレー機能で代用する場合を含む．）で，全回線において逆電力を検出した場合は，時限をもって分散型電源を解列すること．

　ニ　分散型電源を連系する電力系統において事故が発生した場合は，系統側変電所の遮断器開放後に，逆潮流を逆電力リレー（ネットワークリレーの逆電力リレー機能で代用する場合を含む．）で検出することにより事故回線のプロテクタ遮断器を開放し，<u>健全回線との連系は原則として保持して，分散型電源は解列しないこと</u>．

！Point

　連系については，低圧，高圧，特別高圧ともリレーの種類についての理解が必要であると考えられます．内容はどれもほぼ同じです．

● 試験の直前 ●CHECK!

□ **用語の定義**≫表3.19

□ **事故等の防止**（直流流出防止変圧器・限流リアクトル・自動負荷制限・再閉路時の事故防止）

□ **電話設備の施設**≫電力保安通信用電話設備等

□ **低圧連系**≫遮断器，逆潮流，リレー

□ **高圧連系**≫低圧連系とセットで学習

□ **特別高圧連系**≫中性点接地工事

国家試験問題

問題1

　次の文章は，「電気設備技術基準の解釈」における，分散型電源の系統連系設備に係る用語の定義の一部である．

a．「解列」とは，　（ア）　から切り離すことをいう．

b．「逆潮流」とは，分散型電源設置者の構内から，一般電気事業者が運用する　（ア）　側へ向かう　（イ）　の流れをいう．

c．「単独運転」とは，分散型電源を連系している　（ア）　が事故等によって系統電源と切り離された状態において，当該分散型電源が発電を継続し，線路負荷に　（イ）　を供給している状態をい

う．

d．「　(ウ)　的方式の単独運転検出装置」とは，分散型電源の有効電力出力又は無効電力出力等に平時から変動を与えておき，単独運転移行時に当該変動に起因して生じる周波数等の変化により，単独運転状態を検出する装置をいう．

e．「　(エ)　的方式の単独運転検出装置」とは，単独運転移行時に生じる電圧位相又は周波数等の変化により，単独運転状態を検出する装置をいう．

上記の記述中の空白箇所(ア)，(イ)，(ウ)及び(エ)に当てはまる組合せとして，正しいものを次の(1)～(5)のうちから一つ選べ．

	（ア）	（イ）	（ウ）	（エ）
(1)	母　線	皮相電力	能　動	受　動
(2)	電力系統	無効電力	能　動	受　動
(3)	電力系統	有効電力	能　動	受　動
(4)	電力系統	有効電力	受　動	能　動
(5)	母　線	無効電力	受　動	能　動

《H27-9》

解　説

解釈第220条(分散型電源の系統連系設備に係る用語の定義)の内容そのものです．問題文dとeは，条文の順番が入れ替わっています．用語の意味を正確に記憶しておかないと失敗します．

問題 2

次の文章は，「電気設備技術基準の解釈」に基づく低圧連系時の系統連系用保護装置に関する記述である．

低圧の電力系統に分散型電源を連系する場合は，，次により，異常時に分散型電源を自動的に　(ア)　するための装置を施設すること．

a　次に掲げる異常を保護リレー等により検出し，分散型電源を自動的に　(ア)　すること．

① 分散型電源の異常又は故障

② 連系している電力系統の短絡事故，地絡事故又は高低圧混触事故

③ 分散型電源の　(イ)　又は逆充電

b　一般送配電事業者が運用する電力系統において再閉路が行われる場合は，当該再閉路時に，分散型電源が当該電力系統から　(ア)　されていること．

c　「逆変換装置を用いて連系する場合」において，「逆潮流有りの場合」の保護リレー等は，次によること

表に規定する保護リレー等を受電点その他異常の検出が可能な場所に設置すること．

表

検出する異常	種類	補足事項
発電電圧異常上昇	過電圧リレー	※1
発電電圧異常低下	(ウ) リレー	※1
系統側短絡事故	(ウ) リレー	※2
系統側地絡事故・高低圧 混触事故(間接)	(イ) 検出装置	※3
(イ) 又は逆充電	(イ) 検出装置	
	(エ) 上昇リレー	
	(エ) 低下リレー	

※1：分散型電源自体の保護用に設置するリレーにより検出し，保護できる場合は省略できる．

※2：発電電圧異常低下検出用の (ウ) リレーにより検出し，保護できる場合は省略できる．

※3：受動的方式及び能動的方式のそれぞれ1方式以上を含むものであること．系統側地絡事故・高低圧混触事故(間接)については， (イ) 検出用の受動的方式等により保護すること．

　上記の記述中の空白箇所(ア)，(イ)，(ウ)及び(エ)に当てはまる組合せとして，正しいものを次の(1)〜(5)のうちから一つ選べ．

	(ア)	(イ)	(ウ)	(エ)
(1)	解　列	単独運転	不足電力	周波数
(2)	遮　断	自立運転	不足電圧	電　力
(3)	解　列	単独運転	不足電圧	周波数
(4)	遮　断	単独運転	不足電圧	電　力
(5)	解　列	自立運転	不足電力	電　力

《H29-9》

解　説

解釈第227条(低圧連系時の系統連系用保護装置)からの出題です．

問題3

　次の文章は，「電気設備技術基準の解釈」における分散型電源の高圧連系時の系統連係用保護装置に関する記述の一部である．

　高圧の電力系統に分散型電源を連係する場合は，次のa〜cにより，異常時に分散型電源を自動的に解列するための装置を設置すること．

a　次に掲げる異常を保護リレー等により検出し，分散型電源を自動的に解列すること．

　(a)　分散型電源の異常又は故障

　(b)　連系している電力系統の短絡事故又は地絡事故

　(c)　分散型電源の (ア)

b　一般送配電事業者が運用する電力系統において (イ) が行われる場合は，当該 (イ) 時に，分散型電源が当該電力系統から解列されていること．

c　分散型電源の解列は，次によること．

(a)　次のいずれかで解列すること．

① 受電用遮断器

② 分散型電源の出力端に設置する遮断器又はこれと同等の機能を有する装置

③ 分散型電源の ［(ウ)］ 用遮断器

④ 母線連絡用遮断器

(b)　複数の相に保護リレーを設置する場合は，いずれかの相で異常を検出した場合に解列すること．

上記の記述中の空白箇所(ア)，(イ)及び(ウ)に当てはまる組合せとして，正しいものを次の(1)～(5)のうちから一つ選べ．

	(ア)	(イ)	(ウ)
(1)	単独運転	系統切り替え	連絡
(2)	過出力	再閉路	保護
(3)	単独運転	系統切り替え	保護
(4)	過出力	系統切り替え	連絡
(5)	単独運転	再閉路	連絡

《H30-9》

解 説

解釈第229条(高圧連系時の系統連系用保護装置)から，保護リレーの設置に関する部分をとばしての出題です．

第4章　電気施設管理

4・1 力率

重要知識

● 出題項目 ● CHECK!

- □ 力率とは
- □ 力率改善

4・1・1 力　率

図4.1を見てください．抵抗 R とコイル X_L の直列部分は，例えば電動機のようなものをイメージしています．それが電源 E に接続されている様子です．この場合，全体を流れる電流は，電源に対して位相の遅れが生じます（図4.2）．この回路の場合，電力的には抵抗部分（**有効電力〔W〕**）を P，コイル部分（**無効電力〔var〕**）を Q_L，全体（**皮相電力〔VA〕**）を S とすると，その関係は図4.3のようになります．コイルの存在による遅れ無効電力は**抵抗に対して90°の進み**となり，数学的には，

$$\dot{S}=P+jQ_L \tag{4.1}$$

となります．j は虚数単位（$\sqrt{-1}$）といい，ベクトル（方向と大きさを持った数）を数式で表す場合に利用されます．$\dot{S}$ は S に方向を持たせたベクトルであることを意味します．図4.1のコイル部分がコンデンサ（無効電力 Q_C）であったとすると，その式は，

$$\dot{S}=P-jQ_C \tag{4.2}$$

となります．もし，図4.1のコイル部分がコンデンサであったとするとその無効電力は**抵抗に対して90°の遅れ**となります．つまりコイルとコンデンサでは，そのベクトルが逆向きに作用します．皮相電力の大きさは，三平方の定理から

$$S=\sqrt{P^2+Q_L{}^2}\,(コイルの場合)$$
$$S=\sqrt{P^2+Q_C{}^2}\,(コンデンサの場合) \tag{4.3}$$

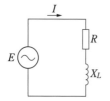

図4.1　コイルを含む交流回路図

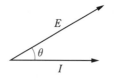

図4.2　電源電圧と電流の位相差

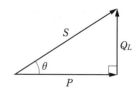

図4.3　電力のベクトル図

さて，電源と電流の位相差（図4.1，4.2の θ，**力率角**という．）ですが，その余弦つまり **$\cos\theta$** のことを**力率**といいます．また，**$\sin\theta$** を**無効率**といいます．

$$P=S\cos\theta \qquad Q=S\sin\theta \tag{4.4}$$

の関係が成り立ちます.

4·1·2 力率の改善

　力率の値が小さいと皮相電力(電源側から見た全体の電力)に対して有効電力(抵抗分で消費される有効な電力)が小さくなってしまいます. 逆にいえば有効電力に対して皮相電力が大きくなり, つまりは効率が悪くなってしまいます. そこで, コイルとは逆相となるコンデンサによって無効電力を打ち消すことで**力率改善**を図ります. 図4.4のようにコンデンサ X_C (進相コンデンサ)を追加することで実現します. コンデンサによる無効電力を Q_c, 力率改善後の皮相電力を S', 力率を $\cos\theta'$ とすると, その関係は図4.5のようになります. 有効電力が変わらないとすると皮相電力が小さく(ベクトルが短く)なっているのが分かります.

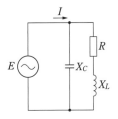

図4.4 力率改善コンデンサ

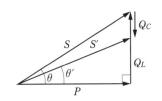

図4.5 力率改善後のベクトル図

　この解説では, 無効電力は悪者扱いのようになってしまっていますが, 必ずしもそうではありません. 送電線の電圧上昇を抑える目的とした**無効電力制御**等に利用されています.

！Point

　コイルの成分による遅れ力率の場合, Q_L を負の方向にとり, 図4.6のように解説されることが多いようです. 国家試験問題も電験三種ではこの考え方が使われています.
　要は, Q_L と Q_C は有効電力(消費電力)に対して直角の方向にとり, それぞれが逆の方向を向くということを押さえておくことです. 計算をする上では, 上下逆さまでもほぼ問題はありません.

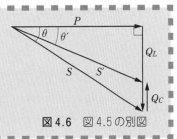

図4.6 図4.5の別図

4·1·3 電圧降下と力率

　電線は, 送電側から受電側までの間で電圧降下があります. 降下した電圧を e, 負荷電流を I, 電線1条の抵抗値とリアクタンスをそれぞれ R, X, 力率角を θ とすると,

$$e \fallingdotseq A(IR\cos\theta + IX\sin\theta) \qquad (4.5)$$

となります．A の部分ですが，単相2線式の場合には2が，三相3線式の場合は $\sqrt{3}$ が入ります．この負荷電流は，前述の力率での考え方と同様，有効電流 I_P と無効電流 I_Q との合成となります（図4.7）．コンデンサの利用等のリアクタンス成分の低減により無効電流の減少ができれば全体としての電流が抑えられることになります．

力率の考え方と同じだよ．

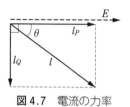

図4.7　電流の力率

 試験の直前 ● CHECK! ━━━━━━━━━━━━━━━━━━━━━━━━

- □ **力率**≫ $\cos\theta$，　　**無効率** $\sin\theta$
- □ **有効電力〔W〕，無効電力〔var〕，　　皮相電力〔VA〕**　　$\dot{S}=P+jQ_L$
- □ **力率角 θ，　　力率 $\cos\theta$，　　無効率 $\sin\theta$**
- □ **力率の改善**≫進相コンデンサ
- □ **電圧降下**　$e \fallingdotseq A(IR\cos\theta + IX\sin\theta)$

国家試験問題

問題 1

　電気事業者から供給を受ける，ある需要家の自家用変電所を送電端とし，高圧三相3線式1回線の専用配電線路で受電している第2工場がある．第2工場の負荷は2 000〔kW〕，受電電圧は6 000〔V〕であるとき，第2工場の力率改善及び受電端電圧の調整を図るため，第2工場に電力用コンデンサを設置する場合，次の(a)及び(b)の問に答えよ．

　ただし，第2工場の負荷の消費電力及び負荷力率（遅れ）は，受電端電圧によらないものとする．

(a)　第2工場の力率改善のために電力用コンデンサを設置したときの受電端のベクトル図として，正しいものを次の(1)〜(5)のうちから一つ選べ．ただし，ベクトル図の文字記号と用語の関係は次のとおりである．

P：有効電力〔kW〕

Q：電力用コンデンサ設置前の無効電力〔kvar〕

Qc：電力用コンデンサの容量〔kvar〕

θ：電力用コンデンサ設置前の力率角〔°〕

θ'：電力用コンデンサ設置後の力率角〔°〕

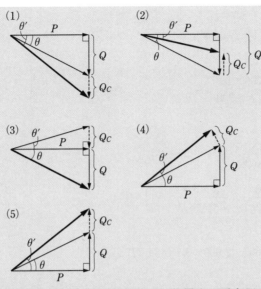

(b) 第2工場の受電端電圧を6 300〔V〕にするために設置する電力用コンデンサ容量〔kvar〕の値として，最も近いものを次の(1)～(5)のうちから一つ選べ.

　ただし，自家用変電所の送電端電圧は6 600〔V〕，専用配電線路の電線1線当たりの抵抗は0.5〔Ω〕及びリアクタンスは1〔Ω〕とする.

　また，電力用コンデンサ設置前の負荷力率は0.6(遅れ)とする.

　なお，配電線の電圧降下式は，簡略式を用いて計算するものとする.

(1) 700　　　(2) 900　　　(3) 1 500　　　(4) 1 800　　　(5) 2 000

《H24-12》

解説

(a) 図4.6の内容と同じです.

(b) (a)の解答図を使って解説します.

電力用コンデンサ設置前の無効電力Qを求めます.

力率$\cos\theta$は0.6ですから

$$\sin\theta = \sqrt{1-\cos^2\theta} = \sqrt{1-0.6^2} = 0.8$$

$$\tan\theta = \frac{\sin\theta}{\cos\theta} = \frac{0.8}{0.6} = \frac{4}{3}$$

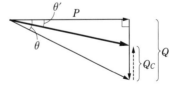

$$\therefore Q = P\tan\theta = 2{,}000 \times \frac{4}{3} \fallingdotseq 2\,667 \text{〔kvar〕}$$

次に電力用コンデンサ接地後の考察です.

問題文中の「電圧降下式は，簡略式・・・」とあるのは，式4.5のことです.

三相3線式，送電端電圧V_S= 6 600〔V〕，受電端電圧V_R= 6 300〔V〕，

電線1線当たりの抵抗R = 0.5〔Ω〕，リアクタンスX = 1〔Ω〕，配電線電流をIとすると，電圧降下式は

$$e \fallingdotseq A(IR\cos\theta' + IX\sin\theta') \quad \text{より}$$

$$300 ≒ \sqrt{3}\left(0.5I\cos\theta' + I\sin\theta'\right)$$

$$300 ≒ \sqrt{3} \times 0.5I\cos\theta'\left(1 + 2\tan\theta'\right)$$

ここで　$P = \sqrt{3}\,V_R I \cos\theta'$　より

$$I\cos\theta' = \frac{P}{\sqrt{3}\,V_R} = \frac{2\,000 \times 10^3}{\sqrt{3} \times 6\,300}\ \text{(A)}$$

となりますから

$$300 ≒ \sqrt{3} \times 0.5 \times \frac{2\,000 \times 10^3}{\sqrt{3} \times 6\,300} \times \left(1 + 2\tan\theta'\right)$$

$$\therefore\ \tan\theta' ≒ \frac{1}{2} \times \left(\frac{300}{\sqrt{3} \times 0.5} \times \frac{\sqrt{3} \times 6\,300}{2\,000 \times 10^3} - 1\right) = 0.445$$

よって

$$Q_C = Q - P\tan\theta' ≒ 2\,667 - 2\,000 \times 0.445 = 1\,777\ \text{(kvar)}$$

問題2

　定格容量が $50\ \text{kV-A}$ の単相変圧器3台を Δ―Δ 結線にし，一つのバンクとして，三相平衡負荷（遅れ力率 0.90）に電力を供給する場合について，次の(a)及び(b)の問に答えよ.

(a)　図1のように消費電力 $90\ \text{kW}$（遅れ力率 0.90）の三相平衡負荷を接続し使用していたところ，3台の単相変圧器のうちの1台が故障した. 負荷はそのままで，残りの2台の単相変圧器を V―V 結線として使用するとき，このバンクはその定格容量より何 (kV-A) 過負荷となっているか. 最も近いものを次の(1)～(5)のうちから一つ選べ.

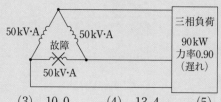

(1)　0　　　(2)　3.4　　　(3)　10.0　　　(4)　13.4　　　(5)　18.4

(b)　上記(a)において，故障した変圧器を同等のものと交換して $50\ \text{kV-A}$ の単相変圧器3台を Δ―Δ 結線で復旧した後，力率改善のために，進相コンデンサを接続し，バンクの定格容量を超えない範囲で最大限まで三相平衡負荷（遅れ力率 0.90）を増加し使用したところ，力率が 0.96（遅れ）となった. このときに接続されている三相平衡負荷の消費電力の値 (kW) として，最も近いものを次の(1)～(5)のうちから一つ選べ.

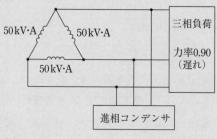

(1)　135　　　(2)　144　　　(3)　150　　　(4)　156　　　(5)　167

《H27-3》

解説

(a) 皮相電力を S〔VA〕，有効電力を P〔W〕，力率を $\cos\theta$ とすると，$P=S\cos\theta$ ですから

$$S=\frac{P}{\cos\theta}=\frac{90}{0.9}=100 \text{〔kVA〕}$$

これが定格容量となります．V–V 結線の場合，変圧器 1 台の容量を P_T(50 kW) とするとそのバンク容量 P_V は

$$P_V=\sqrt{3}\,P_t=\sqrt{3}\times50\fallingdotseq86.6 \text{〔kVA〕}$$

となります．したがって過負荷容量は，

$$100-86.6=13.4 \text{〔kVA〕}$$

(b) Δ–Δ 結線の場合，変圧器 1 台の容量を P_T(50 kW) とするとそのバンク容量 P_Δ は

$$P_\Delta=3P_t=3\times50=150 \text{〔kVA〕}$$

となります．力率改善によりその力率が 0.96 になったわけですから負荷の消費電力 P は

$$P=P_\Delta\cos\theta=150\times0.96=144 \text{〔kW〕}$$

第4章　電気施設管理

4・2 負荷特性 重要知識

● 出題項目 ● CHECK!

□ 需要率
□ 不等率
□ 負荷率

4・2・1 需要率

　需要家は，すべての設備を常に同時に定格容量いっぱいに稼働しているわけではありません．全設備が定格容量で同時稼働する場合での電力供給は必要ないということになります．需要家が消費する電力のピーク(最大需要電力)を設備の定格容量の合計で割ったものを**需要率**として計算します．同じような装置で同じ様製品を作る工場であれば，需要率はほぼ同じ様な数値となりますので，契約電力の計算に利用できます．

$$需要率 = \frac{最大需要電力}{設備の定格容量の合計} \tag{4.6}$$

4・2・2 不等率

　最大需要電力の発生時刻は需要家によって違います．各需要家の負荷の最大需要電力の合計を全体の需要電力の最大値(**最大合成需要電力**)で割ったものを不等率といいます．

$$不等率 = \frac{需要家毎の最大需要電力の和}{最大合成需要電力} \tag{4.7}$$

　図4.6を例にとって計算をしてみます．需要家Aと需要家Bの最大需要電力はそれぞれ100 kW と 200 kW で合成需要電力(需要家Aと需要家Bの合計)の最大値は 250 kW です．この場合は次のようになります．

$$不等率 = \frac{100\ \text{kW} + 200\ \text{kW}}{250\ \text{kW}} = 1.2$$

グラフ(負荷特性)を
正確に読み取って
ね．

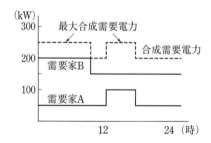

図4.8　需要家ごとの需要電力の時間的推移

4・2・3　負荷率

ある期間(例えば1日とか1年)の平均需要電力を，その期間中の最大需要電力で割ったものを**負荷率**といいます．

$$負荷率＝\frac{ある期間中の平均需要電力}{ある期間中の最大需要電力} \tag{4.8}$$

図4.6の需要家Aを例に解説します．1日を1時間ごとに需要電力を測定したところ12時から18時までの6時間が100〔kW〕となり，残りの時間は50〔kW〕です．この場合平均電力は，

$$平均需要電力＝\frac{100\,\mathrm{kW}×6＋50\,\mathrm{kW}×(24－6)}{24}＝62.5〔kW〕$$

最大需要電力は100〔kW〕ですから負荷率は

$$負荷率＝\frac{62.5\,\mathrm{kW}}{100\,\mathrm{kW}}＝0.625$$

合成需要電力についても同じ手法で計算ができ，これを**総合負荷率**といいます．こちらも図4.6を利用して計算をすすめてみます．0時から9時までの9時間と12時から18時までの6時間の合計15時間が250〔kW〕，残りの6時間が200〔kW〕の合成需要電力です．合成平均需要電力は

$$合成平均需要電力＝\frac{250\,\mathrm{kW}×15＋200\,\mathrm{kW}×9}{24}＝231.25〔kW〕$$

最大合成需要電力は，250〔kW〕ですから，総合負荷率は

$$総合負荷率＝\frac{231.25\,\mathrm{kW}}{250\,\mathrm{kW}}＝0.925$$

■試験の直前●CHECK!

□ **需要率**≫≫需要率＝$\dfrac{最大需要電力}{設備の定格容量の合計}$

□ **不等率**≫≫不等率＝$\dfrac{需要家ごとの最大需要電力の和}{最大合成需要電力}$

□ **負荷率**≫≫負荷率＝$\dfrac{ある期間中の平均需要電力}{ある期間中の最大需要電力}$

第4章　電気施設管理

国家試験問題

問題 1

　ある事業所内におけるA工場及びB工場の，それぞれのある日の負荷曲線は図のようであった．それぞれの工場の設備容量が，A工場では 400 kW，B工場では 700 kW であるとき，次の(a)及び(b)の問に答えよ．

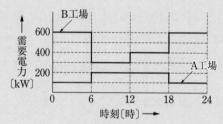

(a)　A工場及びB工場を合わせた需要率の値〔%〕として，最も近いものを次の(1)～(5)のうちから一つ選べ．

　(1)　54.5　　(2)　56.8　　(3)　63.6　　(4)　89.3　　(5)　90.4

(b)　A工場及びB工場を合わせた総合負荷率の値〔%〕として，最も近いものを次の(1)～(5)のうちから一つ選べ．

　(1)　56.8　　(2)　63.6　　(3)　78.1　　(4)　89.3　　(5)　91.6

《H26-12》

解説

(a)　2工場の最大需要電力は0時～6時までと18時～24時までで 600 kW + 100 kW = 700 kW です．また定格容量の合計は 400 kW + 700 kW = 1 100 kW ですから

$$需要率 = \frac{最大需要電力}{設備の定格容量の合計} = \frac{700 〔kW〕}{1100 〔kW〕} ≒ 0.636$$

(b)　A工場の1日の需要電力量は 100〔kW〕× 12〔h〕+ 200〔kW〕× 12〔h〕= 3 600〔kWh〕，

　B工場1日の需要電力量は 600〔kW〕× 12〔h〕+ 300〔kW〕× 6〔h〕+ 400 kW × 6〔h〕= 11 400〔kWh〕ですから

$$平均需要電力 = \frac{3\,600〔kWh〕+ 114,00〔kWh〕}{24〔h〕} = 625〔kW〕$$

よって

$$総合負荷率 = \frac{ある期間中の平均需要電力}{ある期間中の最大需要電力} = \frac{625〔kW〕}{700〔kW〕} ≒ 0.893$$

問題2 ☐ ☐ ✓

　ある変電所において，図のような日負荷特性を有する三つの負荷群A，B及びCに電力を供給している．この変電所に関して，次の(a)及び(b)の問に答えよ．

　ただし，負荷群A，B及びCの最大電力は，それぞれ6500〔kW〕，4000〔kW〕及び2000〔kW〕とし，また，負荷群A，B及びCの力率は時間に関係なく一定で，それぞれ100〔%〕，80〔%〕及び60〔%〕とする．

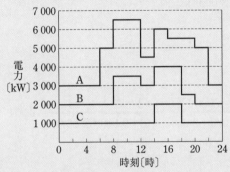

(a)　不等率の値として，最も近いものを次の(1)～(5)のうちから一つ選べ．

　(1)　0.98　(2)　1.00　(3)　1.02　(4)　1.04　(5)　1.06

(b)　最大負荷時における総合力率〔%〕の値として，最も近いものを次の(1)～(5)のうちから一つ選べ．

　(1)　86.9　(2)　87.7　(3)　90.4　(4)　91.1　(5)　94.1

《H23-12》

解 説

(a)　最大需要電力の和は

　　6 500〔kW〕(負荷群 A) + 4 000〔kW〕(負荷群 B) + 2 000〔kW〕(負荷群 C) = 12 500〔kW〕

最大合成需要電力は14時～16時に発生し

　　6 000〔kW〕(負荷群 A) + 4 000〔kW〕(負荷群 B) + 2 000〔kW〕(負荷群 C) = 12 000〔kW〕

よって

$$不等率 = \frac{需要家毎の最大需要電力の和}{最大合成需要電力} = \frac{12\,500\,〔kW〕}{12\,000\,〔kW〕} ≒ 1.04$$

(b)　力率の項目の解説を参照して下さい．力率は$P = S\cos\theta$，$S = \sqrt{P^2 + Q^2}$より

$$\cos\theta = \frac{P}{S} = \frac{P}{\sqrt{P^2 + Q^2}}$$

　ここでPは需要電力の合計，Qは無効電力の合計となります．無効電力Qは

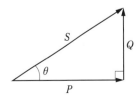

241

$$Q = P \tan \theta = P \times \frac{\sin \theta}{\cos \theta} = P \times \frac{\sqrt{1 - \cos^2 \theta}}{\cos \theta}$$

で計算できます．最大負荷時は最大合成需要電力ですから，その時点での負荷群 A，B，C の無効電力をそれぞれ Q_A，Q_B，Q_C とすると，

$$Q_A = 6\ 000 \times \frac{\sqrt{1 - 1^2}}{1} = 0 \text{ [kvar]}$$

$$Q_B = 4\ 000 \times \frac{\sqrt{1 - 0.8^2}}{0.8} = 3\ 000 \text{ [kvar]}$$

$$Q_C = 2\ 000 \times \frac{\sqrt{1 - 0.6^2}}{0.6} \fallingdotseq 2\ 667 \text{ [kvar]}$$

よって

$$\cos \theta = \frac{P}{S} = \frac{6\ 000 + 4\ 000 + 2\ 000}{\sqrt{(6\ 000 + 4\ 000 + 2\ 000)^2 + (0 + 3\ 000 + 2\ 667)^2}} \fallingdotseq 0.904$$

4·3 水力発電設備

● 出題項目 ● CHECK!

☐ 調整池式水力発電設備
☐ 負荷持続曲線

4·3·1 調整池式水力発電所

電力需要の小さい夜間などに河川の流入による水を調整池に蓄えて，電力需要の大きい時間帯の発電に利用するものを**調整池式水力発電**といいます．水の落下による発電ですからその出力 P〔kW〕は，流量を Q〔m³/s〕，有効落差を H〔m〕，発電効率を η，重力加速度を g〔m/s²〕とすると，

$$P = gQH\eta \text{〔kW〕} \tag{4.9}$$

となります．g は，特に指定がなければ 9.8〔m/s²〕です．

図 4.9 を見てください．時刻 a から b まで発電をするものとします．このときの流量を Q_p〔m³/s〕，河川の平均流量を Q_{AV}〔m³/s〕とすると，調整池で貯めることのできる水量 V〔m³〕は，発電をしていない時間帯ですから

$$V = Q_{AV} \times (24 - T) \times 3\,600 \text{〔m³〕} \tag{4.10}$$

3 600 を掛けているのは，時間を秒に変換するためです．発電時間帯 T での調整池からの流量 Q_V〔m³/s〕は，

$$Q_V = \frac{V}{T \times 3\,600} \text{〔m³/s〕} \tag{4.11}$$

発電時間帯に河川の流水が止まるわけではありませんので，全体の流量 Q〔m³/s〕は

$$Q = Q_{AV} + Q_V \text{〔m³/s〕} \tag{4.12}$$

となります．

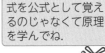
式を公式として覚えるのじゃなくて原理を学んでね．

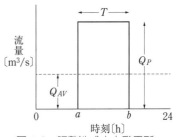

図 4.9 調整池式水力発電所

4·3·2 負荷持続曲線

ある期間内の負荷を時刻とは無関係に大きい方から順番に並べたものを**負荷持続曲線**といいます．ある期間とは，日，週，旬，月，年があり，例えば 1 日を期間とすれば日負荷持続曲線という表現になります．

図 4.10 は，日負荷持続曲線のイメージ図です．図では直線として描かれていますが，現実的には右肩下がりの曲線となります．

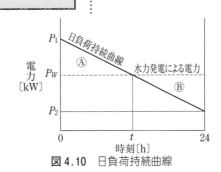

図 4.10 日負荷持続曲線

第4章 電気施設管理

　P_1，P_2 がそれぞれ1日のうちの最大電力および最小電力を表します．また，P_W は場内の水力発電による電力で，この図の場合は一定としています．ある時刻 t における電力は，負荷と水力による電力が同じで P_W になっています．

　ここで，x-y 軸の任意の点 (a, b) を通る直線は，その傾きを m とすると，

$$y - b = m(x - a)$$

ですから，日負荷持続曲線は，横軸を T，縦軸を P とすると

$$P - P_W = \frac{P_2 - P_1}{24}(T - t) \tag{4.13}$$

の関係となります．

　三角形Ⓐの領域では負荷が水力発電による電力を上回っていますから，外部からの受電が必要となります．その電力量はその面積で求められ

$$受電電力量 = \frac{(P_1 - P_W)t}{2} \, 〔kW〕 \tag{4.14}$$

となります．また，三角形Ⓑの領域では負荷が水力発電による電力を下回っていますから，余剰電力を送電することができます．その電力量は同様にその面積で求められ

$$余剰電力量 = \frac{(P_W - P_2)(24 - t)}{2} \, 〔kW〕 \tag{4.15}$$

となります．

　次に，水力発電による自給比率を考えます．1日の消費電力量は日負荷持続曲線の下側の面積で，水力発電による1日の発電電力量は P_W の位置にある点線の下側です．Ⓑの部分は余剰電力として送電していますから，その分を差し引いて

$$自給比率 = \frac{発電電力量 - 余剰電力量}{消費電力量} = \frac{24P_W - \dfrac{(P_W - P_2)(24 - t)}{2}}{\dfrac{24(P_1 + P_2)}{2}} \tag{4.16}$$

となります．

三角形の面積＝
底辺×高さ÷2
台形の面積＝
（上底＋下底）×高さ
÷2
覚えてるかな．

!Point

ここでの内容は太陽光発電にも応用できます．水力発電の場合は水流があれば一日中発電をしますが，太陽光発電の場合には夜間の発電が0となってしまう点が違います．
発電電力が消費電力を上回っている場合，つまり余剰電力がある場合は送電が可能で，消費電力が発電電力を上回っている場合は，受電が必要となるという考え方はまったく同じです．

● 試験の直前 ● CHECK! ━━━━━━━━━━━━━━━━━━━━━━

□ **調整池式水力発電所の出力**　　$P = gQH\eta$ 〔kW〕

□ **貯水量**　　$V = Q_{AV} \times (24 - T) \times 3\,600$ 〔m³〕

□ **調整池からの流量**

$$Q_V = \frac{V}{T \times 3\,600} \text{〔m}^3\text{/s〕}$$

□ **受電電力量**

$$受電電力量 = \frac{(P_1 - P_W)t}{2} \text{〔kW〕}$$

□ **余剰電力量**

$$送電電力量 = \frac{(P_W - P_2)(24 - t)}{2} \text{〔kW〕}$$

□ **自給比率**

$$自給比率 = \frac{発電電力量 - 余剰電力量}{消費電力量}$$

国家試験問題

問題 1

発電所の最大出力が 40 000〔kW〕で最大使用水量が 20〔m³/s〕，有効容量 360 000〔m³〕の調整池を有する水力発電所がある．河川流量が 10〔m³/s〕一定である時期に，河川の全流量を発電に利用して図のような発電を毎日行った．毎朝満水になる 8 時から発電を開始し，調整池の有効容量の水を使い切る x 時まで発電を行い，その後は発電を停止して翌日に備えて貯水のみをする運転パターンである．次の(a)及び(b)の問に答えよ．

ただし，発電所出力〔kW〕は使用水量〔m³/s〕のみに比例するものとし，その他の要素にはよらないものとする．

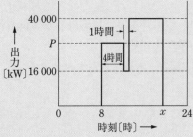

(a)　運転を終了する時刻 x として，最も近いものを次の(1)〜(5)のうちから一つ選べ．

　(1)　19 時　　(2)　20 時　　(3)　21 時　　(4)　22 時　　(5)　23 時

(b)　図に示す出力 P〔kW〕の値として，最も近いものを次の(1)〜(5)のうちから一つ選べ．

　(1)　20 000　　(2)　22 000　　(3)　24 000　　(4)　26 000　　(5)　28 000

《H24-13》

解説

(a)　河川流量は $10\,[\mathrm{m^3/s}]$，貯水量は時刻 x で0になって翌朝の8時に満水の $360\,000\,[\mathrm{m^3}]$ になるので

$$10\times\{(24-x)+8\}\times3\,600=360\,000$$

$$\therefore\; x=22\,[時]$$

(b)　最大出力が $40\,000\,[\mathrm{kW}]$，最大使用水量が $20\,[\mathrm{m^3/s}]$ ですから，水量1 $[\mathrm{m^3/s}]$ あたりの出力は $2\,000\,[\mathrm{kW}]$ と考えられます．河川からの流れ込み10 $[\mathrm{m^3/s}]$ がありますので，8時から12時までの4時間の調整池の利用水量は，

$$\left(\frac{P}{2\,000}-10\right)\times4\times3\,600=7.2P-144\,000\,[\mathrm{m^3}]$$

$16\,000\,[\mathrm{kW}]$ に対しては，$8\,[\mathrm{m^3/s}]$ の水量が必要です．よって12時から13時までの調整池の利用水量は，

$$(8-10)\times1\times3\,600=-7\,200\,[\mathrm{m^3}]$$

数値が負の数になるのは，調整池の水量が増えることを意味します．13時から22時までの9時間は最大出力ですから

$$(20-10)\times9\times3\,600=32\,4000\,[\mathrm{m^3}]$$

これらの合計が調整池の有効容量となりますから

$$(7.2P-144\,000)+(-7\,200)+324\,000=360\,000$$

$$\therefore\; P=26\,000\,[\mathrm{kW}]$$

問題2

　自家用水力発電所をもつ工場があり，電力系統と常時系統連系している．

　ここでは，自家用水力発電所の発電電力は工場内において消費させ，同電力が工場の消費電力よりも大きくなり余剰が発生した場合，その余剰分は電力系統に逆潮流（送電）させる運用をしている．

　この工場のある日（0時〜24時）の消費電力と自家用水力発電所の発電電力はそれぞれ図1及び図2のように推移した．次の(a)及び(b)の問に答えよ．

　なお，自家用水力発電所の所内電力は無視できるものとする．

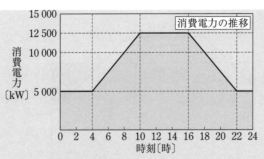

0 時～4 時　5 000 kW 一定
4 時～10 時　5 000 kW から 12 500 kW まで直線的に増加
10 時～16 時　12 500 kW 一定
16 時～22 時　12 500 kW から 5 000 kW まで直線的に減少
22 時～24 時　5 000 kW 一定

図 1

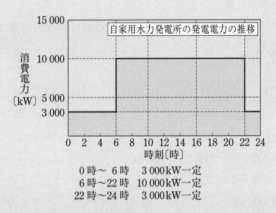

0 時～ 6 時　　3 000 kW 一定
6 時～22 時　10 000 kW 一定
22 時～24 時　　3 000 kW 一定

図 2

(a)　この日の電力系統への送電電力量の値〔MW·h〕と電力系統からの受電電力量の値〔MW·h〕の組合せとして，最も近いものを次の(1)～(5)のうちから一つ選べ．

	送電電力量〔MW·h〕	受電電力量〔MW·h〕
(1)	12.5	26.0
(2)	12.5	38.5
(3)	26.0	38.5
(4)	38.5	26.0
(5)	26.0	12.5

(b)　この日，自家用水力発電所で発電した電力量のうち，工場内で消費された電力量の比率〔%〕として，最も近いものを次の(1)～(5)のうちから一つ選べ．

(1)　18.3　　　(2)　32.5　　　(3)　81.7　　　(4)　87.6　　　(5)　93.2

《H29-13》

解説

(a)　図 1 と図 2 を重ねてみます．

第 4 章　電気施設管理

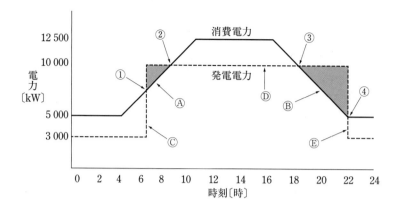

　Ⓐ と Ⓑ の黒い三角の部分が送電電力量になります．図の①②③④の時間と電力が分かれば，ⒶⒷ の電力量が計算できます．

　まず，消費電力のグラフですが，4時から10時までの時間は直線的に増加していますからその部分の式は，

$$P-5\,000=\frac{12\,500-5\,000}{10-4}(t-4)$$

$$P=1\,250\,t$$

①の電力の値は，$t=6$〔時〕のときですから　$P=1\,250\times6=7\,500$〔kw〕

②の時間の値は，$P=10\,000$〔kW〕のときですから

　$10\,000=1\,250t$ ⇔ $t=8$〔時〕

　まとめると，①(6時：7 500 kW)，②(8時：10 000 kW)です．三角形Ⓐの面積は

$$\frac{(10\,000-7\,500)\times(8-6)}{2}=2\,500\,\text{〔kwh〕}$$

同様に，16時から22時までの時間は直線的に減少しています．

$$P-5\,000=\frac{5\,000-12\,500}{22-16}(t-22)$$

$$P=-1\,250t+32\,500$$

③の時間の値は，$P=10\,000$〔kW〕のときですから

　$10\,000=-1\,250t+32\,500$ ⇔ $t=18$〔時〕

④の値は，グラフから直読できます．まとめると，③(18時：10 000 kW)，④(22時：5 000 kW)です．

　以上よりⒷの値は

$$\frac{(10\,000-5\,000)\times(22-18)}{2}=10\,000\,\text{〔kwh〕}$$

よって送電電力量は

$2\,500+10\,000=12\,500\,[\text{kWh}]=12.5\,[\text{MWh}]$

　次に受電電力量は，消費電力から水力発電によるものを差し引いたものになりますから，ⒸⒹⒺの点線と実線で囲まれた部分の面積を求めればよいことになります．

　0時から4時までは長方形の面積ですから

$$(5\,000-3\,000)\times(4-0)=8\,000\,[\text{kWh}]$$

　4時から6時までは台形の面積ですから

$$\frac{\{(5\,000-3\,000)+(7\,500-3\,000)\}\times(6-4)}{2}=6\,500\,[\text{kW}]$$

　8時から18時までは台形の面積ですから

$$\frac{\{(16-10)+(18-8)\}\times(12\,500-10\,000)}{2}=20\,000\,[\text{kW}]$$

　22時から24時までは長方形の面積ですから

$$(5\,000-3\,000)\times(24-22)=4\,000\,[\text{kWh}]$$

　よって受電電力量は

$$8\,000+6\,500+20\,000+4\,000=38\,500\,[\text{kWh}]=38.5\,[\text{MWh}]$$

(b)　図2より水力発電による電力量を求めます．

　0時から6時　　$3\,000\times(6-0)=18\,000\,[\text{kWh}]$

　6時から22時　　$10\,000\times(22-6)=160\,000\,[\text{kWh}]$

　22時から24時　　$3\,000\times(24-22)=6\,000\,[\text{kWh}]$

　よって，その合計は，$18\,000+160\,000+6\,000=184\,000\,[\text{kWh}]=184\,[\text{MWh}]$

　このうち12.5 MWhを送電していますから，その比率は

$$\frac{\text{水力発電電力量}-\text{送電電力量}}{\text{送電電力量}}=\frac{184-12.5}{184}≒0.932$$

第4章　電気施設管理

249

4・4 変圧器　　重要知識

● 出題項目 ● CHECK!

- □ 損失
- □ 全日効率
- □ 短絡電流
- □ 絶縁油

4・4・1 損 失

国家試験で問われる変圧器の損失は，主に鉄心による**鉄損**と巻線による**銅損**です．どちらも電力の損失です．鉄損には**ヒステリシス損**と**渦電流損**があります．

電流によって磁界が発生し鉄心が磁化されます．この磁界が大きさや向きを変えるときに損失が生じ，これをヒステリシス損といいます．鉄心の磁束の増加と減少は同一の経過をたどりません（図4.11）．その曲線（ヒステリシス曲線）内の面積がヒステリシス損になります．比例定数を k_h，周波数を f，磁束密度を B_m とするとヒステリシス損 P_h は

$$P_h = k_h f B_m^{1.6} \tag{4.17}$$

で計算され，これをスタインメッツの実験式といいます．

渦電流損は，電磁誘導作用によって鉄心内に生じる電流（渦電流）によって生じるジュール熱による損失です．比例定数を k_e，鉄心の厚さを t，周波数を f，磁束密度を B_m，磁性体の抵抗率を ρ とすると渦電流損を P_e は

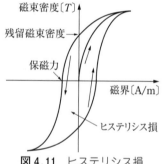

図4.11 ヒステリシス損

$$P_e = k_e \frac{(t f B_m)^2}{\rho} \tag{4.18}$$

で計算されます．まとめると鉄損 P_i は

$$P_{i_h} + P_e \tag{4.19}$$

となります．**鉄損は，負荷の大きさに関係なく一定です．**

銅損は，1次および2次巻線の抵抗による損失です．1次巻線抵抗を r_1，2次負け帰線抵抗を r_2，巻数比を n，1次側負荷電流を I_1，2次側負荷電流を I_2 とすると，銅損 P_C は

$$P_c = (r_1 + n^2 r_2) I_1^2 \quad または \quad \left(\frac{r_1}{n^2} + r_2\right) I_2^2 \tag{4.20}$$

となり，**負荷電流（皮相電流）の2乗に比例します．**また負荷率を α とした場合の銅損 $P_{c\alpha}$ は

$$P_{c\alpha} = \alpha^2 P_c \tag{4.21}$$

となります．

鉄損は変圧器の鉄心で，銅損は巻線で発生するんだね

　負荷電流からの漏れ磁束が変圧器の外箱などに渦電流を生じる**漂遊負荷損**があり，負荷電流の 2 乗に比例します．銅損と漂遊負荷損との合計が**負荷損**です．

4・4・2　全日効率

　負荷電流は 1 日を通して変化します．変圧器の定格容量を P，力率を $\cos\theta$，鉄損を P_i，銅損を P_C，変圧器の利用率を α とすると，ある瞬間の変圧器の効率 η_t は，

$$\eta_t = \frac{\text{変圧器出力}}{\text{変圧器出力}+\text{損失}} = \frac{\alpha P \cos\theta}{\alpha P \cos\theta + P_i + \alpha^2 P_c} \tag{4.22}$$

$$\alpha = \frac{\text{負荷の皮相電力}}{\text{変圧器の定格容量}} \tag{4.23}$$

となります．ここで，変圧器の効率が最高となるのは鉄損と銅損が等しくなる場合で，式にすると次のとおりです．

$$P_i = \alpha^2 P_c \tag{4.24}$$

　これを 1 日を通して考えたものを**全日効率**と言います．変圧器の 1 日の出力電力量を W_t，1 日の鉄損電力量を W_i，1 日の銅損電力量を W_c とすると全日効率 η は

$$\eta = \frac{\text{1日の変圧器出力電力量}}{\text{1日の変圧器出力電力量}+\text{1日の損失電力量}} = \frac{W_t}{W_t + W_i + W_c} \tag{4.25}$$

となります．

4・4・3　短絡電流

　定格電流による電圧降下と定格相電圧の割合を百分率インピーダンス（%Z）といい，次式で定義されます．

単相の場合　　　　　$\%Z = \dfrac{ZI_n}{V_n} \times 100$ $\tag{4.26}$

三相の場合　　　　　$\%Z = \dfrac{ZI_n}{\dfrac{V_n}{\sqrt{3}}} \times 100$ $\tag{4.27}$

　　　　（定格電圧：V_n，定格電流：I_n，巻線のインピーダンス：Z）

　また，定格容量を P とすると式(4.26)，式(4.27)の両式とも

$$\%Z = \frac{PZ}{V_n^2} \times 100 \tag{4.28}$$

となります．また，巻線抵抗による電圧降下と定格電圧の割合を r（百分率抵抗降下，%r），定格電流がによる漏れリアクタンスによる電圧降下と定格電

容量の違った設備がつながっているときには %Z の換算が必要だよ．方法は国家試験問題に解説してあるよ

圧の割合を x（百分率リアクタンス降下，$\%\,x$）とすると，

$$\%Z=\sqrt{r^2+x^2} \tag{4.29}$$

となります．

　ここで負荷側に短絡が起きた場合の電流を短絡電流といい，その値 I_s は，

$$I_s=\frac{I_n}{\%Z}\times100 \tag{4.30}$$

で計算されます．

4・4・4　絶縁油の劣化

　絶縁油は，変圧器やコンデンサなどに封入されており，周囲の導体との**絶縁**や**冷却**に利用されています．絶縁油は，主に**鉱油**が利用されており，消防法上では第4類の可燃性液体に分類されていますが，引火点は130℃程度，発火点は320℃程度と軽油等の燃料よりも安全性は高いと言えます．

　変圧器を運転すると温度が変化し，膨張・収縮を繰り返すことで**呼吸作用**が発生します．絶縁油は，**コンサベータ**という装置等によって外気と遮断されていますが，パッキンの劣化やシールの不良，コンサベータにあるブリーザ(吸湿呼吸器)の不具合があると，呼吸作用によって空気に触れ水分が蓄積されることがあります．この状態と変圧器の温度上昇により絶縁油の酸化は進行し，**スラッジ**(泥状物質)が発生し冷却効果が妨げられます．また，絶縁油内の劣化生成物により吸水性が増加し**絶縁抵抗**が低下します．

　絶縁油の性能を測定する試験としては，絶縁破壊電圧を測定する**絶縁破壊電圧試験**，酸性成分の中和に必要な水酸化カリウムの量を測定する**全酸化試験**，含有水分の量を測定する**水分試験**，溶解した分解ガスを分析する**油中ガス分析試験**があります．

　参考までに，変圧器には絶縁油の代わりに SF_6(六フッ化硫黄)ガスを利用したものがあります．このガスは温室効果ガスとされており，空気中への放散に対しては注意が必要です．

●試験の直前 ● CHECK! ────

- ☐ **鉄損**≫ヒステリシス損，渦電流損
- ☐ **銅損**≫
- ☐ **変圧器の利用率**≫

$$\alpha = \frac{負荷の皮相電力}{変圧器の定格容量}$$

- ☐ **変圧器の効率**≫

$$\eta_t = \frac{\alpha P \cos \theta}{\alpha P \cos \theta + P_i + \alpha^2 P_c}$$

- ☐ **全日効率**≫

$$\eta = \frac{W_t}{W_t + W_i + W_c}$$

- ☐ **百分率インピーダンス**（% Z）≫

単相の場合　　$\%Z = \dfrac{ZI_n}{V_n} \times 100$

三相の場合　　$\%Z = \dfrac{ZI_n}{\dfrac{V_n}{\sqrt{3}}} \times 100$

$$\%Z = \frac{PZ}{V_n^{\,2}} \times 100$$

$$\%Z = \sqrt{r^2 + x^2}$$

- ☐ **短絡電流**≫

$$I_s = \frac{I_n}{\%Z} \times 100$$

- ☐ **絶縁油**≫

冷却効果の低減，絶縁抵抗の低下

絶縁破壊電圧試験，全酸化試験，水分試験，油中ガス分析試験

第4章　電気施設管理

問題 1

　ある需要家設備において定格容量 30〔kV・A〕，鉄損 90〔W〕及び全負荷銅損 560〔W〕の単相変圧器が設置してある．ある 1 日の負荷は，

24〔kW〕，力率 80〔%〕で 4 時間

15〔kW〕，力率 90〔%〕で 8 時間

10〔kW〕，力率 100〔%〕で 6 時間

無負荷で 6 時間

であった．この日の変圧器に関して，次の(a)及び(b)の問に答えよ．

(a)　この変圧器の全日効率〔%〕の値として，最も近いものを次の(1)～(5)のうちから一つ選べ．

　(1)　97.4　　　(2)　97.6　　　(3)　97.8　　　(4)　98.0　　　(5)　98.2

(b)　この変圧器の日負荷率〔%〕の値として，最も近いものを次の(1)～(5)のうちから一つ選べ．

　(1)　38　　　(2)　48　　　(3)　61　　　(4)　69　　　(5)　77

《H23-11》

解説

(a)　変圧器の出力電力量 W_t は負荷の電力量となりますから

$$W_t = 24 \times 4 + 15 \times 8 + 10 \times 6 = 276 \text{〔kWh〕}$$

鉄損は 1 日を通して一定ですからその電力量 W_i は

$$W_i = 90 \times 24 = 2\ 160 \text{〔Wh〕} = 2.16 \text{〔kWh〕}$$

変圧器の利用率を α は負荷の皮相電力を変圧器の定格容量で割ったもので，銅損の電力量 W_c は $\alpha^2 P_c$（P_c は銅損）に時間をかけたものですから

$$W_c = \left(\frac{\frac{24}{0.8}}{30}\right)^2 \times 550 \times 4 + \left(\frac{\frac{15}{0.9}}{30}\right)^2 \times 550 \times 8 + \left(\frac{\frac{10}{1}}{30}\right)^2 \times 550 \times 6$$

$$\fallingdotseq 2\ 200 + 1\ 358 + 367 \fallingdotseq 3\ 925 \text{〔Wh〕} = 3\ 925 \text{〔kWh〕}$$

以上より変圧器の全日効率 η は

$$\eta = \frac{W_t}{W_t + W_i + W_c} = \frac{276}{276 + 2.16 + 3.925} \fallingdotseq 0.978$$

(b)　負荷率の式は

$$負荷率 = \frac{ある期間中の平均需要電力}{ある期間中の最大需要電力}$$

です．1 日（24 時間）についての計算を日負荷率といいます．1 日の平均需要電力は W_i を 24 時間で割ったもので，最大需要電力は 24 kW ですから

$$日負荷率 = \frac{\frac{276}{24}}{24} \fallingdotseq 0.479$$

問題2

　図に示す自家用電気設備で変圧器二次側(210 V 側)F点において三相短絡事故が発生した．次の(a)及び(b)の問に答えよ．

　ただし，高圧配電線路の送り出し電圧は 6.6 kV とし，変圧器の仕様及び高圧配電線路のインピーダンスは表のとおりとする．なお，変圧器二次側からF点までのインピーダンス，その他記載の無いインピーダンスは無視するものとする．

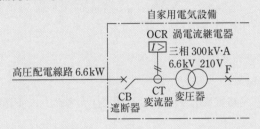

表

変圧器定格容量／相数	300 kV・A ／三相
変圧器定格電圧	一次 6.6 kV ／二次 210 V
変圧器百分率抵抗降下	2 %(基準容量 300 kV・A)
変圧器百分率リアクタンス降下	4 %(基準容量 300 kV・A)
高圧配電線路百分率抵抗降下	20 %(基準容量 10 MV・A)
高圧配電線路百分率リアクタンス降下	40 %(基準容量 10 MV・A)

(a)　F点における三相短絡電流の値〔kA〕として，最も近いものを次の(1)〜(5)のうちから一つ選べ．

　(1)　1.2　　　(2)　1.7　　　(3)　5.2　　　(4)　11.7　　　(5)　14.2

(b)　変圧器一次側(6.6 kV 側)に変流器 CT が接続されており，CT 二次電流が過電流継電器 OCR に入力されているとする．三相短絡事故発生時の OCR 入力電流の値〔A〕として，最も近いものを次の(1)〜(5)のうちから一つ選べ．

　　ただし，CT の変流比は 75A/5A とする．

　(1)　12　　　(2)　18　　　(3)　26　　　(4)　30　　　(5)　42

《H29-12》

解説

下図は，題意の等価図です．

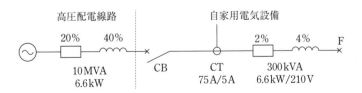

(a)　高圧配電線路と自家用電気設備の容量が違うため，このままでは計算ができません．そこで自家用電気設備の変圧器を基準とし，高圧配電線路の値

第4章　電気施設管理

をこれに換算します．計算方法は次のとおりです．

$$百分率抵抗降下 = \frac{300}{10 \times 10^3} \times 20 = 0.6 〔\%〕$$

$$百分率リアクタンス降下 = \frac{300}{10 \times 10^3} \times 40 = 1.2 〔\%〕$$

この値を使って上図をまとめると次の図のようになります．

従って百分率インピーダンス（% Z）は，

$$\%Z = \sqrt{2.6^2 + 5.2^2} \fallingdotseq 5.8 〔\%〕$$

定格容量 P_n，定格電圧 V_n，定格電流 I_n の関係は三相ですから $P_n = \sqrt{3} V_n I_n$ です．したがって

$$I_n = \frac{P_n}{\sqrt{3} V_n} = \frac{300}{\sqrt{3} \times 6.6} \fallingdotseq 26.2 〔\mathrm{A}〕$$

以上より短絡電流 I_s は

$$I_s = \frac{I_n}{\%Z} \times 100 = \frac{26.2}{5.8} \times 100 \fallingdotseq 451.7 〔\mathrm{A}〕$$

F 点の電流 I_F は変圧器の 2 次側で，電流は変圧比と逆の比率になりますから

$$I_F = \frac{6.6 \times 10^3}{210} \times 457.1 = 14\,366 \frac{26.2}{5.8} \times 100 \fallingdotseq 14\,196.2 〔\mathrm{A}〕 \fallingdotseq 14.2 〔\mathrm{kA}〕$$

（b）　CT の変流比は 75A/5A ですから短絡電流 I_s の値より OCR の入力電流 I_{OCR} は

$$I_{OCR} = \frac{5}{75} \times 451.7 \fallingdotseq 30.1 〔\mathrm{A}〕$$

問題3

　次の文章は，油入変圧器における絶縁油の劣化についての記述である．

a．自家用需要家が絶縁油の保守，点検のために行う試験には，| (ア) |試験及び酸価度試験が一般に実施されている．

b．絶縁油，特に変圧器油は，使用中に次第に劣化して酸価が上がり，| (イ) |や耐圧が下がるなどの諸性能が低下し，ついには泥状のスラッジができるようになる．

c．変圧器油劣化の主原因は，油と接触する| (ウ) |が油中に溶け込み，その中の酸素による酸化であって，この酸化反応は変圧器の運転による| (エ) |の上昇によって特に促進される．そのほか，金属，絶縁ワニス，光線なども酸化を促進し，劣化生成物のうちにも反応を促進するものが数多くある．

　上記の記述中の空白箇所(ア)，(イ)，(ウ)及び(エ)に当てはまる組合せとして，正しいものを次の(1)～(5)のうちから一つ選べ．

	(ア)	(イ)	(ウ)	(エ)
(1)	絶縁耐力	抵抗率	空気	温度
(2)	濃度	熱伝導率	絶縁物	温度
(3)	絶縁耐力	熱伝導率	空気	湿度
(4)	絶縁抵抗	濃度	絶縁物	温度
(5)	濃度	抵抗率	空気	湿度

《H26-8》

解説

本文の絶縁油の項目を参考にして下さい．

第4章　電気施設管理

4·5 高圧受電設備

● 出題項目 ● CHECK!

□ キュービクル
□ 高調波

4·5·1 キュービクル

キュービクルとは，商業施設や工場等，電力需要が大きく高圧受電の必要がある施設に備えられている物置の様な金属性の箱のことで内部に受電に必要な装置が入っているものです．屋上や駐車場の隅などに設置されているのをよく見かけます．この装置には主遮断装置の形式により **CB形**(図4.12)と **PF・S型**(図4.13)の2種類があります．

300 kVA以下の小規模のものにはPF・S形が，それ以上で4 000 kVA以下のものにはCB形が利用されています．高圧母線の先には遮断器や低圧を取り出すための変圧器が接続されます．図4.10は過去に国家試験で出題されたものの解答図です．

国家試験ではCB形がよく出題されているよ.

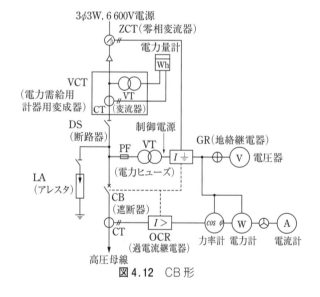

図 4.12 CB形

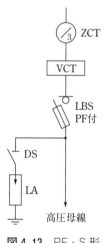

図 4.13 PF・S形

図中の各機器について表4.1にまとめておきます．ここでVTやCTなど電圧や電流の測定に必要な信号を扱う変圧器のことを，計器用変成器といいます．

表 4.1 キュービクル

種類	内容
ZCT 零相変流器	三相交流の三相分の電流の合計は 0 A となります．地絡が発生すると 0 でなくなります．この電流の計測をするため変流器です．
VT 計器用変圧器	高圧回路の交流電圧を測定するための変圧器で，通常 2 次側(計器側)の定格電圧は 110 V です．2 次側を短絡してはいけません．短絡すると大電流が流れ焼損，絶縁破壊の恐れがありますので，作業の場合はその上位側を開放するが必要があります．また，0 V による作業ですから，作業中は不足電圧継電器の接続ができません．
CT 計器用変流器	高圧回路の交流電流を測定するための変圧器で，通常 2 次側(計器側)の定格電流は 5 A です．2 次側を開放してはいけません．開放すると高電圧が発生し焼損，絶縁破壊の恐れがありますので，作業の場合はその上位側を短絡する必要があります．
VCT 電力需給用計器用変成器	VT と CT をひとつの箱に収めたもので，電力量計と組み合わされます．
DS 断路器	無負荷時の状態で電路を開閉する機器です．点検や事故発生時の修理の場合などに利用します．
PF 高圧限流ヒューズ	電力ヒューズともいいます．所定以上の電流が所定以上の時間流れた場合に内部のエレメントがジュール熱により溶断して電路を開放するものです．限流とは，この時に発生するアークによる抵抗により短絡電流が抑えられることを言います．
GR 地絡継電器	電路と大地との接触事故による地絡電流を ZCT で検出し電路を開放する機器です．さらに ZPD(零相電圧検出装置)との併用によるもので GDR(地絡方向継電器)という機器があります．
LA 避雷器	雷などによる異常電圧から装置等を保護する機器です．国際規格(IEC)では SPD という略称が使われています．
OCR 過電流継電器	過負荷や短絡などによる異常電流から装置等を切り離し保護する機器です．
CB 高圧交流遮断器	負荷などの異常により電流が過大となった場合に電路から切り離し上位側への事故波及を防止する機器です．CB 形キュービクルでは，高真空にした容器に収められた VCB(真空遮断器)が利用されています．VCB は消アーク能力に優れます．
LBS 高圧交流負荷開閉器	負荷を電路から切り離す機器です．過電流から自動的に保護することはできませんので，PF と組み合わせて利用します．

キュービクルの機能により地絡などの事故から装置や電源を守っています．各継電器(リレー)の感度や遮断器の動作時間の調整が重要となります．事故のあった部分のみが適切に切り離されるようにして，他の需要家や電源側への波及事故を防ぐために電力会社と協議する必要があります．こうした考え方を**保護協調**といいます．

また，構内のケーブルが長い場合，対地静電容量が大きくなり，他の近隣の需要家の事故の影響で電気が遮断される事があります．そうした波及事故が起きないように地絡継電器(GR)を地絡方向継電器(GDR)にするなどの対策が必要となる場合があります．

地絡事故を想定した計算問題が国家試験のところにあるよ．

4・5・2　高調波

図4.14の実線は$y = \sin\theta$　を，点線は$y = \sin\theta + \dfrac{1}{3}\sin 3\theta$　を表しています．

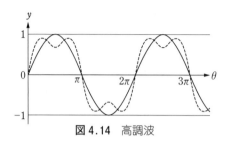

図4.14　高調波

　実線が基本波の波形，点線が第3次高調波の乗った波形というわけです．高調波のある電源によって様々な問題が起こってくることは，その波形から容易に想像ができます．実例としては，進相コンデンサの異常発熱やPFの溶断などです．

　周期的なパターンを持った歪波形には高調波が含まれていると考えられます．その原因としては，インバータ回路や変圧器の鉄心の磁気飽和現象による波形の歪などがあります．

　高調波を取り除く方法としては，コンデンサとリアクトルの組み合わせによって高調波の吸収を図る**パッシブフィルタ(受動フィルタ)**，高調波の逆位相の波形で打ち消す**アクティブフィルタ(能動フィルタ)**，進相コンデンサに組み合わせる**直列リアクトル**などがあります．第3次，第5次，第7次高調波を重点的に，最大40次まで対策します．三相交流の場合，変圧器の2次側(低圧側)の第3次高調波は1次側(高圧側)に現れにくいといわれています．

　ここで，直列リアクトルの効果について考えてみます．第n次高調波におけるリアクトルのインピーダンスZ_Lはリアクトルの容量をL〔H〕とすると各周波数をωとすると

$$Z_L = n\omega L \ \text{〔}\Omega\text{〕} \tag{4.31}$$

となります．つまり高調波の次数が高くなるほどインピーダンスは大きくなるため電流が流れにくくなり，高調波の電源側への流入を防いだり，進相コンデンサへの悪影響を阻止する効果があります．因みにコンデンサのインピーダンスZ_Cは静電容量をC〔F〕とすると

$$Z_C = \dfrac{1}{n\omega C} \ \text{〔}\Omega\text{〕} \tag{4.32}$$

となりますから，高調波の次数が高くなるほどインピーダンスは地位きくな小さくなるため電流が流れやすくなります．直列リアクトルを設置した場合，負荷側で発生した高調波の電源側への流出比率は常に100％未満となります．

　また進相コンデンサの定格容量が大きいほどその比率は小さくなります．直列リアクトルを設置しないと，負荷側で発生した高調波よりも電源系統へ流出

直列リアクトルは高調波対策の特効薬

する高調波の方が大きくなる現象があります．この傾向は，進相コンデンサの
定格容量が大きいほどその比率は大きくなります．

　高調波による電圧波形の歪を表す指標を総合電圧歪率と言います．基本波の
電圧を V_1，第 n 次高調波の電圧を $V_n(n = 2,3,4・・・)$ とすると次式で表さ
れます．

$$総合電圧歪率 = \frac{\sqrt{V_2{}^2 + V_3{}^2 + V_4{}^2 + V_5{}^2\cdots}}{V_1} \tag{4.33}$$

● 試験の直前 ● CHECK!

- □ **キュービクル**≫CB 形，PF・S 形
- □ **各機器の役割**≫表4.1
- □ **保護協調**
- □ **高調波の原因と対策**≫直列リアクトルなど

国家試験問題

問題 1

　図は，高圧受電設備(受電電力 500 [kW])の単線結線図の一部である．

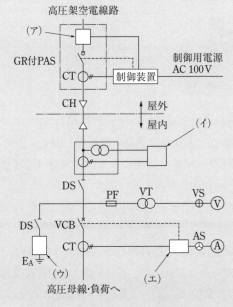

　図の矢印で示す(ア)，(イ)，(ウ)及び(エ)に設置する機器及び計器の名称(略号を含む)の組合せ
として，正しいものを次の(1)〜(5)のうちから一つ選べ．

	(ア)	(イ)	(ウ)	(エ)
(1)	ZCT	電力量計	避雷器	過電流継電器
(2)	VCT	電力量計	避雷器	過負荷継電器
(3)	ZCT	電力量計	進相コンデンサ	過電流継電器
(4)	VCT	電力計	避雷器	過負荷継電器
(5)	ZCT	電力計	進相コンデンサ	過負荷継電器

《H25-10》

解説

　CB 形の問題です. 問題図に解答となる要素を書き込んだものを下図に示します.

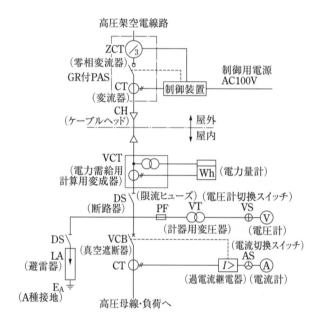

　ここで本文には無かった記号の説明を追加しておきます.

PAS・・・気中負荷開閉器. GR とともに地絡事故の保護をします.

CH・・・ケーブルヘッド. 高圧ケーブルを接続するために末端の処理をした部分です.

問題 2

　キュービクル式高圧受電設備には主遮断装置の形式によって CB 形と PF・S 形がある. CB 形は主遮断装置として ［(ア)］ が使用されているが, PF・S 形は変圧器設備容量の小さなキュービクルの設備簡素化の目的から, 主遮断装置は ［(イ)］ と ［(ウ)］ の組み合わせによっている.

　高圧母線等の高圧側の短絡事故に対する保護は, CB 形では ［(ア)］ と ［(エ)］ で行うのに対し, PF・S 形は ［(イ)］ で行う仕組みとなっている.

　上記の記述中の空白箇所(ア), (イ), (ウ)及び(エ)に当てはまる組合せとして, 正しいものを次

（p.261 の解答）　**問題1** ▶(1)

の(1)～(5)のうちから一つ選べ.

	(ア)	(イ)	(ウ)	(エ)
(1)	高圧限流ヒューズ	高圧交流遮断器	高圧交流負荷開閉器	過電流継電器
(2)	高圧交流負荷開閉器	高圧限流ヒューズ	高圧交流遮断器	過電圧継電器
(3)	高圧交流遮断器	高圧交流負荷開閉器	高圧限流ヒューズ	不足電圧継電器
(4)	高圧交流負荷開閉器	高圧交流遮断器	高圧限流ヒューズ	不足電圧継電器
(5)	高圧交流遮断器	高圧限流ヒューズ	高圧交流負荷開閉器	過電流継電器

《H23-10》

解 説

本文の解説を参考にして下さい.

問題 3

次の文章は, 計器用変成器の変流器に関する記述である. その記述内容として誤っているものを次の(1)～(5)のうちから一つ選べ.

(1) 変流器は, 一次電流から生じる磁束によって二次電流を発生させる計器用変成器である.

(2) 変流器は, 二次側に開閉器やヒューズを設置してはいけない.

(3) 変流器は, 通電中に二次側が開放されると変流器に異常電圧が発生し, 絶縁が破壊される危険性がある.

(4) 変流器は, 一次電流が一定でも二次側の抵抗値により変流比は変化するので, 電流計の選択には注意が必要になる.

(5) 変流器の通電中に, 電流計をやむを得ず交換する場合は, 二次側端子を短絡して交換し, その後に短絡を外す.

《H27-10》

解 説

変流比は巻線比で決まります. 例えば1次側と2次側の巻線比が1：100とすると電流の比率は100：1となります. 電圧の場合と逆の関係です.

問題 4

図のような自家用電気施設の供給系統において, 変電室変圧器二次側(210〔V〕)で三相短絡事故が発生した場合, 次の(a)及び(b)に答えよ.

ただし, 受電電圧 6600〔V〕, 三相短絡事故電流 $I_s = 7$〔kA〕とし, 変流器CT-3の変流比は, 75 A/5 A とする.

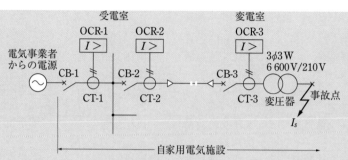

(a)　事故時における変流器CT‐3の二次電流〔A〕の値として，最も近いのは次のうちどれか.

(1)　5.6　　(2)　7.5　　(3)　11.2　　(4)　14.9　　(5)　23

(b)　この事故における保護協調において，施設内の過電流継電器の中で最も早い動作が求められる過電流継電器(以下，OCR‐3という.)の動作時間〔秒〕の値として，最も近いのは次のうちどれか.

　ただし，OCR‐3の動作時間演算式は $T=\dfrac{80}{(N^2-1)}\times\dfrac{D}{10}$ 〔秒〕とする. この演算式における T はOCR‐3の動作時間〔秒〕，N はOCR‐3の電流整定値に対する入力電流値の倍数を示し，D はダイヤル(時限)整定値である.

　また，CT‐3に接続されたOCR‐3の整定値は次のとおりとする.

OCR 名称	電流整定値〔A〕	ダイヤル(時限)整定値
OCR‐3	3	2

(1)　0.4　　(2)　0.7　　(3)　1.2　　(4)　1.7　　(5)　3.4

《H22-11》

解 説

(a)　三相短絡事故電流 I_S(7 kA＝7 000 A)の変圧器1次側電流 $I_S{}'$ は，巻線比(6 600 V/210 V)の逆数の関係ですから

$$I_S{}'=I_s\times\frac{210}{6\,600}=7\,000\times\frac{210}{6\,600}\fallingdotseq222.7\ \text{〔A〕}$$

CT‐3の変流比は75 A/5 A ですから，その2次電流 $I_{CT\text{-}3}{}'$ は

$$I_{CT\text{-}3}{}'=I_S{}'\times\frac{5}{75}=222.7\times\frac{5}{75}\fallingdotseq14.8\ \text{〔A〕}$$

(b)　整定とは，OCR の特性を調整することです.

N は OCR‐3の電流整定値に対する入力電流値の倍数ですから，$N=\dfrac{14.8}{3}\fallingdotseq4.9$

ダイヤル(時限)整数値 D は2と与えられていますので，OCR‐3の動作時間 T は

$$T=\frac{80}{(N^2-1)}\times\frac{D}{10}=\frac{80}{4.9^2-1}\times\frac{2}{10}\fallingdotseq0.7$$

(p.262〜264 の解答)　**問題2** →(5)　**問題3** →(4)　**問題4** →(a)−(4)，(b)−(2)

問題 5

図は，線間電圧 V〔V〕，周波数 f〔Hz〕の中性点非接地方式の三相 3 線式高圧配電線路及びある需要設備の高圧地絡保護システムを簡易に示した単線図である．高圧配電線路一相の全対地静電容量を C_1〔F〕，需要設備一相の全対地静電容量を C_2〔F〕とするとき，次の(a)及び(b)に答えよ．

ただし，図示されていない負荷，線路定数及び配電用変電所の制限抵抗は無視するものとする．

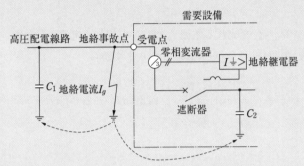

(a) 図の配電線路において，遮断器が「入」の状態で地絡事故点に一線完全地絡事故が発生し地絡電流 I_g〔A〕が流れた．このとき I_g の大きさを表す式として正しいものは次のうちどれか．

ただし，間欠アークによる影響等は無視するものとし，この地絡事故によって遮断器は遮断しないものとする．

(1) $\dfrac{2}{\sqrt{3}} V_\pi f \sqrt{(C_1{}^3 + C_2{}^3)}$ (2) $2\sqrt{3} V_\pi f \sqrt{(C_1{}^2 + C_2{}^2)}$ (3) $\dfrac{2}{\sqrt{3}} V_\pi f \sqrt{(C_1 + C_2)}$

(4) $2\sqrt{3} V_\pi f \sqrt{(C_1 + C_2)}$ (5) $2\sqrt{3} V_\pi f \sqrt{(C_1 C_2)}$

(b) 上記(a)の地絡電流 I_g は高圧配電線路側と需要設備側に分流し，需要設備側に分流した電流は零相変流器を通過して検出される．上記のような需要設備構外の事故に対しても，零相変流器が検出する電流の大きさによっては地絡継電器が不必要に動作する場合があるので注意しなければならない．地絡電流 I_g が高圧配電線路側と需要設備側に分流する割合は C_1 と C_2 の比によって決まるものとしたとき，I_g のうち需要設備の零相変流器で検出される電流の値〔mA〕として，最も近いものを次の(1)～(5)のうちから一つ選べ．

ただし，$V = 6600$ V，$f = 60$ Hz，$C_1 = 2.3$ μF，$C_2 = 0.02$ μF とする．

(1) 54   (2) 86   (3) 124   (4) 152   (5) 256

《H28-13》

解 説

(a) 題意より等価回路は図のようになります．

一線地絡事故が起きると全対地静電容量 C_1〔F〕，C_2〔F〕はそれぞれ 3 相分が並列となります．地絡事故点から電源側(左側)の容量は $3C_1$〔F〕，需要設備側(右側)は $3C_2$〔F〕となりますからそれぞれのインピーダンス Z_1 および Z_2 は

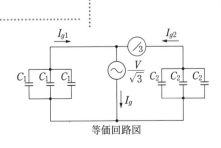

等価回路図

$$Z_1 = \frac{1}{3\,\omega C_1} = \frac{1}{3 \times 2\,\pi f C_1} = \frac{1}{6\,\pi f C_1}\ (\Omega)$$

$$Z_2 = \frac{1}{3\,\omega C_2} = \frac{1}{3 \times 2\,\pi f C_2} = \frac{1}{6\,\pi f C_2}\ (\Omega)$$

となります．また線間電圧は $V\,(V)$ ですから対地電圧 E_g は

$$E_g = \frac{V}{\sqrt{3}}\ (V)$$

となります．地絡電流 I_{g1} は，Z_1 を流れる電流 I_{g1} と Z_2 を流れる電流 I_{g2}（零相変流器で検出される電流）の和（重ね合わせの理）になりますから

$$I_g = I_{g1} + I_{g2} = \frac{E_g}{Z_1} + \frac{E_g}{Z_2} = \frac{\dfrac{V}{\sqrt{3}}}{\dfrac{1}{6\pi f C_1}} + \frac{\dfrac{V}{\sqrt{3}}}{\dfrac{1}{6\pi f C_2}} = 2\sqrt{3}\,V\pi f C_1 + 2\sqrt{3}\,V\pi f C_2$$

$$= 2\sqrt{3}\,V\pi f(C_1 + C_2)$$

(b)　解説図から事故点をはさんで

$$Z_1 I_{g1} = Z_2 I_{g2}$$

となります．

$I_g = I_{g1} + I_{g2}$ より，$I_{g1} = I_g - I_{g2}$ ですから，これを上式に代入して

$$Z_1(I_g - I_{g2}) = Z_2 I_{g2}$$

$$\therefore\quad I_{g2} = \frac{Z_1}{Z_1 + Z_2} I_g = \frac{\dfrac{1}{6\pi f C_1}}{\dfrac{1}{6\pi f C_1} + \dfrac{1}{6\pi f C_2}} I_g = \frac{C_2}{C_1 + C_2} I_g = \frac{C_2}{C_1 + C_2}$$

$$\times 2\sqrt{3}\,V\pi f(C_1 + C_2) = 2\sqrt{3}\,V\pi f C_2$$

となります．これに与えられた数値を代入して

$$I_{g2} = 2\sqrt{3}\,V\pi f C_2 = 2 \times 1.73 \times 6\,600 \times 3.14 \times 60 \times 0.02 \times 10^{-6} \fallingdotseq 0.086\ (A)$$

問題6

　図に示すような，相電圧 $E\,(V)$，周波数 $f\,(Hz)$ の対称三相3線式低圧電路があり，変圧器の中性点にB種接地工事が施されている．B種接地工事の接地抵抗値を $R_B\,(\Omega)$，電路の一相当たりの対地静電容量を $C\,(F)$ とする．

　この電路の絶縁抵抗が劣化により，電路の一相のみが絶縁抵抗値 $R_G\,(\Omega)$ に低下した．このとき，次の(a)及び(b)に答えよ．

　ただし，上記以外のインピーダンスは無視するものとする．

(a)　劣化により一相のみが絶縁抵抗値 $R_G\,(\Omega)$ に低下したとき，B種接地工事の接地線に流れる電流の大きさを $I_B\,(A)$ とする．この I_B を表す式として，正しいのは次のうちどれか．

　ただし，他の相の対地コンダクタンスは無視するものとする．

(p.265 の解答)　**問題5** →(a)-(4)，(b)-(2)

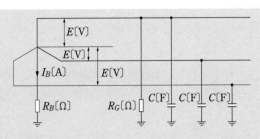

(1) $\dfrac{E}{\sqrt{R_B{}^3+36\pi^2f^2C^2R_B{}^2R_G{}^2}}$

(2) $\dfrac{3E}{\sqrt{(R_G+R_B)^3+4\pi^2f^2C^2R_B{}^2R_G{}^2}}$

(3) $\dfrac{E}{\sqrt{(R_G+R_B)^2+4\pi^2f^2C^2R_B{}^2R_G{}^2}}$

(4) $\dfrac{E}{\sqrt{R_G{}^2+36\pi^2f^2C^2R_B{}^2R_G{}^2}}$

(5) $\dfrac{E}{\sqrt{(R_G+R_B)^2+36\pi^2f^2C^2R_B{}^2R_G{}^2}}$

(b) 相電圧 E を 100〔V〕，周波数 f を 50〔Hz〕，対地静電容量 C を 0.1〔μF〕，絶縁抵抗値 R_G を 100〔Ω〕，接地抵抗値 R_B を 15〔Ω〕とするとき，上記(a)の I_B の値として，最も近いのは次のうちどれか．

(1) 0.87　(2) 0.99　(3) 1.74　(4) 2.61　(5) 6.67

《H21-11》

解説

完全地絡ではなく絶縁抵抗のある回路の問題です．

(a) 回路全体に流れる電流を $\dot{I}_G$ とすると等価回路は下図の様になります．

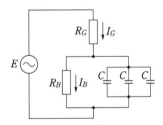

回路の合成インピーダンス $\dot{Z}$ は

$$\dot{Z}=R_G+\cfrac{1}{\cfrac{1}{R_B}+\cfrac{1}{\cfrac{1}{j\omega3C}}}=R_G+\cfrac{1}{\cfrac{1}{R_B}+j\omega3C}=R_G+\cfrac{1}{\cfrac{1+j\omega3CR_B}{R_B}}$$

$$=R_G+\frac{R_B}{1+j\omega3CR_B}=\frac{R_{G_B}}{1+j\omega3CR_B}=\frac{(R_G+R_B)+j\omega3CR_BR_G}{1+j\omega3CR}$$

回路全体を流れる電流を $\dot{I}_G$ は

$$\dot{I}_G=\frac{\dot{E}}{\dot{Z}}=\frac{\dot{E}}{\cfrac{(R_{G_B})+j\omega3CR_BR_G}{1+j\omega3CR}}=\frac{\dot{E}(1+j\omega3CR_B)}{(R_G+R_B)+j\omega3CR_BR_G}$$

第4章　電気施設管理

$\dot{I}_B$は，$\dot{I}_G$をR_Bと$\dfrac{1}{j\omega 3C}$の並列回路で分流したものですから

$$\dot{I}_B = \dfrac{\dfrac{1}{j\omega 3C}}{R_B + \dfrac{1}{j\omega 3C}} \times I_G = \dfrac{1}{j\omega 3CR_B + 1} \times \dfrac{\dot{E}(1 + j\omega 3CR_B)}{(R_{G_B}) + j\omega 3CR_BR_G}$$

$$= \dfrac{1}{j\omega 3CR_B + 1} \times \dfrac{\dot{E}(1 + j\omega 3CR_B)}{(R_G + R_B) + j\omega 3CR_BR_G} = \dfrac{\dot{E}}{(R_G + R_B) + j\omega 3CR_BR_G}$$

$$= \dfrac{\dot{E}}{(R_G + R_B) + j6\pi fCR_BR_G}$$

よって

$$I_B = \left|\dot{I}_B\right| = \dfrac{\left|\dot{E}\right|}{\left|(R_{G_B}) + j6\pi fCR_BR_G\right|} = \dfrac{E}{\sqrt{(R_G + R_B)^2 + (6\pi fCR_BR_G)^2}}$$

$$= \dfrac{E}{\sqrt{(R_G + R_B)^2 + 36\pi^2 f^2 C^2 R_B^2 R_G^2}}$$

（b）　(a)の解答式に数値を代入して

$$I_B = \dfrac{100}{\sqrt{(100 + 15)^2 + (6 \times 3.14 \times 50 \times (0.1 \times 10^{-6}) \times 15 \times 100)^2}}$$

$$\fallingdotseq \dfrac{100}{\sqrt{115^2 + 0.02}} \fallingdotseq \dfrac{100}{115} \fallingdotseq 0.87 \,〔\mathrm{A}〕$$

問題7

　高圧進相コンデンサの劣化診断について，次の(a)及び(b)の問に答えよ．

（a）　三相3線式50〔Hz〕，使用電圧6.6〔kV〕の高圧電路に接続された定格電圧6.6〔kV〕，定格容量50〔kvar〕(Y結線，一相2素子)の高圧進相コンデンサがある．その内部素子の劣化度合い点検のため，運転電流を高圧クランプメータで定期的に測定していた．

　ある日の測定において，測定電流〔A〕の定格電流〔A〕に対する比は，図1のとおりであった．測定電流〔A〕に最も近い数値の組合せとして，正しいものを次の(1)～(5)のうちから一つ選べ．

　ただし，直列リアクトルはないものとして計算せよ．

(p.266 の解答)　**問題6** →(a)−(5)，(b)−(1)

	R 相	S 相	T 相
(1)	6.6	5.0	5.0
(2)	7.5	5.7	5.7
(3)	3.8	2.9	2.9
(4)	11.3	8.6	8.6
(5)	7.2	5.5	5.5

(b) (a)の測定により，劣化による内部素子の破壊(短絡)が発生していると判断し，機器停止のうえ各相間の静電容量を2端子測定法(1端子開放で測定)で測定した.

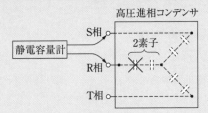

図2のとおりの内部結線における素子破壊(素子極間短絡)が発生しているとすれば，静電容量測定結果の記述として，正しいものを次の(1)〜(5)のうちから一つ選べ．ただし，図中×印は，破壊素子を表す.

(1) R-S相間の測定値は，最も小さい.

(2) S-T相間の測定値は，最も小さい.

(3) T-R相間は，測定不能である.

(4) R-S相間の測定値は，S-T相間の測定値の約75〔%〕である.

(5) R-S相間とS-T相間の測定値は，等しい

《H25-11》

解説

(a) 高圧進相コンデンサの定格電流 I は

$$I = \frac{Q}{\sqrt{3}\,V} = \frac{50 \times 10^3}{\sqrt{3} \times 6\,600} \fallingdotseq 4.37 \,〔A〕$$

これに定格電流に対する比を掛ければ測定電流を求めることができます.

R相： $I_R = 4.37 \times 1.50 \fallingdotseq 6.56 \,〔A〕$

S相： $I_S = 4.37 \times 1.15 \fallingdotseq 5.03 \,〔A〕$

T相： $I_T = 4.37 \times 1.15 \fallingdotseq 5.03 \,〔A〕$

(b) 高圧進相コンデンサY結線で1相あたり2素子です．1素子あたりの静電容量を C〔F〕とすると等価回路は次のように考えることができます.

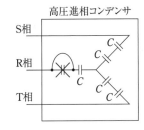

269

各相間の静電容量は

$$\text{R－S相間}：C_{RS}=\frac{1}{\dfrac{1}{C}+\dfrac{1}{C}+\dfrac{1}{C}}=\frac{C}{3}〔\text{F}〕$$

$$\text{S－T相間}：C_{ST}=\frac{1}{\dfrac{1}{C}+\dfrac{1}{C}+\dfrac{1}{C}+\dfrac{1}{C}}=\frac{C}{4}〔\text{F}〕$$

$$\text{T－R相間}：C_{TR}=\frac{1}{\dfrac{1}{C}+\dfrac{1}{C}+\dfrac{1}{C}}=\frac{C}{3}〔\text{F}〕$$

R － S 相間と T － R 相間の静電容量は等しく

$$\frac{C_{ST}}{C_{RS}}=\frac{\dfrac{C}{4}}{\dfrac{C}{3}}=\frac{3}{4}=0.75$$

ですから S － T 相間の静電容量は他の相間の静電容量の 75 ％ となります.

問題 8

　三相 3 線式，受電電圧 6.6 kV，周波数 50 Hz の自家用電気設備を有する需要家が，直列リアクトルと進相コンデンサからなる定格設備容量 100 kvar の進相設備を施設することを計画した. この計画におけるリアクトルには，当該需要家の遊休中の進相設備から直列リアクトルのみを流用することとした. 施設する進相設備の進相コンデンサのインピーダンスを基準として，これを － j100 ％ と考えて，次の (a) 及び (b) の問に答えよ.

　なお，関係する機器の仕様は，次のとおりである.

・施設する進相コンデンサ：回路電圧 6.6 kV，周波数 50 Hz，

　　　　　　　　　　　　　定格容量三相 106 kvar

・遊休中の進相設備：回路電圧 6.6 kV，周波数 50 Hz

　　　　　　　　　　進相コンデンサ　定格容量三相 160 kvar

　　　　　　　　　　直列リアクトル　進相コンデンサのインピーダンスの 6 ％

受電電圧6.6kV

定格設備容量 100 kvar
回路電圧 6.6 kV

SR(流用しようとする直列リアクトル)

SC　106 kvar

施設する進相設備の回路

(p.268 の解答)　**問題7**　(a)－(1)，(b)－(2)

(a)　回路電圧 6.6 kV のとき，施設する進相設備のコンデンサの端子電圧の値〔V〕として，最も近いものを次の(1)～(5)のうちから一つ選べ．

(1)　6600　(2)　6875　(3)　7020　(4)　7170　(5)　7590

(b)　この計画における進相設備の，第5調波の影響に関する対応について，正しいものを次の(1)～(5)のうちから一つ選べ．

(1)　インピーダンスが0％の共振状態に近くなり，過電流により流用しようとするリアクトルとコンデンサは共に焼損のおそれがあるため，本計画の機器流用は危険であり，流用してはならない．

(2)　インピーダンスが約 −j10％となり進み電流が多く流れ，流用しようとするリアクトルの高調波耐量が保証されている確認をしたうえで流用する必要がある．

(3)　インピーダンスが約 +j10％となり遅れ電流が多く流れ，流用しようとするリアクトルの高調波耐量が保証されている確認をしたうえで流用する必要がある．

(4)　インピーダンスが約 −j25％となり進み電流が流れ，流用しようとするリアクトルの高調波耐量を確認したうえで流用する必要がある．

(5)　インピーダンスが約 +j25％となり遅れ電流が流れ，流用しようとするリアクトルの高調波耐量を確認したうえで流用する必要がある．

《H26-13》

解説

(a)　直列リアクトルの進相コンデンサ基準による換算値は

$$\%\dot{Z}_L = jX_L = j\frac{106}{160}\times 6 \fallingdotseq j4 \,[\%]$$

よって進相設備の$\%\dot{Z}$は

$$\%\dot{Z} = jX_L + (-jX_C) = j4 + (-j100) = -j96 \,[\%]$$

図に表すと次の通りです．

進相コンデンサの端子電圧は

$$\dot{V}_C = \frac{-jX_C}{jX_L + (-jX_C)} \times \dot{V} = \frac{-j100}{-j96} \times \dot{V}$$

$$V_C = \left|\dot{V}_C\right| = \frac{100}{96}\times 6600 = 6875 \,[\text{V}]$$

(b)　本文中の解説を第5次高調波の％インピーダンスに応用します．直列リアクトルに対しては

$$\%\dot{Z}_{5L} = 5 \times jX_L = 5 \times j4 = J20 \,[\%]$$

進相コンデンサに対しては

$$\%\dot{Z}_{5C} = \frac{1}{5} \times (-jX_C) = \frac{1}{5}\times(-J100) = -J20 \,[\%]$$

つまり第5次高調波のインピーダンスは

$$\%\dot{Z}_5 = J\,20 + (-j\,20) = 0\,〔\%〕$$

となり共振状態となり，リアクトルとコンデンサは過電流による焼損の可能性があります．

問題9

　次の文章は，配電系統の高調波についての記述である．不適切なものは次のうちどれか．

(1)　高調波電流を多く含んだ程度に応じて電圧ひずみが大きくなる．

(2)　高調波発生機器を設置していない高圧需要家であっても直列リアクトルを付けないコンデンサ設備が存在する場合，電圧ひずみを増大させることがある．

(3)　低圧側の第3次高調波は，零相（各相が同相）となるため高圧側にあまり現れない．

(4)　高調波電流流出抑制対策のコンデンサ設備は，高調波発生源が変圧器の低圧側にある場合，高圧側に設置した方が高調波電流流出抑制の効果が大きい．

(5)　高調波電流流出抑制対策設備に，高調波電流を吸収する受動フィルタと高調波電流の逆極性の電流を発生する能動フィルタがある．

《H26-10》

解 説

低圧側で発生した高調波は低圧側で対策をした方が良いとされています．

● 索　引 ●

【監 修】

石原　昭（いしはら・あきら）
　　　　名古屋工学院専門学校テクノロジー学部電気設備学科　科長

【著 者】

南野尚紀（なんの・ひさのり）
　　　　名古屋工学院専門学校　非常勤講師

電験三種　法規　集中ゼミ

2022 年 3 月 30 日　第 1 版 1 刷発行　　　　　　　　　ISBN 978-4-501-21670-2 C3054

監　修　石原　昭
著　者　南野尚紀
　　　　Ⓒ名古屋工学院専門学校 2022

発行所　学校法人 東京電機大学　　　　〒 120-8551　東京都足立区千住旭町 5 番
　　　　東京電機大学出版局　　　　　　Tel. 03-5284-5386（営業）03-5284-5385（編集）
　　　　　　　　　　　　　　　　　　　Fax. 03-5284-5387　　振替口座 00160-5-71715
　　　　　　　　　　　　　　　　　　　https://www.tdupress.jp/

印刷・製本：大日本法令印刷（株）　　キャラクターデザイン：いちはらまなみ
装丁：齋藤由美子
落丁・乱丁本はお取り替えいたします。　　　　　　　　　　　　　Printed in Japan